普通高等教育“十二五”规划教材

新编土力学教程

邵龙潭　郭　莹　主编

北　京
冶　金　工　业　出　版　社
2013

内容提要

这是一本全新的土力学教材。作者将自己的研究成果融入教材，针对饱和土，应用连续介质力学分析方法，分别取土骨架、孔隙水和孔隙气为脱离体进行内力分析，得到土体每一相的平衡微分方程。以平衡微分方程为基础，结合（变形）连续性条件和本构方程，建立土力学普遍问题的理论基础。在简要介绍土和土力学学科的特点、土的物理性质和工程分类后，系统讲述了平衡微分方程的导出，以及如何应用平衡方程求解饱和土渗流、地基应力、沉降和固结等问题；并专门介绍了土的强度理论、土力学试验方法，以及挡土墙和土压力、地基承载力、土坡稳定分析等岩土工程结构分析问题。书中未涉及非饱和土力学和土动力学方面的内容。

本书可作为土木、水利、电力、交通、矿山、石油等专业“土力学”课程的教材，也可以供相关专业研究生和工程技术人员参考。

图书在版编目(CIP)数据

新编土力学教程／邵龙潭，郭莹主编．—北京：冶金工业出版社，2013.6

普通高等教育“十二五”规划教材

ISBN 978-7-5024-6266-6

Ⅰ.①新…　Ⅱ.①邵…　②郭…　Ⅲ.①土力学—高等学校—教材　Ⅳ.①TU43

中国版本图书馆 CIP 数据核字(2013)第 120889 号

出 版 人　谭学余
地　　址　北京北河沿大街嵩祝院北巷 39 号，邮编 100009
电　　话　(010)64027926　电子信箱　yjcbs@cnmip.com.cn
责任编辑　杨　敏　美术编辑　李　新　版式设计　孙跃红
责任校对　李　娜　责任印制　牛晓波
ISBN 978-7-5024-6266-6
冶金工业出版社出版发行；各地新华书店经销；北京印刷一厂印刷
2013 年 6 月第 1 版，2013 年 6 月第 1 次印刷
787mm×1092mm　1/16；14 印张；338 千字；212 页
29.00 元

冶金工业出版社投稿电话：(010)64027932　投稿信箱：tougao@cnmip.com.cn
冶金工业出版社发行部　电话：(010)64044283　传真：(010)64027893
冶金书店　地址：北京东四西大街 46 号(100010)　电话：(010)65289081(兼传真)
（本书如有印装质量问题，本社发行部负责退换）

前　言

土力学是将土体作为工程材料来研究其物理性质以及力学性能和行为的工程科学学科，它是土木、水利、交通、矿山、石油等许多专业的必修课程。

在实际生产和生活中，经常会遇到土力学和岩土工程问题。要解决这些问题，需要建立完善的土力学和岩土工程学知识体系，包括土力学（含非饱和土力学）、土动力学、岩土工程学、岩土工程数值计算、岩土工程勘察与试验，以及相关的专题研究内容，其中土力学是基础。

本书与以往的土力学教材不同。它不是以包括土骨架和孔隙流体在内的土体总体为研究对象，而是以土骨架为独立的研究对象，在应力分析时只考虑土骨架与孔隙流体之间力的相互作用（孔隙流体对土骨架力学性质的影响应在土的本构关系中考虑）。它不是以太沙基的有效应力原理为基础，而是以土骨架的应力平衡微分方程为基础。在确立土的物质模型的基础上，建立平衡微分方程、变形协调方程，再结合本构关系方程，当需要考虑孔隙流体作用的影响时，还需要耦合孔隙流体的力学方程，从而建立土力学和岩土工程普遍问题的理论基础。由此，它使得土力学更像一门力学学科而不是一门建立在工程经验基础上的工程学科。

本书共分11章，分别是：土和土力学、土的物理性质和工程分类、土的应力应变定义和平衡微分方程、饱和土渗流、地基土体的应力计算、地基的沉降与固结、土的强度理论、土力学试验、挡土墙和土压力、地基承载力、土坡稳定分析。限于篇幅，书中未涉及非饱和土力学和土动力学方面的内容。

书中涉及的新内容主要有：在“土的物理性质和工程分类”一章中增加了土的物理力学量的连续性的讨论，由此确立土力学的物质模型；在此基础上，增加了“土的应力应变定义和平衡微分方程”一章，依据土体内力的不同性质和不同作用效果，区分两种力系，给出土骨架应力的定义，分别建立土骨架和孔隙水的平衡微分方程，阐明了有效应力的物理意义以及有效应力方程的物理基础；用孔隙水的平衡微分方程而不是达西定律奠定渗流的理论基础，解释了达西定律的物理意义；用平衡微分方程、变形协调方程和本构关系统一土的应力和变形（包括固结）分析问题；在土的抗剪强度理论中，发展了土体曲面（局部或整体）上土体的极限平衡条件，并由此给出土体滑动稳定安全系数的定义，将稳定分析的条分法、有限元强度折减法和有限元极限平衡法统一起来，将土坡的稳定分析问题和地基以及挡土墙的稳定分析问题统一起来。

本书虽然试图重新构建土力学的理论体系，但是它也毫不否定传统土力学的内容和知识体系。恰恰相反，它充分保留了传统土力学的知识内容和框架，尽管其中有些内容是需要改变的。

虽然人类与土打交道的时间很长，但土力学学科建立的时间并不长，其发展也远远没有完结，尚需要我们继续探索和完善。衷心希望更多的人有志于土力学和岩土工程学科的发展与完善。

本书由邵龙潭、郭莹、郭晓霞、刘港合作编写，其中第 1 章由郭晓霞执笔，第 2 ~ 6 章和第 11 章由邵龙潭、刘港执笔，第 7 ~ 10 章由郭莹执笔。全书由邵龙潭统稿并修改定稿，郭莹审校并提出修改意见。郭晓霞审核了全书的例题、思考题和复习题，并参与审定全书的修改。刘港协助完成了全书绝大部分章节的编辑、整理和修改。

由于编者时间和水平所限，书中不足之处，敬请读者批评指正。

编　者

2013 年 1 月

目　录

1 土和土力学

1.1 概 述

本书中所说的土，是指分布在地球表面自然形成的松散堆积物。其主要物质是风化的岩石，其次是地球生物分解的残骸物质，它们组成土的固体部分。土体孔隙一般由水或者气充填，从而形成由固相、液相、气相组成的三相分散系。土中三相物质的含量比例不同，会使土的物理力学性质产生很大差异。不同成因类型的土，性质也有很大差别。

土力学所研究的土，包括从大块石、砾石、砂土、粉土、黏性土直至柔软高压缩的泥炭类有机沉积物等各种类型。一个建筑场地，可能存在许多不同的土类。

要认识和评价土的性质，首先需要搞清土是一种什么样的材料，并且还要了解它如何演变为现在的状态。在工程地质课程中，我们已经了解岩石和土的风化、剥蚀、搬运和沉积过程，以及它们沉积以后继续发生的变化。随着岩石风化过程的加深及风化产物搬运距离的增大，土颗粒逐渐变细，矿物成分中次生矿物含量也会增加。

每种土都是由无数大小不同的土粒组成的，要逐个研究它们的大小是不可能的，也没有必要。工程中通常将性质相近的一定尺寸范围的土粒划分为一组，通过粒组构成对其进行定名，并用各粒组的相对含量，即土的级配来评价土的工程性质的好坏。对于给定质量的土样，要熟悉筛分法和密度计法联合测定各粒组相对含量的方法，并会运用绘制的颗粒级配曲线来判断土的颗粒粗细、颗粒分布的均匀程度及颗粒级配的优劣，从而估计和评价土的工程性质。

虽然土颗粒是决定土性质的基本因素，但土颗粒间存在的孔隙液体和孔隙气体对土的性质也有很大的影响。对于土孔隙中的水和气，需要了解和掌握其存在的状态及其对土变形、渗透和强度等性质的影响。

土的固相、液相和气相是土存在的物质依据，而结构、构造则反映了土物质的存在形式。结构主要描述的是颗粒，构造则是结构单元体（颗粒组合）。结构和构造是土的基本性质，它们是决定土的工程性质形成和变化趋势的内在依据。土的任何复杂的工程行为必然有其内在的控制因素，一般我们都可以首先从土的结构和构造的研究中寻找答案。

关于土的生成和演变、土的物质组成、土的结构和构造的阐述，使我们对土这种物质有了一定的认识。土作为建筑物的地基、建筑材料或建筑物周围介质，在自然界中无处不在。研究土的工程性质以及土在荷载作用下的应力、变形和强度问题，为设计与施工提供土的工程性质指标与评价方法、土的工程问题的分析计算原理等便构成了土力学这门学科的基本研究内容。

为了突出主题和节省篇幅，本章的内容介绍得比较简略。需要时请读者查阅相关的教材或专著。

1.2 土的生成和演变

地壳是由岩石和土所组成的。土是疏松和连结力很弱的矿物颗粒堆积物。地球表面各种成因的整体岩石在大气中经受长期的多种风化作用，破碎后形成形状不同、大小不一的颗粒。这些颗粒在各种自然力的搬运作用下，在各种不同的自然环境和不同的地点沉积下来，形成以固体颗粒为骨架，内含水和气的松散集合体，就是土。

沉积下来的土，在很长的地质年代中发生复杂的物理化学变化，逐渐压密、岩化，最终又形成岩石，也就是沉积岩或变质岩。这种长期的地质过程称为沉积过程。因此，在自然界中，岩石不断风化、破碎形成土，而土又不断压密、岩化形成岩石。这一循环过程永无休止地重复进行。

一般工程上所遇到的土大多数都是在第四纪地质年代内所形成的，因此也称为第四纪沉积物。第四纪地质年代的土又可划分为更新世与全新世两类。更新世为1.3万年到71万年；全新世为小于0.25万年到1.3万年。在有人类文化以来沉积的土称为新近代沉积土。

1.3 土的物质组成

土是由固体颗粒（固相）、水（液相）和气（气相）组成的三相分散系。固体部分称为土骨架，由矿物颗粒或有机质组成。土骨架之间有许多孔隙，为液体、气体或二者共同填充。填充于孔隙中的水及其溶解物为土的液相，孔隙中的空气及其他气体为土的气相。当土内孔隙全部为水所充满时，称为饱和土；当孔隙全部为气体所充满时，称为干土；当孔隙中同时存在水和空气时，则称为非饱和土或湿土。饱和土和干土都是二相系，非饱和土则是三相系。

1.3.1 土的固相

土的固相即土中的固体颗粒、粒间胶结物和有机质。固体颗粒的基本特征可以用矿物成分、颗粒大小和颗粒形状等来描述。颗粒大小组成和形状不同，颗粒矿物成分不同，土的性质也会不同。而颗粒大小与矿物成分和颗粒形状之间也存在一定的联系，这种联系是在土的生成过程中自然形成的。例如，粗粒的卵石、砾石和砂，大多为浑圆或棱角状的石英颗粒，具有较大的透水性，没有黏性；细粒中的黏粒，则是片状的黏土矿物，具有黏性、可塑性，透水性很低。因此颗粒大小的分布，即颗粒组成是描述土的存在状态的重要指标。

1.3.1.1 土粒粒组

土是自然界的产物，每种土都由无数大小不同的土粒组成，其矿物成分也比较复杂。要逐个研究它们的大小是不可能的，也没有必要。工程上，通常把工程性质相近的一定尺寸范围的土粒划分为一组，称为粒组，并给以常用的名称。工程上广泛采用的粒组有：漂石粒、卵石粒、砾粒、砂粒、粉粒和黏粒。

表1-3-1是我国现用的粒组划分，包括各种粒组的范围和相应的特性。

颗粒从大到小分成如表1-3-1中所示的六个粒组是没有争议的，但各专业的粒径界限不尽相同。

表1-3-1 土粒大小分组

粒组名称	粒组划分		粒径范围/mm	一般特征
巨粒组	漂石或块石颗粒		>200	透水性很强，无黏性，无毛细水
	卵石或碎石颗粒		200～60	
粗粒组	圆砾或角砾颗粒	粗砾	60～20	透水性强，无黏性，毛细水上升高度不超过粒径大小
		中砾	20～5	
		细砾	5～2	
	砂　粒	粗砂	2～0.5	易透水，当混入云母等杂质时透水性较小，而压缩性增加；无黏性，遇水不膨胀，干燥时松散；毛细水上升高度不大，随粒径变小而增大
		中砂	0.5～0.25	
		细砂	0.25～0.075	
细粒组	粉　粒		0.075～0.005	透水性弱；湿时稍有黏性，遇水膨胀小，干时稍有收缩；毛细水上升高度较大较快，极易出现冻胀现象
	黏　粒		<0.005	透水性很弱；湿时有黏性、可塑性，遇水膨胀大，干时收缩显著；毛细水上升高度大，但速度较慢

注：1. 漂石、卵石和圆砾颗粒均呈一定的磨圆形状（圆形或亚圆形）；块石、碎石和角砾颗粒都带有棱角。
2. 黏粒或称黏土粒；粉粒或称粉土粒。

1.3.1.2 土的颗粒级配

自然界中的土是不同粒组的混合物，其中某一粒组的质量占总土质量的百分数称为该粒组的含量。土中各粒组的相对含量（以占土粒总质量的百分数表示）称为土的颗粒级配。工程上将含有多个相邻粒组，各粒组的含量相差不大的土称为级配良好的土；把仅由1～2个粒组组成的土或只由粗粒组和细粒组组成，而缺少中间粒组的土称为级配不良的土。土的级配好坏直接影响土的工程性质。级配良好的土，压实时能达到较高的密实度，孔隙率低、透水性小、强度高、压缩性低。反之，级配不良的土，压实后密度小、强度低、变形大、透水性强而且渗透稳定性差。

为了确定土的颗粒级配，需要用某种方法将各粒组分开，通常采用的方法是颗粒分析试验。试验方法有两种：对于粒径大于0.075mm的粗粒土，可用筛分法；对于粒径小于0.075mm的细粒土，可用密度计法。对于天然混合土样，配合使用这两种方法，便可以确定各粒组的含量。试验方法详见本书第8章。

土的粒组组成及其相对含量，可以用土的颗粒级配曲线描述。颗粒级配曲线又称为颗粒级配累积曲线，其纵坐标表示小于某粒径的土颗粒含量占土样总量的百分数，这个百分数是一个积累含量百分数，是所有小于该粒径的各粒组含量的百分数之和。横坐标是粒径的常用对数值，即 $\lg d$。这样表示是由于混合土中所含粒组的粒径往往跨度很大，相差悬殊，达几千倍甚至上万倍，并且细颗粒的含量对土的工程性质影响往往很大，不容忽视，有必要详细描述细粒土的含量；为了把粒径相差如此大的不同粒组表示在同一个坐标系下，故横坐标采用对数坐标。

现举例说明如何表达颗粒分析试验的结果。

【例1-1】取某场地干土500g，筛分法得到的筛分试验结果如表1-3-2所示。取小于0.075mm的颗粒30g，密度计法得到的试验结果如表1-3-3所示。试计算并绘出颗粒级配曲线。

表1-3-2　筛分法试验结果

筛孔直径 d/mm	留筛土质量/g
10	0
5	25.0
2	35.0
1	40.0
0.5	35.0
0.25	60.0
0.075	110

表1-3-3　密度计法试验结果

颗粒直径 d/mm	小于该粒径土的质量/g
0.075	30
0.05	23.5
0.02	12.5
0.005	3.3
0.002	2

【解】(1) 计算筛分法的试验结果。土粒总质量为500g，先由500g减去各粒径留筛土粒质量计算各筛下土粒质量，再将各粒径筛下土粒质量分别除以500g获得小于该粒径土质量占总质量的百分数，如表1-3-4最后一列所示。由表可见，小于0.075mm的土粒占总土质量的39%，需要继续进行密度计法试验。

(2) 计算密度计法的试验结果。密度计法总土粒质量为30g，先由小于各粒径土粒质量分别除以30g，获得小于该粒径的土粒质量占30g土粒质量的百分数，如表1-3-5第三列所示；再将第三列数据乘以39%，得到小于该粒径土粒质量占总质量500g的百分数，如表1-3-5最后一列所示。

表1-3-4　筛分法的计算结果

筛孔直径 d/mm	留筛土粒质量/g	筛下土粒质量/g	小于该孔径土粒质量占总质量的百分数/%
10	0	500	100
5	25.0	475	95
2	35.0	440	88
1	40.0	400	80
0.5	35.0	365	73
0.25	60.0	305	61
0.075	110	195	39

表1-3-5　密度计法的计算结果

颗粒直径 d/mm	小于该粒径土粒质量/g	小于该粒径的土粒质量占30g土粒质量的百分数/%	小于该粒径的土粒质量占总质量的百分数/%
0.075	30	100	39
0.05	23.5	78.3	30.5
0.02	12.5	41.7	16.3
0.005	3.3	11.0	4.3
0.002	2	6.7	2.6

(3) 绘出颗粒级配曲线。将表1-3-4与表1-3-5的第1列的粒径d值和第4列的百分数值分别合并，构成一组数据。以筛孔直径d或颗粒直径d为横坐标，采用对数坐标，以小于该粒径的土粒质量占总质量的百分数为纵坐标，采用普通坐标，点绘所有试验数据点，再过所有数据点绘成一条曲线，即得到颗粒级配曲线，如图1-3-1所示。

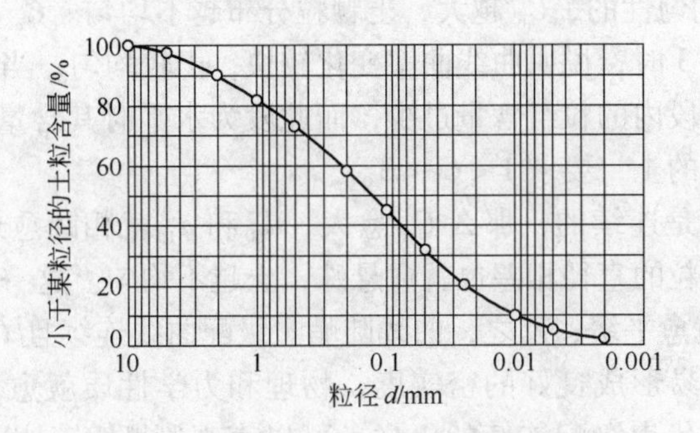

图1-3-1　例1-1的颗粒级配曲线

【问题讨论】

横坐标采用对数坐标的优点是可以把粒径相差千万倍的粗、细颗粒大小尺寸都明显表示出来，尤其能把占总质量百分数小，但对土的性质可能会有重要影响的微小颗粒含量清楚地表示出来。需要指出的是，采用对数坐标时，标出的数值就是粒径大小，且各数值之间的坐标值不再是线性比例关系。

1.3.1.3　颗粒级配曲线的应用

土的颗粒级配曲线是工程上最常用的曲线之一。由该曲线的连续性特征及走势的陡缓可以直接判断土的颗粒粗细、颗粒分布的均匀程度及颗粒级配的优劣，从而估计土的工程性质。在分析级配曲线时，经常用到的几个典型粒径为d_{50}，d_{10}，d_{30}，d_{60}。

平均粒径d_{50}表示土中大于此粒径和小于此粒径的土粒含量各占50%。其数值反映土颗粒的粗细。该粒径大，则整体上颗粒较粗；该粒径小，则整体上颗粒较细。

有效粒径d_{10}表示小于该粒径的土粒含量占土样总量的10%。

连续粒径d_{30}表示小于该粒径的土粒含量占土样总量的30%。

限定粒径d_{60}表示小于该粒径的土粒含量占土样总量的60%。

上述各典型粒径可参见图1-3-2中B曲线上的示意点。

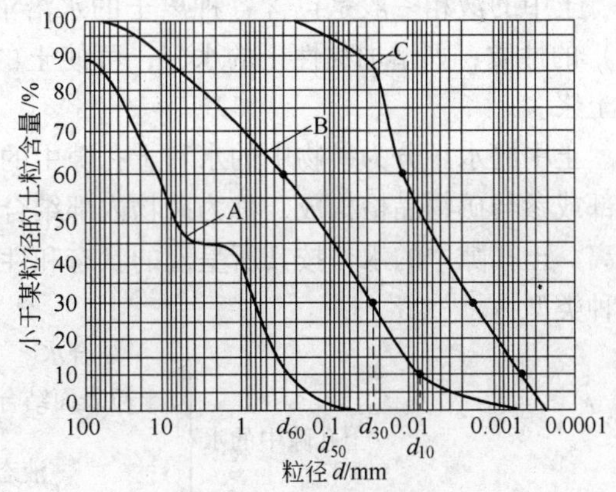

图1-3-2　土的颗粒级配曲线

A，B，C—不同土的颗粒级配曲线

用有效粒径d_{10}、连续粒径d_{30}和限定粒径d_{60}可以定义反映土的颗粒级配曲线特征的两个参数。

不均匀系数
$$C_u = \frac{d_{60}}{d_{10}} \tag{1-3-1}$$

曲率系数
$$C_c = \frac{d_{30}^2}{d_{60} \times d_{10}} \tag{1-3-2}$$

C_u 是描述土颗粒均匀性的，C_u 越大，土颗粒分布越不均匀。C_c 是描述土颗粒级配曲线曲率情况的，当 $C_c > 3$ 时，说明曲线曲率变化较快，土较均匀；当 $C_c < 1$ 时，说明曲线变化过于平缓，此平缓段内的粒组含量过少，而此段为水平时其含量等于0。所以，对级配良好、工程性质优良的土，要求 $1 < C_c < 3$。

如果土颗粒的级配是连续的，那么 C_u 愈大，d_{60} 和 d_{10} 就相距愈远，表示土中含有粗细不同的粒组，所含颗粒的直径相差也就愈悬殊，土越不均匀。这一点体现在级配曲线的形态上则是：C_u 愈大就愈平缓；反之，曲线陡峭。级配曲线连续且 C_u 愈大，细颗粒可以填充粗颗粒的孔隙，容易形成良好的密实度，物理和力学性质就愈优良。在图 1-3-2 中，C 曲线和 B 曲线都代表级配连续的土样，可以直观判断 B 土样比 C 土样更不均匀，因为 B 曲线更平缓。计算出两种土的 C_u，比较后也可得出相同的结论。如果土颗粒的级配是不连续的，那么在级配曲线上会出现平台段，在平台段内，只有横坐标粒径的变化，而没有纵坐标土颗粒含量的增减，说明土的颗粒组成粒径变化不连续。

工程上用以下标准来定量衡量土级配性质的优劣：

（1）级配曲线光滑连续，不存在平台段，坡度平缓，土的粗细颗粒连续，能同时满足 $C_u > 5$ 及 $C_c = 1 \sim 3$ 两个条件的土，属于级配良好土，易获得较大的密实度，具有较小的压缩性和较大的强度，工程性质优良，如图 1-3-2 中 B 曲线所示。

（2）级配曲线连续光滑，不存在平台段，但坡度陡峭，土的粗细颗粒连续但均匀；或者级配曲线虽然平缓但存在平台段，土粒粗细虽然不均匀，但存在不连续粒径。这两种情况体现为不能同时满足 $C_u > 5$ 及 $C_c = 1 \sim 3$ 两个条件，属于级配不良土，不易获得较高的密实度，工程性质不良，如图 1-3-2 中 C 曲线和 A 曲线所示。

1.3.2　土的液相

土中的液相一般是包含各种离子的水溶液。液相的存在明显地影响土（尤其是黏性土）的性质，如增加黏性土的水分，可使土的状态由坚硬变为可塑，直至成为流动状态的土浆。

土中的水可分为矿物中的水和土孔隙中的水。矿物中的水仅存在于土粒矿物结晶格架内部或参与矿物晶格构成，称为矿物内部结合水或结晶水，一般只在高温下析出而与土粒分离。土孔隙中的水，按其所呈现的状态和性质及其对土的影响，分为结合水和非结合水两种类型：

- 土孔隙中的水
  - 结合水（土粒表面结合水）
    - 强结合水（吸着水）
    - 弱结合水（薄膜水）
  - 非结合水
    - 液态水
      - 毛细水（过渡型水）
      - 重力水（自由水）
    - 气态水（水蒸气）
    - 固态水（冰）

1.3.2.1 结合水

结合水是指受分子引力、静电引力等作用而吸附于土粒表面的水。土中的粗颗粒不会吸附孔隙中的水，只有细小的黏粒才会把孔隙中的水分子牢牢吸附在自己周围，形成一层水膜。研究表明，把水分子固定在黏粒表面的力来自水和黏粒的相互作用，主要包括：表面电荷对极性水分子的吸引作用、氢键联结、水化阳离子吸附和渗透吸附。土粒表面的结合水就是由这些作用形成的，结合水愈靠近土粒表面，吸引愈牢固，水分子排列愈紧密、整齐，活动性愈小。随着距离增大，吸引力减弱，活动性增加。因此，一般又将结合水分为强结合水和弱结合水。而水膜外没有受土粒表面吸引作用的水，相对地称为非结合水。

强结合水也称吸着水，是被土粒表面牢固吸附的极薄水层，其厚度大致相当于几个水分子层。由于受土粒表面强大引力（可达 10^6kPa）作用，吸着水完全不同于液态水：密度大，可达1.5～1.8g/cm^3；力学性质类似固体，具有极大的黏滞性、弹性、抗剪强度；不能传递静水压强、不导电，也没有溶解能力；冰点为－78℃。黏性土只含强结合水时呈固态，碾碎后呈粉末状。

弱结合水也称薄膜水，距土粒稍远，位于强结合水层的外围，是结合水膜的主要部分。弱结合水层仍呈定向排列，但定向程度及与土粒表面连结的牢固程度均不及强结合水。其主要特点是：密度较强结合水小，但仍比普通液态水大；具较高的黏滞性、弹性、抗剪强度；不能传递静水压强，也不导电；冰点低于0℃。弱结合水层厚度的大小是决定细粒土物理力学性质的重要因素。

总之，结合水的性质不同于普通液态水，不受重力影响，主要存在于细粒土中，土粒表面静电引力对水分子起主导作用。弱结合水层（也称为结合水膜）的厚度变化是决定细粒土物理力学性质的重要因素之一。随着距土粒表面距离增大，静电引力减小，土中水逐渐过渡到非结合水。

从受力和变形的角度，矿物中的水和土颗粒的结合水的一部分可以看成是土体的固相，它们和土颗粒一起承受荷载和变形。

1.3.2.2 非结合水

非结合水是指土粒孔隙中超出土粒表面静电引力作用范围的普通液态水。主要受重力作用控制，能传递静水压强，导电，溶解盐分，在摄氏零度结冰。其典型代表是重力水。介于重力水和结合水之间的过渡类型水为毛细水。

A 毛细水

毛细水是在土的细小孔隙中，由于毛细力作用（由土粒的分子引力和水与空气界面的表面张力共同作用引起）而与土粒结合，存在于地下水面以上的一种过渡类型水。其形成过程可用物理学中的毛细管现象来解释。水与土粒表面的浸湿力（分子引力）使接近土粒的水沿着细小孔隙通道上升并使水面形成弯液面，水与空气界面的内聚力（表面张力）则总是企图将液体表面积缩至最小，使弯液面变为水平面。但当弯液面的中心部分有所升起时，水面与土粒间的浸湿力又立即将弯液面的边缘牵引上去。这样，浸湿力使毛细水上升，并保持弯液面，直到毛细水柱的重力与弯液面表面张力向上的分力平衡时，水才停止上升。这种由弯液面产生的向上拉力称为“毛细力”，由毛细力维持的土体中的水称为毛细水。

毛细水主要存在于直径为0.002～0.5mm大小的毛细孔隙中。孔隙更小者，土粒周围的结合水膜有可能充满孔隙而使毛细水不复存在。粗大的孔隙，毛细力极弱，难以形成毛细水。故毛细水主要存在于粉细砂、粉土和粉质黏土中。

毛细水对土的工程性质的影响主要表现在：

（1）在非饱和的砂类土中，土粒间可产生微弱的毛细水连结，增加土的强度。但当土体浸水饱和或失水干燥时，土粒间的弯液面消失，由毛细力产生的粒间连结也随之消失。因此，为安全及从最不利可能条件考虑，工程设计中一般不计入由毛细水产生的强度增量，反而必须考虑由于毛细水上升使土的含水量增加，从而降低土的强度以及增大土的压缩性等不利影响。

（2）当毛细水上升接近建筑物基础底面时，毛细力将作为基底附加压力的增值，从而增加建筑物沉降量。

（3）当毛细水上升至地表时，不仅能引起沼泽化、盐渍化，也会使地基、路基土浸湿，引起地下室潮湿；在寒冷地区，还将加剧冻胀作用。

B　重力水

重力水也称自由水，具有自由活动能力，在重力作用下能自由流动。重力水流动时，产生动水压力，能冲刷带走粗粒土中的细小颗粒，这种作用称为机械潜蚀。重力水还能溶滤土中的水溶盐，这种作用称为化学潜蚀。两种潜蚀作用将使土的孔隙增大，压缩性增大，强度降低。同时，地下水面以下饱水的土重及工程结构的重量，因受重力水的浮托作用，将相对减小。

C　气态水和固态水

气态水以水汽状态存在，从气压高的地方向气压低的地方移动。水汽可在土粒表面凝聚并转化为其他各种类型的水。气态水的迁移和聚集可使土中水和气体的分布状况发生变化，从而改变土的性质。

常压下，当温度低于0℃时，孔隙中的自由水冻结呈固态，往往以冰夹层、冰透镜体、细小的冰晶体等形式存在于土中。冰在土中起暂时胶结作用，提高了土的强度，但解冻后，土体的强度反而会降低，因为液态水转化为固态水时，体积膨胀，使土中孔隙增大，解冻后土的结构会变得松散。土层冻结产生体积膨胀，融化使土层变软产生沉陷，甚至土石翻浆，从而形成冻胀和融沉作用。这是季节性冻土地区中最常见的灾害。

1.3.3　土的气相

土中孔隙除被一定的水占据外，其余为空气或其他气体所填充。土中的气体主要存在于地下水位以上的包气带中，与大气相通，也存在于黏性土中的一些封闭孔隙中。土中气体按其所处的状态和结构特点可分为以下几种类型：（1）自由气体；（2）四周为水和颗粒表面所封闭的气体；（3）吸附于颗粒表面的气体；（4）溶解于水中的气体。

在土粒粒径大的土中，孔隙通道大，这些气体常与外界大气相通成为自由气体。当土层受荷载作用压缩时，易于逸出，对土的工程性质无大影响。

在土粒粒径较细的土中，如黏性土，孔隙通道细，气体有时会存在于黏性土的某些封闭孔隙中，形成与大气隔绝的封闭气泡。封闭气泡的体积与压力有关，压力增加，则体积缩小；压力减小，则体积增大。因此，封闭气体的存在对土的变形有影响。同时其还可阻塞土中的渗流通道，减小土的渗透性。另外，孔隙中气体压力不同，对土体的强度也会产生影响。

其他两种气体，即吸附和溶解气体目前研究不多，对土的性质的影响尚不完全清楚。

另外，在淤泥和泥炭质土等有机土中，由于微生物的分解作用，土中聚积有某种有毒气体和可燃气体，如 CO_2、H_2S 和甲烷等。其中尤以 CO_2 的吸附作用最强，并埋藏于较深的土层中，含量随深度增大而增多。土中这些有害气体的存在不仅使土体长期得不到压密，增大土的压缩性，而且当开挖地下工程揭露这类土层时还可能会危及人的生命安全。

1.4 土的结构和构造

对自然界所存在的各种类型土在物理力学性质方面表现出来的巨大差异，除了从成分（粒度的、矿物的和化学的）、成因（风成、水成、冰成等）、形成年代和物理化学影响等方面进行研究外，还需要从结构和构造上探索其根源。

1.4.1 土的结构

土的结构是指组成土的土粒大小、形状、互相排列及连结的特征。它是在成土过程中逐渐形成的，反映了土的成分、成因和年代对土的工程性质的影响。例如，西北黄土的大孔隙结构是在干旱气候条件下形成的，而西南的红黏土是在湿热的气候条件下形成的。这两种土虽然都具有大孔隙，但成因不同，土粒间的胶结物质不同，工程性质也就截然不同。土的结构对土的工程性质有重要的影响，但到目前为止还未有人能提出满意的定量方法来描述土的结构。

1.4.1.1 土粒间的连结关系

土中颗粒与颗粒之间的连结主要有如下几种类型：

（1）接触连结。接触连结是指颗粒之间的直接接触，接触点上的连结强度主要来源于外加压力所带来的有效接触压力。这种连结方式在碎石土、砂土、粉土或近代沉积土中普遍存在。

（2）胶结连结。胶结连结是指通过颗粒之间存在着的许多胶结物质将颗粒胶结连结在一起，一般该连结较为牢固。胶结物质一般有黏土质，可溶盐和无定形铁、铝、硅质等。其中，无定形物的连结强度比较稳定，而可溶盐胶结的强度是暂时的，被水溶解后，连结将大大减弱，土的强度也随之降低。

（3）结合水连结。结合水连结是指通过结合水膜而将相邻土粒连结起来的连结形式，又称水胶连结。当相邻两土粒靠得很近时，各自的水化膜部分重叠，形成公共水化膜。这种连结对处于坚硬和硬塑状态的黏性土是普遍存在的，其强度取决于吸附结合水膜厚度的变化。土越干燥则结合水膜越薄，强度越高；水量增加，结合水膜增厚，粒间距离增大，则强度降低。

（4）冰连结。冰连结是指在冰土中由于水结冰而存在的暂时性连结，融化后即失去这种连结。

1.4.1.2 土的结构类型

土的结构按其颗粒的排列和连结可分为三种类型：单粒结构、蜂窝结构和絮状结构。

（1）单粒结构。粗颗粒土（如卵石和砂土等）在沉积过程中，每一个颗粒在自重作用下单独下沉并达到稳定状态，如图1－4－1（a）所示。单粒结构的特点是土粒间存在点与点的接触。因沉积条件不同，可形成密实或疏松的状态。疏松状态的单粒结构在荷载作用下，特别是在振动荷载作用下会使土粒移向更稳定的位置，并产生较大的变形。密实状态的单粒结构则比较稳定，力学性能较好。

（2）蜂窝结构。当土颗粒较细（粒径在0.02mm以下），并在水中单个下沉时，碰到已沉积的土粒，因土粒之间的分子引力大于土粒自重，则下沉的土粒被吸引而不再下沉。土粒依次被吸引，便会形成具有很大孔隙的蜂窝状结构，如图1－4－1（b）所示。

（3）絮状结构（二级蜂窝结构）。那些粒径极细的黏土颗粒（粒径小于0.005mm）可以在水中长期悬浮，但也会在水中运动、相互碰撞吸引而逐渐形成小链环状的土集粒，质量增大而下沉。当一个小链环碰到另一小链环时相互吸引，不断扩大形成大链环状，称为絮状结构。因小链环中已有孔隙，大链环中又有更大孔隙，故将其形象地称为二级蜂窝结构，此种絮状结构在海积黏土中常见，如图1－4－1（c）所示。

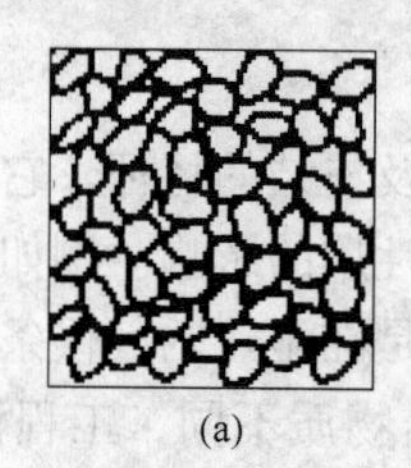
(a)
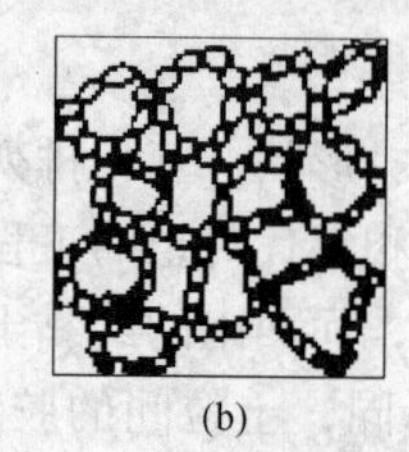
(b)
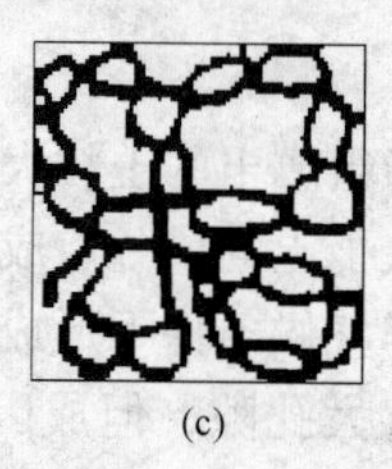
(c)

图1－4－1 土的结构的基本类型

（a）单粒结构；（b）蜂窝结构；（c）絮状结构

一般来说，上述三种结构中，呈现密实状态的单粒结构的土，由于其土粒排列紧密，在动、静荷载作用下都不会产生较大的沉降，所以强度较大，压缩性较小，一般是良好的天然地基。而疏松状态的单粒结构、蜂窝结构及絮状结构的土，其骨架是不稳定的，当受到震动及其他外力作用时，天然结构易遭到破坏，其强度降低，并引起土的很大变形。因此，这种土层如未经处理一般不宜作为建筑物的地基或路基。

1.4.1.3 土的微观结构模型

早期关于土结构的研究以悬液中黏粒的相互作用为基础，提出了前述单粒结构、蜂窝结构、絮状结构等结构模式。到了20世纪50～60年代，人们认识到细小黏粒与孔隙溶液的相互作用，加之透射电镜的使用，能够观察到黏土颗粒是片状体，可以在不同电解质条件下形成“面－面”、“边－面”、“边－边”等结构模式。20世纪70年代后期开始，扫描电镜的使用，又使上述实验室研究转向对天然土结构的研究。目前所提出的土的微观结构模型是指表征土结构形态特征的典型图像，这种图像反映了黏粒及碎屑物质在结构中的相互关系，基本单元体在空间上的排列情况和孔隙特征，单元体之间的接触连结特点等。例如：软土中常见的蜂窝状结构，结构疏松，孔隙率较大，含水量高，具有这种结构的土，灵敏度高，压缩性高，强度低，工程性质无各向异性；胀缩性土中常见的叠片状结构，决定了这种土吸水膨胀、失水收缩的特点；湖相、海相黏土中常见层流状结构，反映了土的沉积特点，其工程性质各向异性明显。

1.4.2　土的构造

土的构造是指在一定土体中，结构相对均一的结构单元体的形态和组合特征，同样也包括单元体的形状、大小、排列和相互关系等方面。按其各结构单元之间的关系，可分为下列四种类型：层状构造、分散构造、结核状构造和裂隙状构造，如图1－4－2所示。

（1）层状构造。土层由不同颜色或不同粒径的土组成层理，一层层互相平行，反映不同年代不同搬运条件形成的土层。层状构造如图1－4－2（a）所示。

（2）分散构造。分散构造是指颗粒在其搬运和沉积过程中，经过分选的卵石、砾石、砂等因沉积厚度较大而不显层理的一种构造，如图1－4－2（b）所示。分散构造的土接近理想的各向同性体，土层中各部分的土粒无明显差别，分布均匀，各部分性质比较接近。

（3）结核状构造。在细粒土中混有粗颗粒或各种结核，如含礓（jiāng）石的粉质黏土、含砾石的黏土等，均属结核状构造，如图1－4－2（c）所示。

（4）裂隙状构造。裂隙状构造是土体被各种成因的不连续的小裂隙切割而形成的。在裂隙中常充填有各种盐粒的沉淀物。不少坚硬和硬塑状态的黏性土具有此种构造，如图1－4－2（d）所示。裂隙会破坏土的整体性，增大透水性，对工程不利。

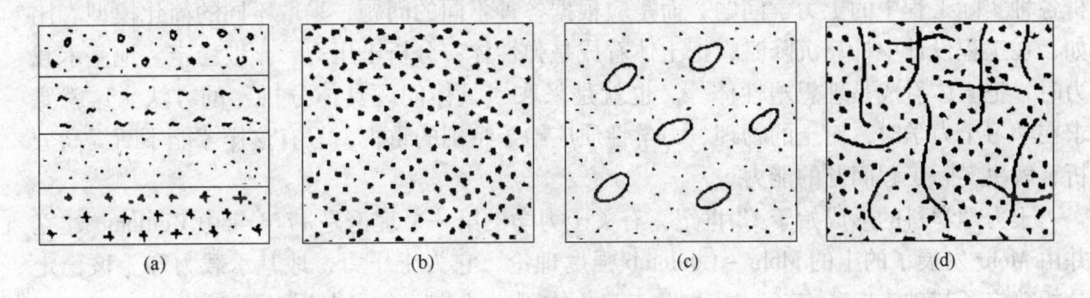

图1－4－2　土的构造的基本类型

（a）层状构造；（b）分散构造；（c）结核状构造；（d）裂隙状构造

土的构造反映了土的成因、土形成时的地质环境、气候特征及土层形成后的演变结果等，土体构造直接反映了土体的不均匀性、各向异性特点，它影响着土体的强度及变形特征、稳定性、密实度、渗透性、对扰动的灵敏度等物理、力学性能。

1.5　土力学学科特点与发展过程

土力学是将土作为建筑物的地基、材料或介质来研究的一门学科，主要研究土的工程性质以及土在荷载作用下的应力、变形和强度问题，为设计与施工提供土的工程性质指标与评价方法、土的工程问题的分析计算原理，是许多工程专业的技术基础课。

土力学是从工程力学范畴里发展起来的，它把土作为物理－力学系统，根据土的应力－应变－强度关系提出力学计算模型，用数学力学方法求解土在各种条件下的应力分布、变形、强度以及土压力、地基承载力与土坡稳定等课题，同时根据土的实际情况评价各种力学计算方法的可靠性与适用条件。

土力学与其他工程力学比起来具有明显的特殊性，这是因为土力学所研究的土与其他材料相比较，有其特殊性。

首先是土的散粒体特性和多相性。土是由不同大小、不同成分的土颗粒所组成的松散集合体，是一种离散的材料。土颗粒间的连结强度远远小于颗粒本身的强度。这就使得土的变形和强度特性与其他材料大不相同。此外，土颗粒间有孔隙，孔隙中充填着水或空气，孔隙水、孔隙气的存在（尤其是孔隙水的存在）影响着土的应力与变形，这是其他材料所没有的。

其次是土的多变性。地球上不同地方的土千差万别；同一地方的土，在不同的地点，不同时间，不同的外界环境下也会不同；即使是实验室做试验的土样，也不可能做到两次试验完全相同。土的多变性使土的研究变得困难，也使试验结果的代表性受到限制。

再次是土的工程性质的易变性。在应力、水分等条件变化时，土的工程性质会发生变化。

此外，由于土是在复杂的自然历史条件下生成的，所以土层常常是不均匀和各向异性的。

从上面所介绍的土的特点可以看到，土比我们在其他工程力学课程中所熟悉的固体材料和流体都更为复杂。目前，在土力学中，还不能用一种模型概括土的全部力学性质，分析各种实际工程中的土力学问题，而是应根据各种不同的问题，采取不同的简化模型。比如，在工程设计中计算沉降时，把土体看成是弹性体；分析土压力、土坡稳定、地基承载力时，把土体看成是理想塑性体等。也就是采取“具体问题具体分析”的方法。这就要求在学习土力学时，对土的物理、力学性质应给予特别的重视，只有这样才能不断提高分析、解决实际工程问题的能力。

土力学学科的形成始于18世纪，有关土力学的第一个理论是1773年由Coulomb建立并由Mohr发展了的土的Mohr－Coulomb强度理论，它为土压力、地基承载力和土坡稳定分析奠定了基础。1776年Coulomb发表建立在滑动土楔平衡条件分析基础上的土压力理论；1857年Rankine提出了建立在土体的极限平衡条件分析基础上的土压力理论；1856年Darcy通过室内试验建立了有孔介质中水的渗透理论；1885年Boussinesq和1892年Flamant分别提出了均匀的、各向同性的半无限体表面在竖直集中力和线荷载作用下的位移和应力分布理论。这些早期的著名理论奠定了土力学的基础。20世纪初，土力学继续发展，Prandtl根据塑性平衡的原理，研究了坚硬物体压入较软的、均匀的、各向同性材料的过程，导出了著名的极限承载力公式。在这基础上，Terzaghi（太沙基）、Meyerhof、Vesic和Hansen等分别进行了修正、补充和发展，提出了各种地基极限承载力公式；Fellenius提出了著名的瑞典圆弧法用以分析土坡的稳定性；特别是Terzaghi建立了饱和土的有效应力原理和一维固结理论，Biot建立了土骨架压缩和渗透耦合理论，为近代土力学的发展提供了理论依据。Terzaghi在1925年发表的《土力学》是最早系统论述土力学体系的著作。Terzaghi把当时零散的有关定律、原理、理论等按土的特性加以系统化，形成了土力学的基本理论框架，从而使土力学形成了一门独立的学科。因此，Terzaghi被认为是土力学的奠基人。Terzaghi指出土具有黏性、弹性和渗透性，按物理性质把土分成黏土和砂土，并探讨了它们的强度机理，建立了有效应力原理，从而可真实地反映土力学的本质，使土力学确立了自己的特色，成为土力学学科的一个重要指导原理，极大地推动了土力学的发展。1943年他还出版了《理论土力学》，之后与Peck合著的《工程实用土力学》则是对土力学的全面总结。

土力学作为一门独立学科发展至今可以分为两个发展阶段：

第一阶段是从20世纪20年代到60年代，称为古典土力学阶段，也是土力学快速发展阶段。例如，费伦纽斯于1927年建立了圆弧稳定分析法，泰勒于1937年以及毕肖普（A. W. Bishop）于1955年对其进行了完善；1942年索科洛夫斯基（B. B. Soklovski）建立了散体静力学；1948年巴朗（B. A. Barron）提出了砂井固结理论；1941年比奥（M. A. Biot）发表了三维固结理论和动力方程，使有效应力原理得到了广泛的推广应用；1957年德鲁克（D. C. Drucker）提出了土力学与加工硬化塑性理论，对土的本构研究起到了很大的推动作用。在本阶段，土体被视为线弹性体、连续介质或分散体或刚塑性体。在太沙基的理论基础上，形成了以有效应力原理、渗透固结理论、极限平衡理论为基础的土力学理论体系，研究了土的强度、变形与渗透特性，解决了地基承载力和变形、挡土墙土压力、土坡稳定等与工程密切相关的土力学课题，对弹塑性力学的应用也有了一定认识。在这一阶段，土力学得到了完善、充实和提高。

第二阶段从20世纪60年代开始，称为现代土力学阶段。其主要代表人物有罗斯科（K. H. Roscoe）和费雷德隆德（D. G. Fredlund）等。1963年剑桥大学的罗斯科等提出了状态边界面概念，据此创立了著名的剑桥弹塑性模型，突破了先前弹性介质模型和刚塑性模型的局限，标志着土力学进入了崭新的现代发展阶段。这一阶段改变了古典土力学中把各受力阶段人为割裂开来的情况，把土的应力、应变、强度、稳定等受力变化过程统一用一个本构关系加以研究，从而更切合土的真实性状。此后几十年，土力学的研究取得了多方面的重要进展，例如：土体非线性和弹塑性本构模型研究和应用；非饱和土渗流固结变形理论与强度理论的研究（1993年费雷德隆德和拉哈尔佐（H. Rahardjo）发表了《非饱和土力学》）；土的渐进破坏理论和损伤力学模型研究；砂土的液化和动力固结模型研究；土的微观力学模型研究；土与结构相互作用研究以及数值分析与模拟方法的研究，等等。

1999年国际土力学与基础工程协会（ISSMFE）更名为国际土力学与岩土工程协会（ISSMGE），在协会的带领下，作为岩土力学界四年一届的盛会——国际土力学与岩土工程会议（1999年以前称为土力学与地基基础会议），至2009年已开了17届，极大地促进了土力学的发展。

思 考 题

1. 土是如何生成和演变的？
2. 在土的三相组成中，决定土的物理力学性质的主要因素是什么？
3. 土由哪几部分组成，土中水有哪几种存在形态，各有何特性，对土的工程性质有何影响？
4. 何谓不均匀系数和曲率系数，如何由颗粒级配曲线的形态以及不均匀系数和曲率系数的数值评价土体的工程性质？
5. 何谓土的结构，它对土的性质有什么影响，土粒间的连结关系主要有几种类型，按土颗粒的排列和连结方式，土的结构有几种类型？
6. 何谓土的构造，常见的土的构造有哪几种类型？

复 习 题

1－1　根据表1－1颗粒分析试验结果，作出级配曲线，算出 C_u 及 C_c 值，并判断其级配情况是否良好。

表1－1　颗粒分析试验结果

粒径/mm	粒组含量/%	粒径/mm	粒组含量/%
20～10	1	0.25～0.075	22
10～5	3	0.075～0.05	5
5～2	5	0.05～0.01	4
2～1	7	0.01～0.005	3
1～0.5	20	0.005～0.002	2
0.5～0.25	28		

1－2　如图1－1所示A、B、C为三种不同粒径组成的土。试求各种土中的砾石、砂粒、粉粒及黏粒的含量各为多少，它们的不均匀系数及曲率系数又各为多少？并对各曲线所反映的土的级配特性加以分析。

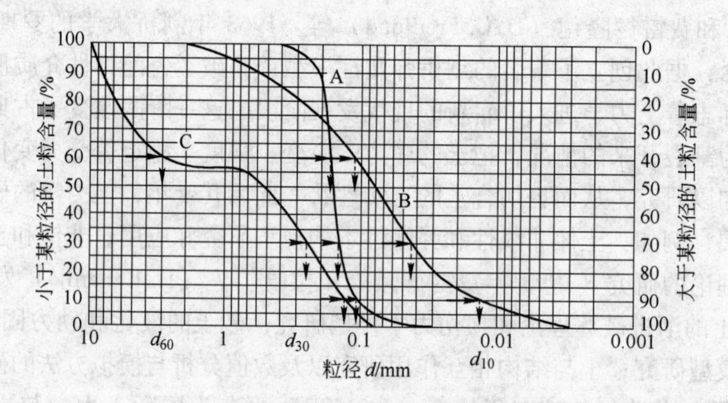

图1－1　A、B、C三种土的颗粒级配曲线

2　土的物理性质和工程分类

2.1　概　述

前一章讲了土的形成、土的组成和土的结构，使我们对土有了一些了解。把土作为一种工程材料，研究其应力、变形（应变）、强度及其结构稳定性是土力学的主要任务。与其他任何一门学科一样，定义物理力学量对土的物理性质和物理状态进行描述，是开展土力学研究的基础。同时，土力学又是一门应用性很强的学科，其产生的基础和发展的动力都源于工程实践，土力学研究的根本目的是为工程实践服务。因此，我们也需要了解和把握土的工程性质。

与一般材料不同，土的最大特点是散粒体特性和多相性。土是由固体颗粒（固相）、水（液相）和气体（气相）所组成的三相体。三相中每一相的性质、相之间的比例关系和相互作用都会对土的性质产生影响。土的三相物质的相对含量不同，土的状态和工程性质也会不同。因此，土力学把土的三相量之间的比例关系作为土的基本物理性质指标，称为土的三相比例指标。

对于三相比例指标，我们要理解并熟记它们的定义，熟悉其确定方法，熟练掌握指标之间的换算关系。对于指标换算来说，土的三相图是非常有效的工具，需要熟练掌握其应用。

要建立土力学的理论体系，首先要定义描述土的物理力学性质的参量（简称土的物理力学量）。因为形成土的骨架的固体颗粒和土的孔隙在空间上都是不连续的，所以要定义土的物理力学量，首先遇到的问题就是其空间连续性问题。为此，我们在给出土的三相比例指标定义之后，又讨论了土的物理力学量的连续性。

土可以粗略地分为无黏性土和黏性土两大类，两者的主要区别在于有无黏性，砂性土又称为无黏性土。无黏性土的密实度、黏性土的含水量，对土的工程性质影响很大。因此，本章2.3节专门讲述砂性土密实度的判定方法，主要的指标是相对密实度和标准贯入锤击数；2.4节专门讲述黏性土的界限含水量，包括液限、塑限和缩限，在此基础上，给出表征黏性土可塑性大小以及软硬状态的物理指标——塑性指数和液性指数的定义和应用。这些指标和定义都是工程上常用的，要弄清楚其物理意义，熟练掌握其应用。除此之外，本章中还介绍了黏性土的压实性、胀缩性、活动性、灵敏性和触变性等工程性质，其中压实性的概念很重要，要重点把握。

需要指出的是，土非常复杂，本章乃至本书中所讲的物理性质并不足以完全描述土的性质和状态。还有各种特殊的土，如软土、多年冻土和红黏土等，各有其独特的工程性质，限于篇幅，这里不再介绍。

土的颗粒组成和构成成分不同，性质差异很大。为了粗略估判土的工程性质以及评价土作为地基或建筑材料的适宜性，有必要对土进行工程分类。因此，本章的最后一节介绍了土的工程分类。熟悉土的分类名称，了解土的分类方法和划分标准，是学习本节的基本要求。

2.2　土的三相比例指标

前一章中已经提及，土是固体颗粒、水（液体）和气体组成的三相分散体系。土的三相比例指标是土的物理性质参量，包括密度、重度、土粒比重、含水量、孔隙比、孔隙率和饱和度等，反映了土的干湿、轻重、松紧、软硬等物理性质和物理状态，是评价土的工程性质的基本指标，也是岩土工程勘察报告必须包含的内容。

土的三相比例指标可以分成两类。一类是必须通过试验测定的，称为直接测定指标或试验测定指标，包括天然密度（天然重度）、含水量和土粒比重（土粒相对密度），分别通过土的密度试验、土的含水量试验和土粒比重或土粒相对密度试验直接测定。另一类是根据直接测定指标换算得到的，称为间接换算指标，如干密度、饱和度、孔隙比和孔隙率等。

2.2.1　土的三相图

为了便于分析和推导土的三相比例指标，通常把土本来分散的三相各自理想化地集合起来，绘成示意图，称为土的三相图，如图2－2－1所示。三相图的一侧表示三相组成的质量，另一侧表示三相组成的体积，它清晰地反映了土的构成及其三相比例关系。其中，土样的体积 V 为土粒的体积 V_s 与水的体积 V_w 和气体的体积 V_a 之和，水的体积 V_w 和气体的体积 V_a 之和为孔隙的体积 V_v；土样的质量 m 为土粒的质量 m_s 与水的质量 m_w 和气体的质量 m_a 之和；通常认为气体的质量 m_a 可以忽略，则土样的质量就仅为土粒质量和水的质量之和。借助于三相图，可以很容易地写出土的物理性质指标（三相比例指标）的表达式，导出其换算关系。

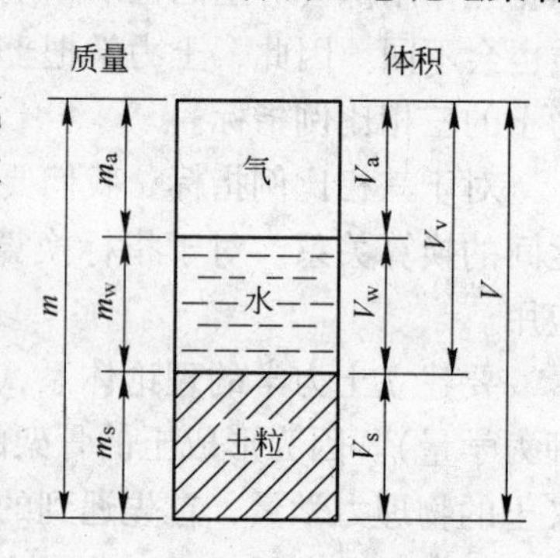

图2－2－1　土的三相图

2.2.2　试验测定指标

2.2.2.1　土的天然密度 ρ 和天然重度 γ

土的天然密度定义为天然状态下单位体积土的总质量，用 ρ 表示，单位为 g/cm^3、kg/m^3 等。

$$\rho=\frac{m}{V} \tag{2-2-1}$$

式中 m——土的总质量；

V——土的总体积。

土的天然密度也称为湿密度，一般用环刀法测定，试验方法见第8章。其变化范围比较大，常见值在1.6～2.2g/cm^3之间。

土的天然重度定义为天然状态下单位体积土的总重力，又称土的天然容重，用 γ 表示，单位为 kN/m^3。

$$\gamma = \frac{G}{V} = \frac{mg}{V} = \rho g \tag{2-2-2}$$

式中　G——土的总重力，kN；

g——重力加速度，其值为 $9.80m/s^2$，工程上为了计算方便，常取 $g = 10m/s^2$。

2.2.2.2　土的含水量 w

土的含水量定义为土中水的质量与土粒质量之比，用 w 表示，以百分数计。

$$w = \frac{m_w}{m_s} \times 100\% = \frac{m - m_s}{m_s} \times 100\% \tag{2-2-3}$$

式中　m——土的总质量；

m_w——水的质量；

m_s——土粒的质量。

含水量是反映土的干湿程度或者说干湿状态的一个重要指标。天然土层的含水量变化范围很大，它与土的种类、埋藏条件及其所处的自然地理环境等有关。干的粗砂土的含水量一般接近于零，而饱和砂土的含水量可达40%。坚硬黏土含水量一般小于30%，饱和状态的软黏土（如淤泥）可达60%或更大。泥炭土含水量可达300%甚至更高。

土的含水量一般用烘干法测定，试验方法见第8章。

2.2.2.3　土粒比重（土粒相对密度）G_s

土粒比重定义为土颗粒的质量与同体积4℃纯水的质量之比，用 G_s 表示，无量纲。

$$G_s = \frac{m_s}{V_s \rho_{w1}} = \frac{\rho_s}{\rho_{w1}} \tag{2-2-4}$$

式中　m_s——土粒的质量；

V_s——土粒的体积；

ρ_{w1}——4℃时纯水的密度，数值为 $1.0g/cm^3$；

ρ_s——土粒密度，定义为单位体积土颗粒的质量。

土粒比重和土粒密度都是对土颗粒而言的，因为 $\rho_{w1} = 1.0g/cm^3$，所以二者在数值上相等。但土粒比重没有量纲，而土粒密度单位是 g/cm^3。

土粒比重是土的固有特性参数，与土的天然状态无关，其大小主要取决于土的矿物成分。无机矿物颗粒比重一般为2.6～2.8。有机质土为2.4～2.5；泥炭土为1.5～1.8；而含铁质较多的黏性土可达2.8～3.0。同一类型的土，其颗粒比重的变化幅度很小。常见的砂土颗粒比重一般为2.65～2.67；粉土一般为2.70～2.71；粉质黏土一般为2.72～2.73；黏土一般为2.74～2.76。

土粒比重一般用比重瓶法测定，试验方法见第8章。

2.2.3　间接换算指标

2.2.3.1　土的饱和度 S_r

土的饱和度是指土中孔隙被水充满的程度，定义为土中水的体积与孔隙体积之比，用百分数或用小数表示，无量纲。

$$S_r = \frac{V_w}{V_v} \times 100\% \qquad (2-2-5)$$

式中 V_w——土中孔隙水的体积；

V_v——土中孔隙的体积。

显然，干土 $S_r = 0$，完全饱和土 $S_r = 100\%$。砂土根据饱和度可以分为稍湿、很湿和饱和三种状态，划分标准是：

$S_r \leqslant 50\%$ 稍湿

$50\% < S_r \leqslant 80\%$ 很湿

$S_r > 80\%$ 饱和

2.2.3.2 土的孔隙比 e

土的孔隙比是指土中孔隙体积与土粒体积之比，用小数表示，无量纲。

$$e = \frac{V_v}{V_s} \qquad (2-2-6)$$

孔隙比是一个重要的物理性质指标，可以用来评价天然土层的密实程度。一般地，$e < 0.6$ 的土是密实的低压缩性土，$e > 1.0$ 的土是疏松的高压缩性土。

2.2.3.3 土的孔隙率 n

土的孔隙率是指土中孔隙体积与土的总体积之比，或单位体积内孔隙的体积，常以百分数表示，无量纲。

$$n = \frac{V_v}{V} \times 100\% \qquad (2-2-7)$$

土的孔隙率和孔隙比都是表征土的密实程度的重要指标。数值越大，表明土中孔隙体积越大，即土越疏松；反之，土越密实。砂类土的孔隙率一般是 28% ~35%；黏性土的孔隙率有时可高达 60% ~70%。

孔隙比与孔隙率之间有如下关系：

$$n = \frac{e}{1+e} \times 100\% \qquad (2-2-8)$$

$$e = \frac{n}{1-n} \qquad (2-2-9)$$

2.2.3.4 土的干密度和饱和密度

（1）干密度 ρ_d。单位体积土的固体颗粒部分的质量，称为土的干密度，记为 ρ_d，单位是 g/cm^3。

$$\rho_d = \frac{m_s}{V} \qquad (2-2-10)$$

在工程上常把 ρ_d 作为评定土体密实程度的标准，尤其是在控制填土工程的施工质量时。

（2）饱和密度 ρ_{sat}。完全饱和，即孔隙中全部充满水时单位体积土的质量，称为土的饱和密度，记为 ρ_{sat}，单位是 g/cm^3。

$$\rho_{sat} = \frac{m_s + V_v \rho_w}{V} \tag{2-2-11}$$

式中 ρ_w——水的密度，近似等于 $1.0g/cm^3$。

当土体饱和时，天然密度等于饱和密度。

2.2.3.5 土的干重度、饱和重度和浮重度

土的三相比例指标中质量密度指标有 3 个，即土的天然密度或湿密度 ρ、干密度 ρ_d、饱和密度 ρ_{sat}。土的重度指标有 4 个，分别是土的天然重度或湿重度 γ、干重度 γ_d、饱和重度 γ_{sat} 和浮重度 γ'。

(1) 干重度 γ_d。单位体积土中固体颗粒的重量，称为土的干重度，用 γ_d 表示，单位是 kN/m^3。

$$\gamma_d = \frac{W_s}{V} = \frac{m_s g}{V} = \rho_d g \tag{2-2-12}$$

式中 W_s——土中固体颗粒的重量，$W_s = m_s g$。

(2) 饱和重度 γ_{sat}。孔隙中全部充满水时单位体积土的重量称为土的饱和重度，用 γ_{sat} 表示，单位是 kN/m^3。

$$\gamma_{sat} = \frac{W_s + V_v \gamma_w}{V} = \frac{m_s g + V_v \rho_w g}{V} = \frac{m_s + V_v \rho_w}{V} g = \rho_{sat} g \tag{2-2-13}$$

(3) 浮重度 γ'。受到水的浮力作用，单位体积土的土粒重量与同体积水的重量之差，称为土的浮重度或有效重度，用 γ' 表示，单位是 kN/m^3。

$$\gamma' = \frac{W_s - V_s \gamma_w}{V} = \frac{m_s g - V_s \rho_w g}{V} = \frac{m_s - V_s \rho_w}{V} g \tag{2-2-14}$$

各重度指标与对应的密度指标之间的关系为：

$$\gamma_d = \rho_d g,\ \gamma_{sat} = \rho_{sat} g \tag{2-2-15}$$

在数值上有如下关系：

$$\gamma_{sat} \geqslant \gamma \geqslant \gamma_d \geqslant \gamma',\ \rho_{sat} \geqslant \rho \geqslant \rho_d \tag{2-2-16}$$

2.2.3.6 土的三相比例指标换算关系

用三相图推导各指标间的相互关系，一般可以忽略气体的质量，即 $m_a = 0$。设 $\rho_{w1} = \rho_w$，并可以令 $V_s = 1$。

由定义 $e = \frac{V_v}{V_s}$，可得 $V_v = e$，$V = V_s + V_v = 1 + e$；

由定义 $G_s = \frac{m_s}{V_s \rho_{w1}} = \frac{\rho_s}{\rho_{w1}}$，可得 $m_s = V_s G_s \rho_w = G_s \rho_w$；

由定义 $w = \frac{m_w}{m_s} \times 100\%$，可得 $m_w = w m_s = w G_s \rho_w$，$m = m_s + m_w = G_s(1+w)\rho_w$。

具体推导过程如下：

$$\rho = \frac{m}{V} = \frac{G_s(1+w)\rho_w}{1+e} \tag{2-2-17}$$

$$\rho_d = \frac{m_s}{V} = \frac{G_s \rho_w}{1+e} = \frac{m}{V} \cdot \frac{m_s}{m} = \rho \frac{G_s \rho_w}{G_s(1+w)\rho_w} = \frac{\rho}{1+w} \tag{2-2-18}$$

由式（2－2－17）和式（2－2－18）得

$$e=\frac{\rho_w G_s}{\rho_d}-1=\frac{\rho_w G_s(1+w)}{\rho}-1 \tag{2-2-19}$$

$$\rho_{sat}=\frac{m_s+V_v\rho_w}{V}=\frac{(G_s+e)\rho_w}{1+e} \tag{2-2-20}$$

$$\gamma'=\frac{m_s-V_s\rho_w}{V}g=\gamma_{sat}-\gamma_w=\frac{(G_s-1)\gamma_w}{1+e} \tag{2-2-21}$$

$$n=\frac{V_v}{V}=\frac{e}{1+e} \tag{2-2-22}$$

$$S_r=\frac{V_w}{V_v}=\frac{m_w}{V_v\rho_w}=\frac{wG_s\rho_w}{V_v\rho_w}=\frac{wG_s}{e} \tag{2-2-23}$$

根据上述定义，应用土的三相图可以导出各物理指标之间的换算公式，具体如表2－2－1所示。

表2－2－1 土的物理状态指标及其之间的关系

指标名称	三相比例定义式	常用换算公式	单 位
天然密度 ρ	$\rho=\frac{m}{V}$	$\rho=\rho_d(1+w),\rho=\frac{\rho_s(1+w)}{1+e}$	g/cm^3
土粒密度 ρ_s	$\rho_s=\frac{m_s}{V_s}$	$\rho_s=\frac{S_r e}{w}\rho_w$	g/cm^3
干密度 ρ_d	$\rho_d=\frac{m_s}{V}$	$\rho_d=\frac{\rho}{1+w},\rho_d=\frac{\rho_s}{1+e}$	g/cm^3
饱和密度 ρ_{sat}	$\rho_{sat}=\frac{m_s+V_v\rho_w}{V}$	$\rho_{sat}=\rho_d+n\rho_w,\rho_{sat}=\frac{\rho_s+e\rho_w}{1+e}$	g/cm^3
浮重度 γ'	$\gamma'=\gamma_{sat}-\gamma_w$	$\gamma'=\frac{\rho_s-\rho_w}{1+e}g,\gamma'=\frac{(\rho_s-\rho_w)\rho}{\rho_s(1+w)}g$	kN/m^3
孔隙比 e	$e=\frac{V_v}{V_s}$	$e=\frac{\rho_s(1+w)}{\rho}-1,e=\frac{\rho_s}{\rho_d}-1$	
孔隙度 n	$n=\frac{V_v}{V}\times 100\%$	$n=\frac{e}{1+e},n=\left[1-\frac{\rho}{\rho_s(1+w)}\right]\times 100\%$	
含水量 w	$w=\frac{m_w}{m_s}\times 100\%$	$w=\frac{S_r e}{\rho_s}\rho_w,w=\frac{\rho}{\rho_d}-1$	
饱和度 S_r	$S_r=\frac{V_w}{V_v}\times 100\%$	$S_r=\frac{w\rho_s}{e\rho_w}\times 100\%$	

【例2－1】某土样经试验测得体积为60cm³，质量为112.2g，烘干后测得质量为100.2g。已知土粒比重 G_s 为2.66。试求该土样的天然含水量 w、密度 ρ、孔隙比 e、孔隙率 n、饱和度 S_r、饱和重度 γ_{sat}、浮重度 γ' 和干重度 γ_d。

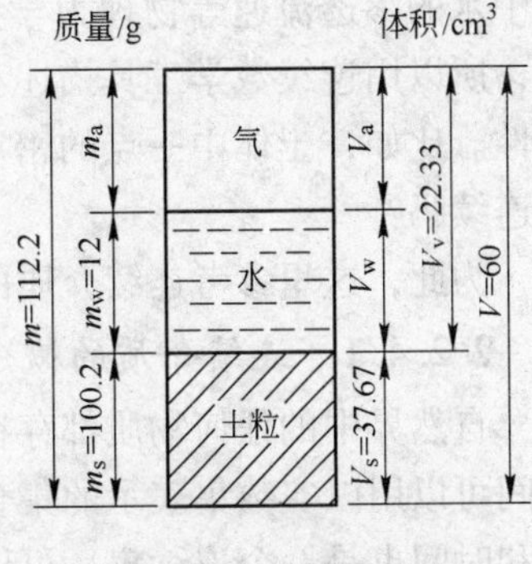

图2-2-2 例2-1图

【解】绘制土样的三相图如图2-2-2所示，将已知值填入图2-2-2中，按各指标的定义进行计算。

(1) 已知 $V=60\text{cm}^3$，$m=112.2\text{g}$，得

$$\rho=\frac{m}{V}=\frac{112.2}{60}=1.87\text{g/cm}^3$$

(2) 已知 $m_s=100.2\text{g}$，$m_w=112.2-100.2=12\text{g}$，得

$$w=\frac{m_w}{m_s}\times100\%=\frac{12}{100.2}=11.98\%$$

(3) 由 $V_s=\dfrac{m_s}{G_s\rho_w}=\dfrac{100.2}{2.66}=37.67\text{cm}^3$，$V_v=V-V_s=60-37.67=22.33\text{cm}^3$，得

$$e=\frac{V_v}{V_s}=\frac{22.33}{37.67}=0.593$$

(4) 由孔隙率 n 的定义，得

$$n=\frac{V_v}{V}=\frac{22.33}{60}=0.372$$

(5) 因 $V_w=\dfrac{m_w}{\rho_w}=\dfrac{12}{1}=12\text{cm}^3$，由饱和度定义，得

$$S_r=\frac{V_w}{V_v}=\frac{12}{22.33}=53.7\%$$

(6) $\rho_{sat}=\dfrac{m_s+\rho_wV_v}{V}=\dfrac{100.2+22.33}{60}=2.042\text{g/cm}^3$

$$\gamma_{sat}=\rho_{sat}g=2.042\times10=20.42\text{kN/m}^3$$

(7) $\gamma'=\dfrac{m_s-\rho_wV_s}{V}g=\dfrac{100.2-37.67}{60}\times10=10.42\text{kN/m}^3$

或

$$\gamma'=\gamma_{sat}-\gamma_w=20.42-10=10.42\text{kN/m}^3$$

(8) $\rho_d=\dfrac{m_s}{V}=\dfrac{100.2}{60}=1.67\text{g/cm}^3$

$$\gamma_d=\rho_dg=1.67\times10=16.7\text{kN/m}^3$$

【问题讨论】

土的三相比例指标是土的物理性质参量，包括密度、重度、土粒比重、含水量、孔隙比、孔隙率和饱和度等，反映了土的干湿、轻重、松紧等物理性质和物理状态。在通过试验已经确定了土的天然重度 γ，含水量 w 及土颗粒比重 G_s 这三个基本物理性质指标后，便可以利用三相草图求解其余的物理性质指标。

2.2.4 土的物理力学量的连续性

前面我们定义了土的三相比例指标，在后面的章节中我们还会定义土的应力、应变和

土中水的渗透流速等物理力学量。因为土骨架和土中的孔隙并非连续地占据其所在的空间，所以用连续数学工具描述和处理土力学问题时，必须要明确土的物理力学量定义的连续性。比如，土体中一点的密度，这里的“一点”指的是什么，土体的密度在数学意义上连续吗?

为此，这里参考连续介质的概念，讨论和说明土的物理力学量的定义及其连续性。

2.2.4.1 连续介质的概念

自然界中的任何物质都存在于某一特定的空间区域中。从数学的角度看，物质存在的空间可以用以实数集表示的集合来度量。正如数学中的实数系是一个连续集一样，三维空间和时间也是一个连续集，可以用实数系 x、y、z、t 来表示。为了研究物质的状态和运动，在连续介质力学中可将连续集的概念推广到物质，即认为物质在空间上是连续分布的。

以连续介质力学中物质质量密度的定义为例。设物质所在的空间为 V_0，如图 2-2-3 所示，考察 V_0 中的一点 P 以及收敛于 P 点的子空间序列 V_0，V_1，V_2，…，令

$$V_n \subset V_{n-1},\ P \in V_0 \qquad (n=1,\ 2,\ \cdots)$$

设 V_n 中所含物质的质量是 M_n，V_n 代表子空间的体积，那么 P 点的物质质量密度 $\rho(P)$ 定义为

$$\rho(P)=\lim_{V_n \to 0}\frac{M_n}{V_n} \qquad (2-2-24)$$

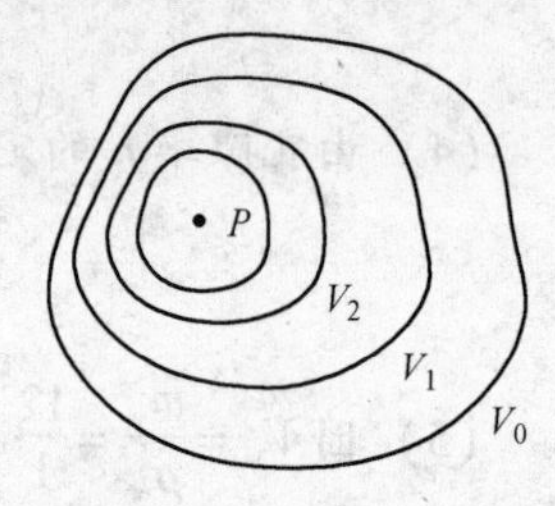

图 2-2-3 收敛于 P 点的空间域序列

这样的定义实际上是一种数学上的抽象。对于自然界中实际存在的物质，当 V_n 的尺度接近原子半径的量级时，上述定义会遇到问题：随着物质原子基本粒子不停的运动，式（2-2-24）的极限要么不存在，要么随时间和空间波动。

为了解决这个问题，需要对式（2-2-24）的极限表达式附加一个限制条件：当考察 M_n/V_n 比值的极限时，对于无限的子空间序列 V_1，V_2，…，V_n，…，若令 V_n 越来越小直至趋近于零时，要求 V_n 总是保持足够大，以使得在 V_n 中包含足够多数目的粒子。如果 M_n/V_n 的比值在这个附加的限制条件下仍趋于一个确定的极限值 $\rho(P)$，则定义 $\rho(P)$ 为物质的质量密度。

因此说，在连续介质力学中，物质质量密度的定义实质上并不是 P 点子空间无限序列的极限，而是在包含 P 点的有限的微小空间上物质宏观质量与宏观体积比值的平均值。这实质上是一种修匀过程，即附加了限制条件的物质质量密度的定义实质上并不是 P 点子空间无限序列的极限，而是在包含 P 点的有限的微小空间上物质宏观质量与宏观体积比值的平均值。换句话说，当设想在微小空间上将物质质量均布于其中时，对于真实物质，我们便给出了一个连续介质的数学模型，它具有式（2-2-24）所严格定义的质量密度，又可以克服对物质进行力学分析时在数学处理上可能带来的困难。当所研究的问题不涉及物质的微观结构时，应用上述修匀过程没有任何问题。

与质量密度一样，在这样修匀的意义上，我们可以定义其他所有的物理力学量。

2.2.4.2 土的物理力学量的连续性

因为土的骨架和孔隙在空间的分布都是不连续的，所以即使在宏观条件下也会遇到同连续介质微观条件下相似的困难。当我们用式（2-2-24）定义土的质量密度时，会发

现一旦 V_n 趋近到小于骨架颗粒或微团的体积时，$\rho(P)$ 将失去原有的物理意义：它不再代表宏观土体的质量密度，而是变成骨架颗粒（质点）或其孔隙中一点气体或液体物质的质量密度，这意味着此时式（2－2－24）所表示的极限不存在。

因此，如果要用式（2－2－24）定义土的质量密度，我们必须在更大的空间尺度上附加限制条件，即在绕 P 点包含足够数目的骨架颗粒（质点）的更大尺度空间上进行修匀。

假设土体所在的空间域为 V_0，对于其中任意一点 P，考察收敛于 P 点的子空间序列 V_0，V_1，V_2，…，V_n，…，令

$$V_n \subset V_{n-1}, P \in V_0 \quad (n=1,2,\cdots)$$

而 V^* 是包含 P 点的这样一个有限空间：它足够小直至趋近于零，同时又保持足够大使得其中包含足够数目的土骨架颗粒（质点），称 V^* 为 P 点的代表性微元体积，简称代表体积（REV）。

设 V_n 中所包含的土骨架的质量是 M_{sn}，孔隙液体的质量是 M_{wn}。忽略孔隙气体的质量，那么，若极限

$$\rho(P) = \lim_{\substack{V_n \to V^* \\ V^* \to 0}} \frac{M_{sn} + M_{wn}}{V_n} \tag{2-2-25}$$

和

$$\rho_d(P) = \lim_{\substack{V_n \to V^* \\ V^* \to 0}} \frac{M_{sn}}{V_n} \tag{2-2-26}$$

存在，则分别称之为 P 点土体的质量密度和质量干密度。

同样，称极限

$$\rho_s(P) = \lim_{\substack{V_n \to V^* \\ V^* \to 0}} \frac{M_{sn}}{V_{sn}} \tag{2-2-27}$$

为 P 点颗粒的质量密度。

上式的定义包含两方面的意义：一是 P 点的质量密度是围绕 P 点代表体积质量密度的平均值；二是在代表体积之内“无限”均化，以致逼近到 P 点仍然有意义，从而保证密度定义的连续性。

如果当子空间序列无限逼近于 P 点的代表体积时，土的其他物理力学量的极限存在，我们就把该极限定义为相应的物理力学量。

如图2－2－4所示，如果在土体所占据的空间 V 内任意一点的物理力学状态变量都表征 P 点的代表体积的平均值，P 点可以连续移动，则该物理量在空间 V 上严格满足数学上的连续条件。在这样的意义下，土骨架或孔隙流体空间分布的连续性不再成为物理力学量空间连续性的必要条件。

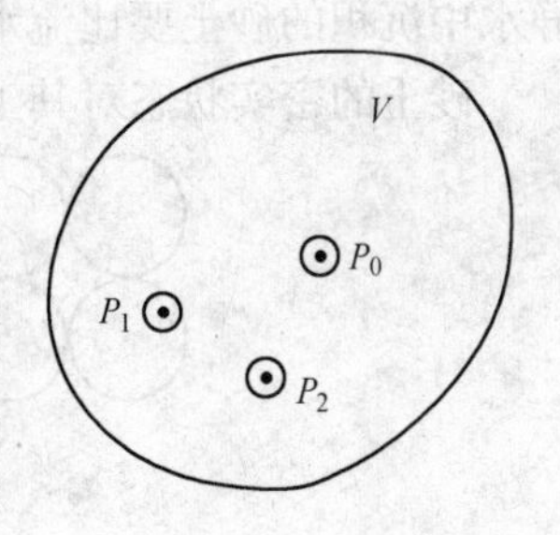

图2－2－4　代表体积

有限体积空间的限制条件和在此空间上土或者物理力学量的无限均化，事实上是建立了一种土的物质模型。当采用宏观方法处理土力学问题时，描述其空间任意一点土的状态的特征量都是以该点为质心的一定区域内的平均值。这个区域就是该

点的代表体积，在宏观意义上，也就是我们研究土力学问题的"点"。

2.2.4.3　代表体积

代表体积对于土的物理力学量的定义及其连续性的研究具有重要的意义，但一般情况下，无必要准确地给出代表体积的尺寸。对于不同的土体，或在同一土体中的不同点，代表体积的大小都可能不同。实际上，代表体积 V^* 不能取得太大，否则平均的结果不能代表 P 点的值，同时也不能太小，必须包含有足够数目的孔隙或土骨架颗粒，这样才能得出有意义的统计平均值。

代表体积应满足以下条件：

（1）特征量的平均值不依赖于它的大小和形状。

（2）特征量的平均值在空间和时间上连续可微。

（3）如果 l 是代表体积的特征长度，d 是固体骨架颗粒的特征长度，则

$$l \gg d \tag{2-2-28}$$

（4）如果 L 是特征量发生变化的土的区域的特征长度，则

$$l \ll L \tag{2-2-29}$$

实际上，式（2-2-28）和式（2-2-29）既保证了代表体积（REV）的选取能够消除土体在微（细）观上的不连续性，同时又不影响其宏观上的均质性或非均质性。

2.3　无黏性土的密实度

无黏性土一般是指砂（类）土和碎石（类）土，其黏粒含量甚少，呈单粒结构，不具有可塑性。无黏性土的密实度对其工程性质影响明显，密实度越大，土的强度越高、压缩性越小，可作为建筑物的良好地基；反之，密实度越小，土的强度越低、压缩性越大，稳定性也越差。密实度较小的饱和粉土和细砂等在振动荷载作用下还会发生液化现象。

2.3.1　砂（类）土的密实度

天然条件下砂土可处于从疏松到密实的不同物理状态，这与其颗粒大小、形状、沉积条件和存在历史有关。砂土属单粒结构，砂粒一般为粒状，比较接近于球形。大小均匀的圆球状颗粒的两种极端排列形式如图2-3-1所示，其孔隙比在0.91（疏松）和0.35（密实）之间变化，显然孔隙比是描述其密实状态的重要指标。实际上砂土的颗粒大小混杂，形状也非圆形，故孔隙比的变化必然比圆球还要大。试验表明，一般粗粒砂多处于较密实的状态，而细粒砂特别是含片状云母颗粒多的砂，则易疏松。从沉积环境来讲，一般静水中沉积的砂土要比流水中的疏松，新近沉积的砂土要比沉积年代较久的疏松。

砂土的密实状态对其工程性质影响很大。砂土愈密实，结构就愈稳定，压缩变形就愈

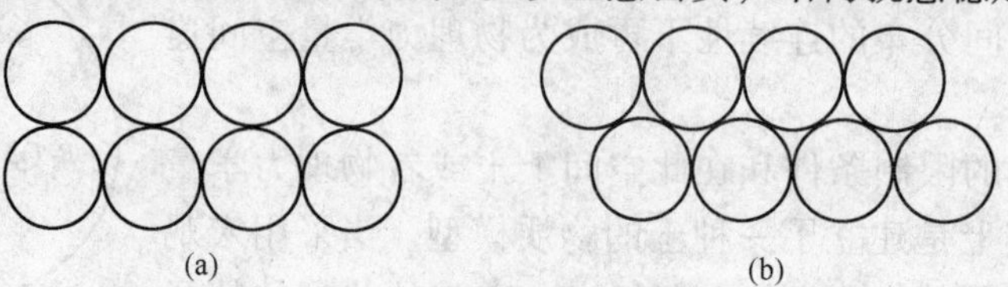

图2-3-1　固体圆球的松密状态

（a）较疏松；（b）较密实

小，强度也就愈大，此时其是良好的地基。反之，疏松的砂土，特别是饱和的粉砂、细砂，结构常处于不稳定状态，其又会对工程建筑不利。

砂土的密实度可以分别用孔隙比 e、相对密实度 D_r 和标准贯入击数 N 进行评价。采用天然孔隙比 e 的大小来判定砂土的密实度，是一种较简捷的方法，但是存在明显的不足之处：它不能反映砂土的级配和颗粒形状的影响。对于同一种砂土，孔隙比可以反映土的密实度；但对于不同的砂土，相同的孔隙比却不能说明其密实度也相同，因为砂土的密实度还与土粒的形状、大小及粒径组成有关。因此在实际工程中多采用相对密实度作为判定指标，其定义如下：

$$D_r = \frac{e_{max} - e}{e_{max} - e_{min}} \tag{2-3-1}$$

式中 e_{max}，e_{min}——土的最大、最小孔隙比，分别对应于最疏松、最紧密状态的孔隙比；

e——土的天然状态孔隙比。

由式（2-3-1）可知，相对密实度值在 0~1 之间。当 $e = e_{max}$ 时，$D_r = 0$；当 $e = e_{min}$ 时，$D_r = 1$。D_r 越大，砂土越密实。

将式（2-3-1）中的孔隙比用干密度替换，可得到用干密度表示的相对密实度表达式：

$$D_r = \frac{(\rho_d - \rho_{dmin})\rho_{dmax}}{(\rho_{dmax} - \rho_{dmin})\rho_d} \tag{2-3-2}$$

式中 ρ_d——砂土天然状态下的干密度，对应天然状态的孔隙比 e；

ρ_{dmax}——砂土最密实状态下的最大干密度，对应最小孔隙比 e_{min}；

ρ_{dmin}——砂土最松散状态下的最小干密度，对应最大孔隙比 e_{max}。

e_{max} 和 e_{min} 可在实验室内分别用漏斗法、量筒倒转法或振动锤击法测定，试验方法见第 8 章。

我国《公路桥涵地基和基础设计规范》（JTJ 024—85）曾给出砂土密实度的划分标准，如表 2-3-1 所示。

表 2-3-1 根据（JTJ 024—85）划分的砂土密实状态

D_r	密实状态	D_r	密实状态
$0.67 \leqslant D_r \leqslant 1$	密实	$0.20 \leqslant D_r < 0.33$	稍松
$0.33 \leqslant D_r < 0.67$	中密	$D_r < 0.20$	极松

从理论上讲，相对密实度能反映颗粒级配及形状，是较好的办法。但是因为天然状态砂土的孔隙比值难以测定，尤其是位于地表下一定深度的砂层测定更为困难，此外按规程方法在室内测定 e_{max} 和 e_{min} 时，误差也较大，所以，现在工程上也不常用。现行的《建筑地基基础设计规范》（GB 50007—2011）采用标准贯入试验的锤击数 N 来评价砂类土的密实度。

标准贯入试验是用规定锤重（63.5kg）和落距（76cm）把标准贯入器（带有刃口的对开管，外径 50mm，内径 35mm）打入土中，记录贯入一定深度（30cm）所需的锤击数 N 值的原位测试方法。标准贯入试验的贯入锤击数反映了土层的松密和软硬程度，是一种简便的现场测试手段。标准贯入试验的具体试验步骤见第 8 章相应章节。

《建筑地基基础设计规范》（GB 50007—2011）按标准贯入击数划分砂土密实度的有关规定如表2－3－2所示。

表2－3－2 根据（GB 50007—2011）划分的砂类土密实度

密实度	标准贯入试验锤击数 N	密实度	标准贯入试验锤击数 N
密实	$N>30$	稍密	$10<N\leqslant15$
中密	$15<N\leqslant30$	松散	$N\leqslant10$

2.3.2 碎石（类）土的密实度

《建筑地基基础设计规范》（GB 50007—2011）中，碎石（类）土的密实度可按重型（圆锥）动力触探试验锤击数 $N_{63.5}$ 划分，如表2－3－3所示。

表2－3－3 按重型（圆锥）动力触探试验锤击数 $N_{63.5}$ 划分的碎石土密实度

密实度	密 实	中 密	稍 密	松 散
$N_{63.5}$	$N_{63.5}>20$	$20\geqslant N_{63.5}>10$	$10\geqslant N_{63.5}>5$	$N_{63.5}\leqslant5$

注：1. 本表适用于平均粒径小于等于50mm且最大粒径不超过100mm的卵石、碎石、圆砾、角砾。对于平均粒径大于50mm或最大粒径大于100mm的碎石土，可按表2－3－4鉴别其密实度。
2. 表内 $N_{63.5}$ 为综合修正后的平均值。

碎石土为粗粒土难取原状土样时，规范采用以重型动力触探锤击数 $N_{63.5}$ 为主划分其密实度，同时也可采用野外鉴别法，如表2－3－4所示。

表2－3－4 碎石类土密实程度的野外鉴别方法（GB 50007—2011）

密实度	骨架颗粒含量和排列	可 挖 性	可 钻 性
密实	骨架颗粒含量大于总重的70%，呈交错排列，连续接触	锹镐挖掘困难，用撬棍方能松动；井壁一般稳定	钻进极困难，冲击钻探时，钻杆、吊锤跳动剧烈；孔壁较稳定
中密	骨架颗粒含量等于总重的60%～70%，呈交错排列，大部分接触	锹镐可挖掘；井壁有掉块现象，从井壁取出大颗粒处，能保持颗粒凹面形状	钻进较困难，冲击钻探时，钻杆、吊锤跳动不剧烈；孔壁有坍塌现象
稍密	骨架颗粒含量等于总重的55%～60%，排列混乱，大部分不接触	锹镐可以挖掘；井壁易坍塌；从井壁取出大颗粒后，砂土立即坍塌	钻进较容易，冲击钻探时，钻杆稍有跳动；孔壁易坍塌
松散	骨架颗粒含量小于总重的55%，排列十分混乱，绝大部分不接触	锹镐易挖掘；井壁极易坍塌	钻进很容易，冲击钻探时，钻杆无跳动；孔壁极易坍塌

2.4 黏性土的界限含水量

2.4.1 黏性土的稠度状态

黏性土是指具有可塑状态性质的土，它们在外力作用下，可塑成任何形状而不发生裂缝，当外力去掉后，仍可保持塑成的形状不变。黏性土最主要的物理状态特征是它的稠度。所谓稠度是指黏性土在某一含水量下的软硬程度或土体对外力引起的变形或破坏的抵抗能力。当土中含水量很低时，水被土颗粒表面的电荷吸着于颗粒表面，土中水为强结合水。强结合水的性质接近于固体。因此，当土粒之间只有强结合水时，按水膜厚度不同，土呈现固态或半固态，其稠度状态如图 2－4－1 所示。

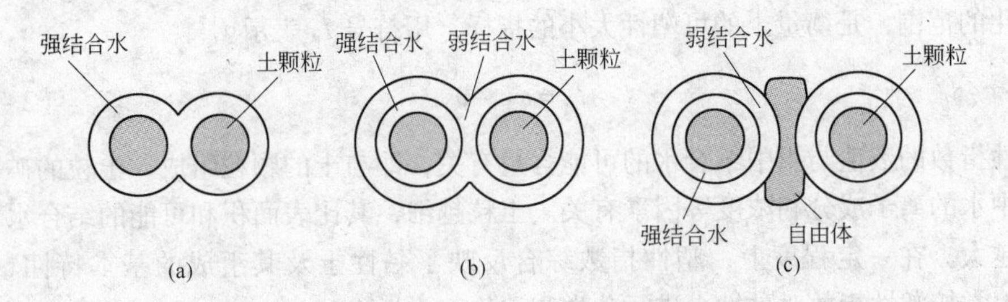

图 2－4－1 黏性土的稠度状态

（a）固态或半固态；（b）可塑状态；（c）流动状态

当土中含水量增加，吸附在颗粒周围的水膜加厚，土粒周围除强结合水外还有弱结合水，弱结合水不能自由流动，但受力时可以变形，此时土体受外力作用可以被捏成任意形状，且外力取消后仍可保持改变后的形状，这种状态称为可塑态。弱结合水的存在是土具有可塑状态的原因。当土中含水量继续增加，土中除结合水外已有相当数量的自由水处于电场引力影响范围之外而呈现流动状态。实质上，土的稠度反映着土中水的形态。

2.4.2 黏性土的稠度界限（土的界限含水量）

黏性土从一种状态进入另外一种状态的分界含水量称为土的界限含水量，这种界限含水量也称为稠度界限。常用的稠度界限有：液限 w_L、塑限 w_P 和缩限 w_S。工程上常用的稠度界限有液限 w_L 和塑限 w_P，国际上称为阿太堡界限（Atterberg Limit）。

液限（w_L），也称为流限，相当于黏性土从塑性状态转变到液性状态时的含水量，也就是可塑状态的上限含水量。此时，土中水的形态除结合水外，已有相当数量的自由水。

塑限（w_P），相当于黏性土从半固体状态转变为塑性状态时的含水量。也就是可塑状态的下限含水量。此时，土中水的形态既有强结合水，也有弱结合水，并且强结合水含量达到最大值。

通常情况下，土体体积会随着含水量的减少而发生收缩现象，但是当含水量减小到一定程度时，土体的体积不再变化。缩限（w_S）即表示黏性土从半固态转变为固态时的含水量，也就是黏性土随着含水量的减小体积开始不变时的含水量。图 2－4－2 显示了这三种概念。图中，V 表示土体的体积，w 表示含水量，V_s 表示不再随 w 而变化的土体的固体颗粒的体积。

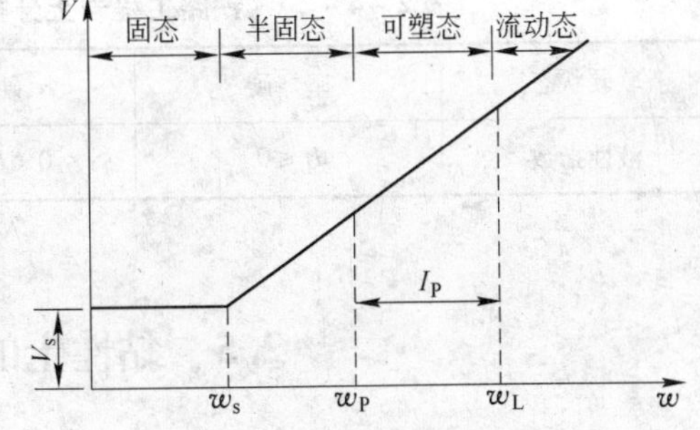

图 2－4－2 黏性土的体积和稠度状态随含水量的变化示意图

以上三种界限含水量均可由重塑（即在野外取样后重新制成）的黏性土，通过室内试验测得。具体试验操作程序和步骤详见本书第8章。

2.4.3 黏性土的塑性指数和液性指数

塑性指数 I_P 是指液限 w_L 与塑限 w_P 的差值（省去%符号），表示土处于可塑状态的含水量变化的范围，是衡量土的可塑性大小的指标，用符号 I_P 表示。

$$I_P = w_L - w_P \tag{2-4-1}$$

塑性指数的数值与土中结合水的可能含量有关，即与土的颗粒组成、土粒的矿物成分以及土中水的离子成分和浓度等因素有关。土粒越细，其比表面积和可能的结合水含量越高，I_P 越大。在一定程度上，塑性指数综合反映了黏性土及其组成的基本特性。因此，在工程上常按塑性指数对黏性土进行分类和评价。

液性指数 I_L 是指黏性土的天然含水量 w 与塑限 w_P 的差值与塑性指数 I_P 的比值，表征土的天然含水量与界限含水量之间的相对关系。

$$I_L = \frac{w - w_P}{w_L - w_P} = \frac{w - w_P}{I_P} \tag{2-4-2}$$

显然，当 $I_L = 0$ 时 $w = w_P$，土从半固态进入可塑状态；当 $I_L = 1$ 时 $w = w_L$，土从可塑状态进入流动状态。因此，根据 I_L 值可以判定黏土的稠度（软硬）状态，液性指数 I_L 越大，越接近流动状态。根据《岩土工程勘察规范》（GB 50021—2001）和《建筑地基基础设计规范》（GB 50007—2011），按 I_L 把黏性土分成坚硬、硬塑、可塑、软塑和流塑五种状态，如表2-4-1所示。根据《铁路工程岩土分类标准》（TB 10077—2001），按 I_L 把黏性土分成坚硬、硬塑、软塑和流塑四种状态，如表2-4-2所示。

表2-4-1 《岩土工程勘察规范》对黏性土的软硬状态分类

软硬状态	坚 硬	硬 塑	可 塑	软 塑	流 塑
液性指数	$I_L \leqslant 0$	$0 < I_L \leqslant 0.25$	$0.25 < I_L \leqslant 0.75$	$0.75 < I_L \leqslant 1.0$	$I_L > 1.0$

表2-4-2 《铁路工程岩土分类标准》对黏性土的软硬状态分类

软硬状态	坚 硬	硬 塑	软 塑	流 塑
液性指数	$I_L \leqslant 0$	$0 < I_L \leqslant 0.5$	$0.5 < I_L \leqslant 1.0$	$I_L > 1.0$

2.5 黏性土的其他工程性质

除了上面讲到的工程性质之外，黏性土的压实特性和胀缩特性等对岩土工程也很重要，下面对此分别介绍。

2.5.1 压实性

在工程建设中，经常要采用夯打、振动或碾压等方法，使土得到压实，以提高土的强度，减小压缩性，从而保证地基和土工建筑物的稳定。例如路堤、土坝、桥台、挡土墙、管道埋设、基础垫层以及基坑回填等。

黏性土的压实是指土体在压实能量作用下，土颗粒克服粒间阻力，产生位移，使土中孔隙气和孔隙水排出，孔隙体积减小，密实度增加。换句话说，黏性土的压实性是指在一定的含水量下，以人工或机械方式，使土能够压实到某种密实程度的性质。在室内通常采用击实试验测定扰动土的压实性指标，即土的最大干密度和最优含水量，再根据现场土体的干密度获得压实度（压实系数）；从而在现场通过夯打、振动或碾压达到工程填土所要求的压实度。

影响土的压实性的因素很多，主要有含水量、击实功能、土的种类和级配以及粗粒含量等。

土的压实性可通过室内击实试验来确定，具体试验步骤见第8章。1933年美国工程师普罗克托（R. R. Proctor）首先提出黏性土在压实过程中存在最优含水量和最大干密度的概念，并通过击实试验确定了最优含水量和最大干密度。对同一种土料，分别在不同的含水量下，用同一击数将它们分层击实，测定土样的含水量和密度。再由密度与干密度之间的关系，计算出相应的干密度，绘出干密度-含水量曲线，如图2-5-1所示，即为黏性土的击实曲线。

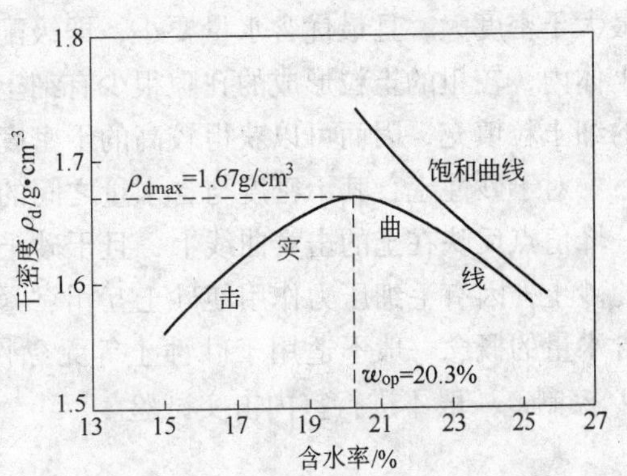

图2-5-1 黏性土的击实曲线

黏性土的击实曲线有如下特点：

（1）曲线具有峰值。峰值点所对应的横坐标值为最优含水量，纵坐标所对应的是最大干密度。最优含水量的定义是在一定击实功能下，土最容易压实，并达到最大干密度的含水量。

（2）曲线的左段比右段陡，表明当含水量低于最优含水量时，干密度受含水量变化的影响较大，即含水量变化对压实干密度的影响在偏干时比偏湿时更明显。

（3）击实曲线位于饱和曲线的左下方，不可能与饱和曲线相交。饱和曲线就是饱和度为100%时，含水量与干密度的关系曲线。因为当含水量接近或大于最优含水量时，孔隙中的气体越来越处于与大气不连通的状态，击实作用已不能将其排出土体之外，即土不可能被击实到完全饱和状态。饱和曲线的表达式为：

$$w_{sat} = \frac{\rho_w}{\rho_d} - \frac{1}{G_s} \tag{2-5-1}$$

式中 w_{sat}——饱和含水量。

由此可见，含水量的大小对土的击实效果影响很大。含水量不同，在一定的击实功能下，击实效果也明显不同。当击数（即击实功能）一定时，只有在某一含水量下才能获得最佳的击实效果。

图 2－5－2 显示的是 3 种不同击数下的某一黏土的击实曲线。由图中可以看出，土的最优含水量和最大干密度不是常量；击实功能增加，土的最大干密度增加，而最优含水量却减少。在同一含水量下，击实效果随击实功能增加而增加，但增加的速率是递减的。因此，单靠增加击实功能来提高填土的最大干密度是有一定限度的，而且这样做也不经济。当含水量较小时，击实功能对击实效果影响显著；而含水量较大时，含水量与干密度的关系曲线趋近于饱和线，这时提高击实功能效果不明显。所以在工程中，土偏干时提高击实功能比偏湿时压实效果好。因此，若需把土压实到工程要求的干密度，必须合理控制压实时的含水量，选用适合的压实功能，才能获得预期的效果。

同时，土的种类和级配以及粗粒含量也影响土的压实效果。在相同的击实功能下，土颗粒越粗，击实最大干密度越大；最优含水量越小，土越容易击实；土中含腐殖质多，最大干密度就小，最优含水量则大，土不易击实；级配良好的土击实后比级配均匀土击实后最大干密度大，且最优含水量要小，即级配良好的土容易击实。究其原因是在级配均匀的土体内，较粗的土粒形成的孔隙很少有细土粒去填充，而级配不均匀的土则相反，有足够的细土粒填充，因而可以获得较高的干密度。

对于砂性土，其干密度与含水量之间的关系如图 2－5－3 所示。从图中可见，没有单一峰值点反映在土的击实曲线上，且干砂土和饱和砂土击实时干密度大，容易击实；而湿的砂土，因有毛细压力作用使砂土互相靠紧，阻止颗粒移动，击实效果反而不好。故最优含水量的概念一般不适用于砂性土等无黏性土。无黏性土的压实标准，常以相对密实度 D_r 控制，一般不进行室内击实试验。

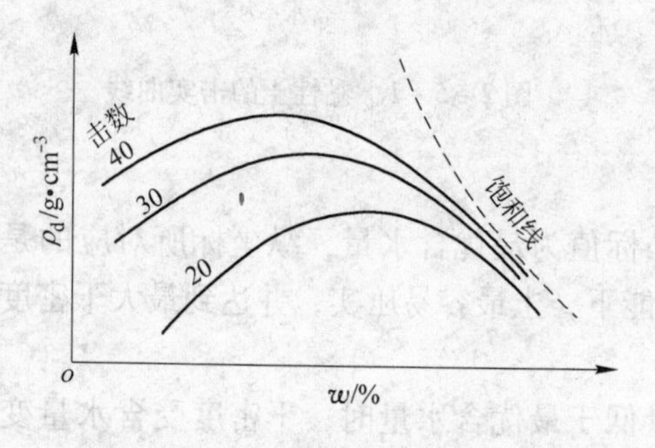

图 2－5－2　不同击数下的击实曲线

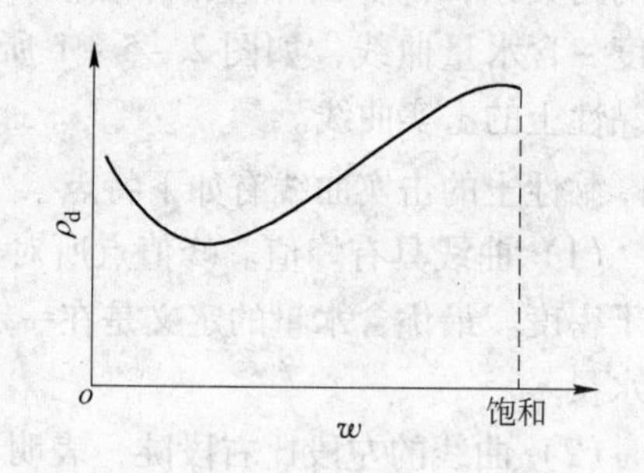

图 2－5－3　砂性土击实曲线

2.5.2　胀缩性

黏性土中含有亲水性矿物，土中含水量的变化不仅会引起土稠度的变化，同时也会引起土的体积变化。随着含水量的增加，土体体积增大的性质称为膨胀性。反之，随着含水量的减少，体积减小的性质称为收缩性。湿胀干缩的性质，统称为土的胀缩性。膨胀、收缩等特性能够说明土与水作用时的稳定程度，故又称土的抗水性。土的胀缩可造成基坑隆起、坑壁拱起或边坡滑移、道路翻浆；土体积的收缩时常伴随着产生裂隙，从而增大了土的透水性，降低了土的强度和边坡的稳定性。

土的胀缩性的本质是由于黏土颗粒周围水膜厚度发生变化，引起的土粒间距离增大或缩小。一般情况下，膨胀性强的土收缩性也强。软黏土及淤泥质土具有强烈的收缩性，而膨胀性较弱。影响胀缩性的因素主要有土的粒度成分和矿物成分、土的天然含水量、土的密实程度、土的结构、水溶液介质的性质以及外部压力等。我国许多地方都有膨胀土，主要是含有蒙脱石、伊利石等黏土矿物。黏粒、胶粒含量多时，膨胀性就显著。土的膨胀性能引起地基、边坡、挡土墙破坏，但也可以利用膨胀土泥浆进行压力灌浆、堵塞裂隙、防止水渗漏，还可以利用膨润土（主要是富含蒙脱石的黏土）泥浆对地下连续墙、钻井及钻孔工程进行护壁。

2.5.3　活动性、灵敏性和触变性

2.5.3.1　活动性

黏性土中含有较多的黏粒、胶粒和黏土矿物，这些颗粒具有比表面积大、表面的离子交换能力强、表面活性强、亲水性很强等特点。在工程实际中，有时两种黏土的塑性指数 I_P 接近甚至相同，但性质却有很大的差异，如高岭土和皂土（蒙脱石的一种）。为了加以区别，通过研究发现两者所含黏土矿物种类和数量不同，表面活性不同。英国土力学家斯肯普顿 1953 年提出用活动度的概念来表达这种活动性的强弱，其表达式为

$$A = \frac{I_P}{m} \tag{2-5-2}$$

式中　m——胶粒（$d < 0.002$mm）含量的百分率（小数）。

根据活动度 A，黏性土可分类如下：

不活动黏土　$A < 0.75$
一般黏土　$A = 0.75 \sim 1.25$
活动黏土　$A = 1.25 \sim 2.00$
强活动黏土　$A > 2.00$
高岭土　$A = 0.5$
伊利土　$A = 1.0$
蒙脱土　$A > 6.0$

由此可见，对于活动性很强的蒙脱土，虽有较少的胶粒含量，但由于比表面积较大，亲水性极强，因而能使 I_P 具有很大的值；相反，对于活动性弱的高岭土，要达到与上述相同的 I_P 值，则必须有很多的胶粒含量。

2.5.3.2　灵敏性

天然状态下的黏性土通常具有一定的结构性。一旦土的结构遭受破坏，如震动、挤压等，土的强度立即丧失而呈流动状态。土的结构性对土体强度的这种影响一般用灵敏度来表示。土的灵敏度就是在不排水的条件下，原状土的无侧限压缩抗压强度 q_u（本质上是抗剪强度）与重塑土（扰动即土的原结构完全破坏但土体含水量不变）的无侧限抗压强度 q'_u 之比，用 S_t 表示，即

$$S_t = \frac{q_u}{q'_u} \tag{2-5-3}$$

灵敏度反映的是黏性土结构性的强弱，根据灵敏度数值大小可分为三类土，即

$S_t > 4$ 高灵敏土

$2 < S_t \leqslant 4$ 中灵敏土

$S_t \leqslant 2$ 低灵敏土

2.5.3.3 触变性

饱和黏性土受扰动后强度降低，但静置一段时间以后强度逐渐恢复的现象，称为土的触变性。土的触变性是土体结构中连结形态发生变化引起的，是土体结构随时间变化的宏观表现。目前尚没有合理描述土触变性的方法和指标。在地基处理中，利用黏性土的触变性可使地基土的强度得以恢复。如采用深层挤密类等方法进行地基处理时，处理以后的地基常静置一段时间再进行上部结构的修建。通常，土的强度不可能完全恢复，如图 2－5－4 所示。

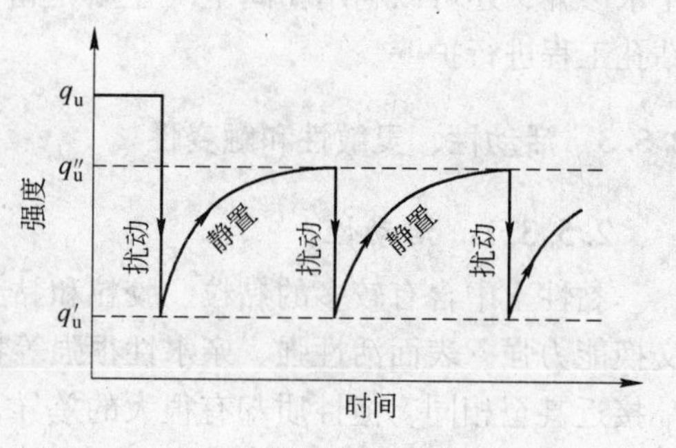

图 2－5－4 黏性土的触变性

2.6 土的工程分类

对天然形成的土来说，其成分、结构和性质千变万化，工程性质也千差万别。为了判别土的工程特性和评价土作为地基或建筑材料的适宜性，有必要对土进行分类。土的工程分类就是根据工程实践经验和土的主要特征，把工程性质相近的土划分为一类，这样既便于正确选择对土的研究方法，又可根据分类名称大致判断土的工程特性，评价土作为建筑材料或地基的适宜性。

目前，世界各国对土的分类有所不同。我国由于各部门对土的工程性质的着眼点不完全相同，因而各部门对土的工程分类也有所不同，尚无全国统一的工程分类方法。国内用于对土进行分类的标准、规范（规程）主要有以下几种：

（1）建设部《土的分类标准》(GBJ 145—90)。

（2）住建部《建筑地基基础设计规范》(GB 50007—2011)。

（3）交通部《公路土工试验规程》(JTG E40—2007)。

（4）水利部《土工试验规程》(SL 237—1999)。

本节主要介绍《土的分类标准》（GBJ 145—90）和《建筑地基基础设计规范》（GB 50007—2011）中对土的工程分类，主要目的是让读者了解土的分类原则和一般方法。

2.6.1 《土的分类标准》(GBJ 145—90)

该分类体系考虑了土的有机质含量、颗粒组成特征及土的塑性指标（液限、塑限和塑性指数），和国际上一些体系比较接近。按《土的分类标准》（GBJ 145—90）分类法，土的总分类体系如图 2－6－1 所示。

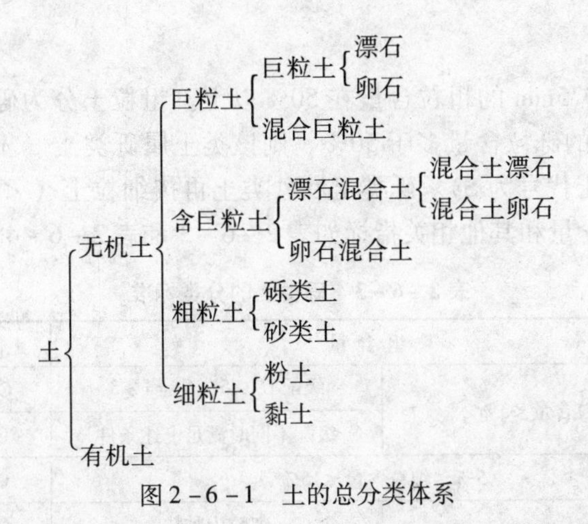

图2-6-1 土的总分类体系

根据以上分类体系对土进行分类时，首先根据有机质含量把土分成有机土和无机土两大类。有机质含量较高（超过5%），有特殊气味，压缩性高的黏土和粉土称为有机土。对于无机土，根据土中各粒组的相对含量可将其再分为：巨粒土、含巨粒土、粗粒土和细粒土。根据土的分类标准，各粒组还可以进一步细分，如表2-6-1所示。

表2-6-1 无机土粒组划分标准

粒组统称	粒组名称		粒组粒径的范围 d/mm
巨粒土和含巨粒土	漂石（块石）粒		$d>200$
	卵石（碎石）粒		$200\geqslant d>60$
粗粒土	砾石	粗砾	$60\geqslant d>20$
		细砾	$20\geqslant d>2$
	砂粒		$2\geqslant d>0.075$
细粒土	粉粒		$0.075\geqslant d>0.005$
	黏粒		$0.005\geqslant d$

2.6.1.1 巨粒土和含巨粒土的分类

土体颗粒粒径在60mm以上的称为巨粒类土。若土中巨粒含量高于75%，该土属巨粒土；若土中巨粒含量在50%～75%之间，该土属混合巨粒土；若土中巨粒含量在15%～50%之间，该土属巨粒混合土。巨粒类土依据其中所含巨粒含量进一步划分如表2-6-2所示。

表2-6-2 巨粒土和含巨粒土的分类标准

土类	粒组含量		土代号	土名称
巨粒土	75%<巨粒含量≤100%	漂石含量>50%	B	漂石
		漂石含量≤50%	Cb	卵石
混合巨粒土	50%<巨粒含量≤75%	漂石含量>50%	BSI	混合土漂石
		漂石含量≤50%	CbSI	混合土卵石
巨粒混合土	15%≤巨粒含量≤50%	漂石含量>卵石含量	SIB	漂石混合土
		漂石含量≤卵石含量	SICb	卵石混合土

2.6.1.2　粗粒土

粗粒土中大于0.075mm的粗粒含量在50%以上。粗粒土分为砾类土和砂类土两类。若土中粒径大于2mm的砾粒含量多于50%，则该类土属砾类土（土代号为G）；若不足50%，则属砂类土（土代号为S）。砾类土和砂类土再按细粒土（<0.075mm）的含量进一步细分，具体细粒含量和其他相关指标如表2-6-3和表2-6-4所示。

表2-6-3　砾类土的分类标准

土　类	粒组含量		土代号	土名称
砾	细粒含量<5%	级配 $C_u \geq 5$，$C_c = 1 \sim 3$	GW	级配良好砾
		级配不同时满足上述条件	GP	级配不良砾
含细粒土砾	5%≤细粒含量≤15%		GF	含细粒土砾
细粒土质砾	15%<细粒含量≤50%	细粒为黏粒	GC	黏土质砾
		细粒为粉粒	GM	粉土质砾

注：细粒含量是指粒径小于0.075mm的颗粒含量。

表2-6-4　砂类土的分类标准

土　类	粒组含量		土代号	土名称
砂	细粒含量<5%	级配 $C_u \geq 5$，$C_c = 1 \sim 3$	SW	级配良好砂
		级配不同时满足上述条件	SP	级配不良砂
含细粒土砂	5%≤细粒含量≤15%		SF	含细粒土砂
细粒土质砂	15%<细粒含量≤50%	细粒为黏粒	SC	黏土质砂
		细粒为粉粒	SM	粉土质砂

注：细粒含量是指粒径小于0.075mm的颗粒含量。

2.6.1.3　细粒土

细粒土是指试样中粒径小于0.075mm的细粒组含量大于等于全部质量50%的土粒。细粒土的分类可以通过塑性图直观地看出，如图2-6-2所示。塑性图是一个以液限为横坐标，以塑性指数为纵坐标的坐标系，不同的细粒土在这一坐标系中将占据不同的区域。兼顾土的液限指标，是塑性图的主要特点之一。塑性图最早由美国的卡萨格兰特

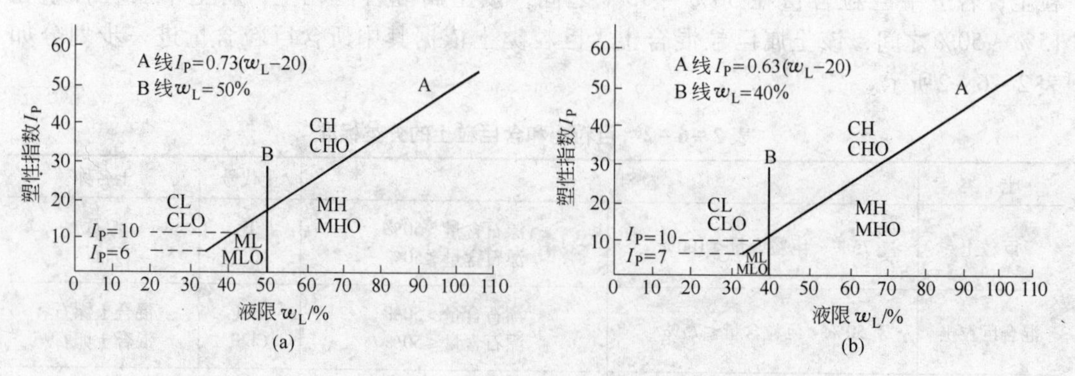

图2-6-2　细粒土分类塑性图

（a）17mm液限所对应的塑性图；（b）10mm液限所对应的塑性图

（A. Casagrande）于1948年提出，现已广泛为各国所接受，并且以卡萨格兰特的塑性图为基础，各国都根据本国的具体土质特点，对卡萨格兰特的塑性图做了必要的修正。

图2－6－2（a）所示的塑性图是我国《土的分类标准》（GBJ 145—90）对细粒土采用的典型塑性图，它的横轴对应的液限是用质量为76g、锥角为30°的液限仪以锥尖入土深度为17mm的标准测得的。表2－6－5给出了与图2－6－2（a）对应的细粒土分类定名法。《土的分类标准》（GBJ 145—90）还提供了以锥尖入土深度为10mm所测得液限为指标的细粒土分类塑性图和分类定名法（见图2－6－2（b）和表2－6－6），供不同行业、不同部门在选用液限标准不同时采用。

表2－6－5　细粒土分类定名法（17mm液限）

土的塑性指数和液限		土代号	土名称
塑性指数 I_P	液限 w_L		
$I_P \geqslant 0.73(w_L-20)$ 和 $I_P \geqslant 10$	$w_L \geqslant 50\%$	CH	高液限黏土
	$w_L < 50\%$	CL	低液限黏土
$I_P < 0.73(w_L-20)$ 和 $I_P < 10$	$w_L \geqslant 50\%$	MH	高液限粉土
	$w_L < 50\%$	ML	低液限粉土

表2－6－6　细粒土分类定名法（10mm液限）

土的塑性指数和液限		土代号	土名称
塑性指数 I_P	液限 w_L		
$I_P \geqslant 0.63(w_L-20)$ 和 $I_P \geqslant 10$	$w_L \geqslant 40\%$	CH	高液限黏土
	$w_L < 40\%$	CL	低液限黏土
$I_P < 0.63(w_L-20)$ 和 $I_P < 10$	$w_L \geqslant 40\%$	MH	高液限粉土
	$w_L < 40\%$	ML	低液限粉土

在图2－6－2中，当由塑性指数和液限确定的点位于B线以右、A线以上时，该土为高液限黏土（CH）或高液限有机质土（CHO），而位于A线以下时，为高液限粉土（MH）或高液限有机质粉土（MHO）；当由塑性指数和液限确定的点位于B线以左、A线与 $I_P=10$ 线以上时，该土为低液限黏土（CL）或低液限有机质黏土（CLO），而位于A线以下和 $I_P=10$ 线以下时，为低液限粉土（ML）或低液限有机质粉土（MLO），这一范围土还可按 $I_P=6$（对于10mm液限，则为 $I_P=7$）再划分。

在使用图2－6－2、表2－6－5和表2－6－6对细粒土进行分类时，需注意两点：

（1）若细粒土内含部分有机质，土代号后加O，如高液限有机质黏土（CHO）、低液限有机质粉土（MLO）等；

（2）若细粒土内粗粒含量为25%～50%，则该土属含粗粒的细粒土，当粗粒中砂粒占优势时，则该土属含砂细粒土，并在土代号后加S，如CLS，MHS等。

用塑性图划分细粒土，是以重塑土的两个指标 I_P 和 w_L 为依据的。这种标准能较好地反映土粒与水相互作用的一些性质，却未能考虑天然土的另一个重要特征——结构性。因此，在以土料为工程对象时，它是一种适宜的方法，但在以天然土质为地基时，用该法可能存在不足。

2.6.2 《建筑地基基础设计规范》（GB 50007—2011）

《建筑地基基础设计规范》（GB 50007—2011）分类体系的主要特点是，在考虑划分标准时，注重土的天然结构特征和强度，并始终与土的主要特征——变形和强度特征紧密联系。因此，该规范首先考虑了按沉积年代和地质成因的划分，同时将某些特殊形成条件和特殊工程性质的区域性特殊土与普通土区别开来。这种分类方法的体系比较简单，只是按照土颗粒的大小、粒组的颗粒含量把地基土分成碎石土、砂土、粉土、黏性土和人工填土。

2.6.2.1 *岩石*

岩石为颗粒间连结牢固、呈整体或具有节理裂隙的地质体。作为建筑物地基，除应确定岩石的地质名称外，尚应按规定划分其坚硬程度、完整程度、节理发育程度、软化程度和特殊性岩石。

岩石的坚硬程度根据岩块的饱和单轴抗压强度标准值 f_{rk} 按表 2－6－7 分为坚硬岩、较硬岩、较软岩、软岩和极软岩 5 个等级。当缺乏有关试验数据或不能进行该项试验时，可按表 2－6－7 定性分级。岩体的完整程度根据完整性指数按表 2－6－8 可分为完整、较完整、较破碎、破碎和极破碎 5 个等级。岩石的风化程度可分为未风化、微风化、中风化、强风化、全风化 5 个等级。岩石按软化系数可分为软化岩石和不软化岩石，当软化系数等于或小于 0.75 时，定为软化岩石，大于 0.75 时，定为不软化岩石。

表 2－6－7　岩石坚硬程度分级

坚硬程度类别	坚硬岩	较硬岩	较软岩	软　岩	极软岩
饱和单轴抗压强度标准值 f_{rk}/MPa	$f_{rk}>60$	$60\geqslant f_{rk}>30$	$30\geqslant f_{rk}>15$	$15\geqslant f_{rk}>5$	$f_{rk}\leqslant 5$

表 2－6－8　岩体完整程度分级

完整程度等级	完　整	较完整	较破碎	破　碎	极破碎
完整性指数	>0.75	0.75～0.55	0.55～0.35	0.35～0.15	<0.15

注：完整性指数为岩体纵波波速与岩块纵波波速之比的平方。

当岩石具有特殊成分、特殊结构或特殊性质时，应定为特殊性岩石，如易溶性岩石、膨胀性岩石、崩解性岩石、盐渍化岩石等。

2.6.2.2 *碎石土*

粒径大于 2mm 的颗粒含量大于 50% 的土属碎石土。根据粒组含量及颗粒形状，可将其细分为漂石、块石、卵石、碎石、圆砾和角砾。具体如表 2－6－9 所示。

2.6.2.3 *砂土*

粒径大于 2mm 的颗粒含量在 50% 以内，同时粒径大于 0.075mm 的颗粒含量超过

50%的土属砂土。砂土根据粒组含量不同又分为砾砂、粗砂、中砂、细砂和粉砂五类。具体如表2-6-10所示。

表2-6-9 碎石土的分类

名称	颗粒形状	粒组的颗粒含量
漂石 块石	圆形及亚圆形为主 棱角形为主	粒径大于200mm的颗粒含量超过全重的50%
卵石 碎石	圆形及亚圆形为主 棱角形为主	粒径大于20mm的颗粒含量超过全重的50%
圆砾 角砾	圆形及亚圆形为主 棱角形为主	粒径大于2mm的颗粒含量超过全重的50%

注：分类时应根据粒组含量由大到小以最先符合者确定。

表2-6-10 砂土的分类

土的名称	粒组的颗粒含量
砾砂	粒径大于2mm的颗粒含量占全重的25%~50%
粗砂	粒径大于0.5mm的颗粒含量超过全重的50%
中砂	粒径大于0.25mm的颗粒含量超过全重的50%
细砂	粒径大于0.075mm的颗粒含量超过全重的85%
粉砂	粒径大于0.075mm的颗粒含量超过全重的50%

注：分类时应根据粒组含量由大到小以最先符合者确定。

2.6.2.4 粉土

粒径大于0.075mm的颗粒含量小于50%且塑性指数不大于10的土属粉土。该类土的工程性质较差，如抗剪强度低、防水性差、黏聚力小等。

2.6.2.5 黏性土

粒径大于0.075mm的颗粒含量在50%以内，塑性指数大于10的土属黏性土。根据塑性指数的大小又可细分为黏土和粉质黏土，具体如表2-6-11所示。

表2-6-11 黏性土的分类

土的名称	塑性指数	土的名称	塑性指数
黏土	$I_P > 17$	粉质黏土	$17 \geqslant I_P > 10$

2.6.2.6 人工填土

人工填土根据其组成和成因，可分为素填土、压实填土、杂填土、冲填土。素填土为由碎石土、砂土、粉土、黏性土等组成的填土。经过压实或夯实的素填土为压实填土。杂填土为含有建筑垃圾、工业废料、生活垃圾等杂物的填土。冲填土为由水力冲填泥砂形成的填土。

2.6.2.7 其他特殊土

A 淤泥

淤泥为在静水或缓慢的流水环境中沉积，并经生物化学作用形成，其天然含水量大于液限、天然孔隙比大于或等于1.5的黏性土。天然含水量大于液限而天然孔隙比小于1.5但大于或等于1.0的黏性土或粉土为淤泥质土。

B 红黏土

红黏土为碳酸盐岩系的岩石经红土化作用形成的高塑性黏土。其液限一般大于50。红黏土经再搬运后仍保留其基本特征，其液限大于45的土为次生红黏土。

C 膨胀土

膨胀土为土中黏粒成分主要由亲水性矿物组成，同时具有显著的吸水膨胀和失水收缩特性，其自由膨胀率大于或等于40%的黏性土。

思考题

1. 土中一点是什么含义，代表体积有什么作用和意义？
2. 土的三相比例指标有哪些，哪些可以直接测定，其余指标如何导出？
3. 无黏性土最重要的物理指标是什么，用孔隙比、相对密实度和标准贯入试验击数 N 来划分密实度各有什么优缺点？
4. 黏性土的物理状态指标是什么，何谓液限，何谓塑限？
5. 液性指数会出现 $I_L>0$ 和 $I_L<0$ 的情况吗，相对密度是否会出现 $D_r>1.0$ 和 $D_r<1.0$ 的情况？
6. 土的压实性与哪些因素有关，何谓土的最大干密度和最优含水量？
7. 按照《土的分类标准》（GBJ 145—90）和《建筑地基基础设计规范》（GB 50007—2011），土分为几大类，分类的依据是什么？

复习题

2-1 已知某土样，土粒比重 G_s 为2.69，天然重度 γ 为18.62kN/m^3，含水量 w 为29.0%，求该土样的孔隙比 e、孔隙率 n、饱和度 S_r 和干重度 γ_d。

2-2 已知某土样，土粒比重 G_s 为2.70，含水量 w 为35%，饱和度 S_r 为85%。求在100m^3 的天然土中，干土和水的重量各为多少？并求土的三相体积。

2-3 有一块体积为60cm^3 的原状土样，重1.05N，烘干后为0.85N。已知土粒比重 G_s 为2.67。求该土的天然重度 γ、天然含水量 w、干重度 γ_d、饱和重度 γ_{sat}、浮重度 γ'、孔隙比 e 及饱和度 S_r。

2-4 有一块体积为60cm^3 的原状土样，质量为114.3g，烘干后质量是90.0g，已知土粒比重 G_s 为2.67，求该土样的天然重度 γ、干重度 γ_d、饱和重度 γ_{sat}、浮重度 γ'、天然含水量 w、孔隙比 e、孔隙率 n、饱和度 S_r，并比较天然重度 γ、干重度 γ_d、饱和重度 γ_{sat}、浮重度 γ' 的数值大小。

2-5 某砂土密度为1.77g/cm^3，含水量 w 为9.8%，土粒比重为2.67，烘干后测定最小孔隙比为0.461，最大孔隙比为0.943，试求该砂土的相对密实度 D_r，并评定其密实程度。

2-6 已知某土样含水量 $w_1=20\%$，天然重度 $\gamma=18.0$kN/m^3，若孔隙比保持不变，含水量增加为 $w_2=30\%$，问1m^3 土需要加多少水？

2-7 某土样的天然含水量 $w=36.4\%$，液限 $w_L=46.2\%$，塑限 $w_P=34.5\%$。

（1）计算该土样的塑性指数 I_P 及液性指数 I_L，确定土的状态；

（2）试分别用《土的分类标准》(GBJ 145—90）和《建筑地基基础设计规范》(GB 50007—2011）确定该土的名称。

2-8 某地基土试样，经初步判别属粗颗粒土，经筛分试验，得到各粒组含量百分比如表 2-1 所示。试采用《建筑地基基础设计规范》（GB 50007—2011）分类法确定该土的名称。

表 2-1 各粒组含量

粒组/mm	<0.075	0.075~0.1	0.1~0.25	0.25~0.5	0.5~1.0	>1.0
含量/%	8.0	15.0	42.0	24.0	9.0	2.0

3　土的应力应变定义和平衡微分方程

3.1　概　　述

土力学主要研究土体在外力及其他因素作用下的内力、变形（应变）、强度和稳定。这些外力和因素在工程上称为荷载，主要包括重力、孔隙水压力、其他外力，温度变化等。荷载的作用会在土体中产生内力，同时使土体发生变形。衡量内力大小的物理量称为应力，衡量变形大小的物理量称为应变。

本章首先介绍土体应力和应变的定义。因为土体是三相体，所以土体的应力可以是对土体三相体整体而言，称为总应力；也可以是分别对土骨架、孔隙水和孔隙气而言，分别称为土骨架应力、孔隙水压强和孔隙气压强。水压强和气压强大家都熟悉，本章只介绍土体总应力和土骨架应力。由应变的定义，可以得到应变和变形之间的关系，称为变形协调方程。由应力的定义和土体微元体的内力分析，可以得到土的平衡微分方程，简称平衡方程，包括总应力平衡方程和土骨架应力平衡方程。根据平衡微分方程，可以得到土体总应力、土骨架应力和孔隙水（气）压强之间的恒定关系，称之为土骨架应力方程或者有效应力方程。

应力和应变是力学的最基本概念之一，要熟练掌握并理解其含义。无论是对土体微元体进行内力分析还是变形分析，都要求应力在土体所占据的空间上是连续的。换一句话说，如果没有土的物理力学量在代表体积内无限均化的假设，就没有办法使用连续的数学工具对土体进行力学分析。由此可见，上一章对土体物理力学量的定义及其连续性的讨论是很必要的，需要认真理解和体会。

土的平衡方程和变形协调方程是求解土体应力的基础，是土力学的基本方程。需要掌握其推导方法、推导过程和物理意义，最好能熟记平面问题的平衡微分方程。

土的有效应力方程虽然表达式简单，但是非常重要且实用，需要熟记、理解并掌握其应用。

3.2　土的应力

为简单起见，本书中只涉及干土和饱和土。在材料力学中，应力被简单地定义为单位截面积上的内力集度。在连续介质力学和弹性力学等教材中，一点的应力被更准确地定义为微元面积 Δs 上平均受力的极限。因为内力是矢量，所以应力可以分解成与截面垂直的正应力和与截面相切的剪应力。

土颗粒构成土的骨架，称为土骨架。严格地说，土骨架是指能够通过颗粒质点把作用在其上的力从一个边界传递到另一个边界的颗粒体集合，不传递作用力的颗粒不能作为骨架的组成部分。

在分析土体应力时，可以把土骨架、孔隙水和孔隙气合在一起作为分析对象，也可以只把土骨架作为分析对象。为了明确起见，我们把土体三相混合体（土体整体）的应力称为土体总应力，把土体骨架作为独立分析对象的应力称为土骨架应力。需要说明的是，土骨架应力也是针对土体所占据的整体空间而言的，也就是说土骨架应力并不是在骨架所占据的实有面积上平均，而是在包括骨架和孔隙的总面积上的平均。

3.2.1 干土的应力

先以干土为例来说明土体应力的定义。在土体内任意一点 P 取包含 P 点的一系列微小平面 ΔA_n（$n=0, 1, 2, \cdots$），如图 3-2-1 所示。在剖开平面 ΔA_n 上暴露的内力为 $\Delta\boldsymbol{F}$，将 $\Delta\boldsymbol{F}$ 分解成沿 ΔA_n 的法线方向和平行于 ΔA_n 平面的分力 $\Delta\boldsymbol{N}$ 和 $\Delta\boldsymbol{T}$。用 S_s 表示 P 点的土的代表体积对应的底面积，如果极限

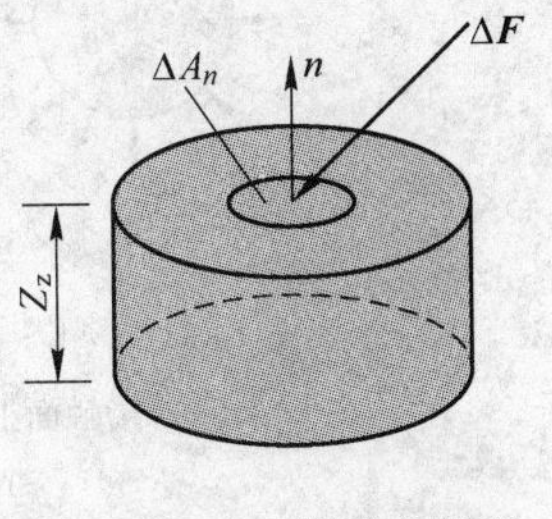

$$\begin{cases}\sigma = \lim\limits_{\substack{\Delta A_n \to S_s \\ S_s \to 0}} \dfrac{\Delta N_n}{\Delta A_n} \\ \tau = \lim\limits_{\substack{\Delta A_n \to S_s \\ S_s \to 0}} \dfrac{\Delta T_n}{\Delta A_n}\end{cases} \tag{3-2-1}$$

图 3-2-1 作用在面积 ΔA_n，ΔA_{ns} 上的面力

存在，则称 σ 和 τ 为 P 点土体的正应力和剪应力。简单地说，土体应力就是单位面积上的内力。

3.2.2 饱和土的应力

饱和土体应力的定义包括总应力和土骨架应力两种。先介绍总应力的定义：将包含土骨架和孔隙水的饱和土整体作为分析对象，将图 3-2-1 想象成土体整体微元体，在剖开平面 ΔA_n 上暴露的整体内力仍记为 $\Delta\boldsymbol{F}$，将 $\Delta\boldsymbol{F}$ 分解成沿 ΔA_n 的法线方向和平行于 ΔA_n 平面的分力，仍记为 $\Delta\boldsymbol{N}$ 和 $\Delta\boldsymbol{T}$（其中 $\Delta\boldsymbol{N}$ 包含了孔隙水承受的内力；因为孔隙水不承受剪应力，所以是否包含孔隙水对 $\Delta\boldsymbol{T}$ 没有影响），如果极限

$$\begin{cases}\sigma_t = \lim\limits_{\substack{\Delta A_n \to S_s \\ S_s \to 0}} \dfrac{\Delta N_n}{\Delta A_n} \\ \tau = \lim\limits_{\substack{\Delta A_n \to S_s \\ S_s \to 0}} \dfrac{\Delta T_n}{\Delta A_n}\end{cases} \tag{3-2-2}$$

存在，则称 σ_t 为 P 点土体的总应力（正应力），τ 为 P 点土体的剪应力。

单独地将土骨架作为分析对象，其单位面积上的内力称为土骨架应力。因为去除了孔隙水，所以在单独分析土骨架的受力时，需要考虑孔隙水的作用。当考察孔隙水压强的作用时可以发现，孔隙水压强的作用效果是在土骨架上产生各向均等的、大小等于孔隙水压强的应力。说明如下：

如图 3-2-2（a）所示的两个相互接触的颗粒，由孔隙水压强引起的接触点（面）上的内力强度一定与该点的静水压强相等。这样，如果单纯考察孔隙水压强的作用效果，

那么无论骨架颗粒接触面的性质如何，对于每一个骨架颗粒其都如同置于水中的孤立质点一样承受静水压强的作用。于是，在土骨架颗粒的任意截面上，孔隙流体压强引起的平均应力都等于 u_w，如图3－2－2（b）所示。由此，将土骨架作为脱离体，孔隙水压力引起的任一横截面上的平均应力都等于该点的孔隙水压强，如图3－2－2（c）所示。

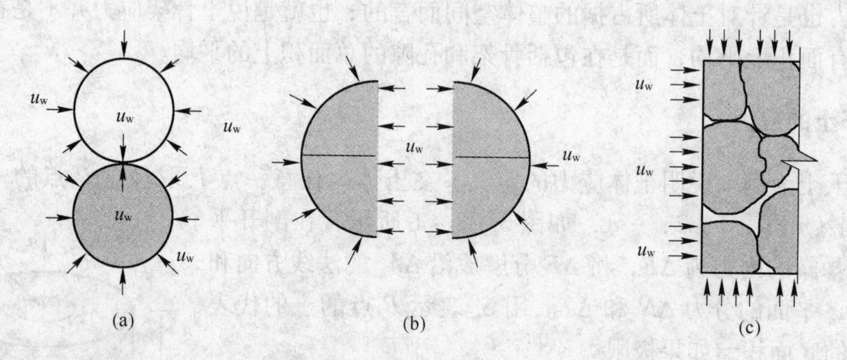

图3－2－2　由孔隙流体压力引起的骨架应力

（a）接触面上的应力；（b）颗粒横截面上的应力；（c）骨架横截面上的应力

如同置于深海中的砂砾受到水压强作用产生的效果一样，孔隙水压强及其引起的土骨架应力的作用使得土骨架受到各向均等的垂直压强作用，土骨架处于平衡状态，除了土骨架颗粒本身的体积变形外，它不产生可观测的土骨架变形，也不会对土骨架的剪应力产生影响。

鉴于此，我们在定义土骨架应力时不包含孔隙水压强产生的土骨架内力，并且把这一土骨架应力称为有效应力。具体定义如下：

设在土骨架脱离体表面 ΔA_n 上暴露的内力为 $\Delta \boldsymbol{F}$，将 $\Delta \boldsymbol{F}$ 分解成沿 ΔA_n 的法线方向和平行于 ΔA_n 平面的分力 $\Delta \boldsymbol{N}$ 和 $\Delta \boldsymbol{T}$，ΔN_u 表示孔隙水压强引起的面力的合力，ΔN_s 表示骨架颗粒间相互作用力的合力。若 S_s 为 P 点的土体代表体积对应的底面积，如果极限

$$\begin{cases} \sigma = \lim\limits_{\substack{\Delta A_n \to S_s \\ S_s \to 0}} \dfrac{\Delta N_s}{\Delta A_n} = \lim\limits_{\substack{\Delta A_n \to S_s \\ S_s \to 0}} \dfrac{\Delta N - \Delta N_u}{\Delta A_n} \\ \tau = \lim\limits_{\substack{\Delta A_n \to S_s \\ S_s \to 0}} \dfrac{\Delta T_n}{\Delta A_n} \end{cases} \tag{3-2-3}$$

存在，则称 σ 和 τ 为 P 点土体的土骨架应力，其中 σ 也称为 P 点土体的有效应力，τ 也是 P 点土体的剪应力。土体有效应力就是不包含孔隙水压强作用的土骨架应力。在本书中，如无特别说明，有效应力和土骨架应力概念相同。

3.3 土的应变

土体在受力时，会产生变形。当土体内部不存在颗粒和质量交换时，土体变形符合平面变形假定，即受荷变形过程中，土体层面之间没有嵌入，也没有张开，土体颗粒组成的平面在变形过程中保持为平面。此时，我们说土体变形满足连续性条件。从质量守恒的角度，变形连续性要求微元土柱 AB 变形到 $A'B'$ 过程中，包含并且仅仅包含原来微元中的全

部土骨架质点，如图 3－3－1 所示。一般认为，在小变形条件下，土体变形满足平面变形假定。此时，我们可以用位移函数给出土的应变的定义。

设 $\boldsymbol{u}=\{u, v, w\}^{\mathrm{T}}$ 是空间域上的连续函数，它可以将空间上具有微元长度的线段 AB 变换为 $A'B'$，并且使 $A'B'$ 保持为直线（AB 为变形前，$A'B'$ 为变形后），如图 3－3－2 所示。如果 $\boldsymbol{u}$ 对于物体所在空间上的任意一个微元线段都具有上述性质，则称 $\boldsymbol{u}$ 为该物体的位移函数。

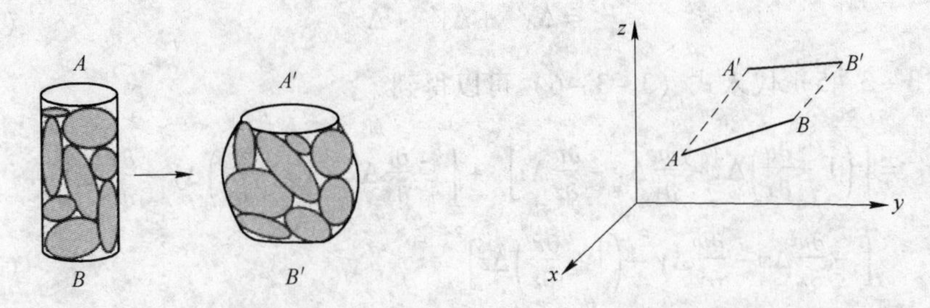

图 3－3－1　微元土柱变形连续性示意图　　图 3－3－2　微元线段变形连续性示意图

土体中 A、B 两点间以 A、B 两点的代表面积为底形成的柱体，称为土体线元。在笛卡儿坐标系下，考察土体所在空间上 A（x，y，z）和 B（$x+\Delta x$，$y+\Delta y$，$z+\Delta z$）两点构成的线元（即具有代表面积的土柱）AB，若 AB 的长度为 r，其方向余弦为 l，m，n，则线元 AB 在坐标轴上的投影长度为

$$\Delta x=rl,\ \Delta y=rm,\ \Delta z=rn \tag{3-3-1}$$

假设位移向量 $\boldsymbol{u}$ 是空间位置坐标的连续函数，而线元上的 A 点和 B 点分别变形到 A'（$x+u$，$y+v$，$z+w$）和 B'（$x+\Delta x+u'$，$y+\Delta y+v'$，$z+\Delta z+w'$），其中 u，v，w 和 u'，v'，w' 分别是 A 点和 B 点位移向量的分量。在数学上，线元 AB 到 $A'B'$ 的变形相当于以 $\boldsymbol{u}$ 为变换函数的一个交换或映射。

变形后线元的长度 $r'=A'B'$，按照应变的定义，有

$$\varepsilon_{\mathrm{r}}=\frac{r-r'}{r} \tag{3-3-2}$$

式中　ε_{r}——线元 AB 的应变。

令

$$\Delta u=u'-u,\ \Delta v=v'-v,\ \Delta w=w'-w \tag{3-3-3}$$

因为 $\boldsymbol{u}$ 在空间上连续，故在 $A'B'$ 上有

$$\begin{cases}\Delta u=\dfrac{\partial u}{\partial x}\Delta x+\dfrac{\partial u}{\partial y}\Delta y+\dfrac{\partial u}{\partial z}\Delta z\\ \Delta v=\dfrac{\partial v}{\partial x}\Delta x+\dfrac{\partial v}{\partial y}\Delta y+\dfrac{\partial v}{\partial z}\Delta z\\ \Delta w=\dfrac{\partial w}{\partial x}\Delta x+\dfrac{\partial w}{\partial y}\Delta y+\dfrac{\partial w}{\partial z}\Delta z\end{cases} \tag{3-3-4}$$

由此可以写出压缩变形后长度 r' 在坐标轴方向上的分量为

$$
\begin{cases}
\Delta x' = \Delta x - \Delta u = \Delta x - \dfrac{\partial u}{\partial x}\Delta x - \dfrac{\partial u}{\partial y}\Delta y - \dfrac{\partial u}{\partial z}\Delta z \\
\Delta y' = \Delta y - \Delta v = \Delta y - \dfrac{\partial v}{\partial x}\Delta x - \dfrac{\partial v}{\partial y}\Delta y - \dfrac{\partial v}{\partial z}\Delta z \\
\Delta z' = \Delta z - \Delta w = \Delta z - \dfrac{\partial w}{\partial x}\Delta x - \dfrac{\partial w}{\partial y}\Delta y - \dfrac{\partial w}{\partial z}\Delta z
\end{cases} \tag{3-3-5}
$$

由上述坐标分量表达式，可以推导土柱长度的坐标分量表达式。因为

$$
r'^2 = \Delta x'^2 + \Delta y'^2 + \Delta z'^2 \tag{3-3-6}
$$

将式（3－3－5）代入式（3－3－6）可以得到

$$
r'^2 = \left[\left(1 - \frac{\partial u}{\partial x}\right)\Delta x - \frac{\partial u}{\partial y}\Delta y - \frac{\partial u}{\partial z}\Delta z\right]^2 + \left[-\frac{\partial v}{\partial x}\Delta x + \left(1 - \frac{\partial v}{\partial y}\right)\Delta y - \frac{\partial v}{\partial z}\Delta z\right]^2 + \left[-\frac{\partial w}{\partial x}\Delta x - \frac{\partial w}{\partial y}\Delta y - \left(1 - \frac{\partial w}{\partial z}\right)\Delta z\right]^2 \tag{3-3-7}
$$

又知 $r' = r - \varepsilon_r r$，将其代入式（3－3－7），并且两边同除 r^2，得

$$
\varepsilon_r^2 = \left[\left(1 - \frac{\partial u}{\partial x}\right)l - \frac{\partial u}{\partial y}m - \frac{\partial u}{\partial z}n\right]^2 + \left[-\frac{\partial v}{\partial x}l + \left(1 - \frac{\partial v}{\partial y}\right)m - \frac{\partial v}{\partial z}n\right]^2 + \left[-\frac{\partial w}{\partial x}l - \frac{\partial w}{\partial y}m + \left(1 - \frac{\partial w}{\partial z}\right)n\right]^2 \tag{3-3-8}
$$

因为 ε_r，$\dfrac{\partial u}{\partial x}$，…，$\dfrac{\partial w}{\partial z}$均是微小量，其平方或者乘积均可以忽略，并且 $l^2 + m^2 + n^2 = 1$，于是由式（3－3－8）可得

$$
\varepsilon_r = \frac{\partial u}{\partial x}l^2 + \frac{\partial v}{\partial y}m^2 + \frac{\partial w}{\partial z}n^2 + \left(\frac{\partial u}{\partial y} + \frac{\partial v}{\partial x}\right)lm + \left(\frac{\partial u}{\partial z} + \frac{\partial w}{\partial x}\right)nl + \left(\frac{\partial v}{\partial z} + \frac{\partial w}{\partial y}\right)mn
$$

令

$$
\begin{cases}
\varepsilon_x = \dfrac{\partial u}{\partial x} \\
\varepsilon_y = \dfrac{\partial v}{\partial y} \\
\varepsilon_z = \dfrac{\partial w}{\partial z}
\end{cases} \tag{3-3-9}
$$

为土体骨架在 x，y，z 方向的线应变，而

$$
\begin{cases}
\gamma_{xy} = \dfrac{\partial v}{\partial x} + \dfrac{\partial u}{\partial y} \\
\gamma_{yz} = \dfrac{\partial w}{\partial y} + \dfrac{\partial v}{\partial z} \\
\gamma_{xz} = \dfrac{\partial w}{\partial x} + \dfrac{\partial u}{\partial z}
\end{cases} \tag{3-3-10}
$$

为土体骨架与 x，y，z 方向有关的工程剪应变。

用应变增量和位移增量表达时，有

$$\begin{cases}\Delta\varepsilon_x = \dfrac{\partial\Delta u}{\partial x} \\ \Delta\varepsilon_y = \dfrac{\partial\Delta v}{\partial y} \\ \Delta\varepsilon_z = \dfrac{\partial\Delta w}{\partial z} \\ \Delta\gamma_{xy} = \dfrac{\partial\Delta v}{\partial x} + \dfrac{\partial\Delta u}{\partial y} \\ \Delta\gamma_{yz} = \dfrac{\partial\Delta w}{\partial y} + \dfrac{\partial\Delta v}{\partial z} \\ \Delta\gamma_{xz} = \dfrac{\partial\Delta w}{\partial x} + \dfrac{\partial\Delta u}{\partial z}\end{cases} \tag{3-3-11}$$

上面得到的应变与位移之间的关系方程称为土体的位移协调方程，或者变形协调方程，即弹性力学中的几何方程，亦即变形连续性条件或称变形连续方程。

土体内部的应变在各点都会不同，一点的应变分量表征着该点的应变状态。用微元六面体可以更清晰地图示出土体一点的应变分量。当正六面体微元转动方向时，6 个应变分量也随之改变。因此，总可以找到 3 个互相垂直的面，其上只有正应变，而剪应变为 0。这样的平面称为主应变（应力）平面。

3.4 土的应力状态

土体内部的应力在每点都会有所不同，在每一点不同取向的截面上，应力的方向和大小也会不同。为了研究一点的应力状态，通常所用的方法是在这个点处取一个以该点为中心的微元六面体，六面体的三对平面分别与坐标轴 x、y、z 相垂直。该点六面体上的应力可以用 9 个应力分量表示，即 σ_{xx}，σ_{yy}，σ_{zz}，τ_{xy}，τ_{yx}，τ_{yz}，τ_{zy}，τ_{xz}，τ_{zx}，写成矩阵形式为

$$\boldsymbol{\sigma}_{ij} = \begin{bmatrix}\sigma_{xx} & \tau_{xy} & \tau_{xz} \\ \tau_{yx} & \sigma_{yy} & \tau_{yz} \\ \tau_{zx} & \tau_{zy} & \sigma_{zz}\end{bmatrix} \tag{3-4-1}$$

由剪应力互等原理可知，$\tau_{xy} = \tau_{yx}$，$\tau_{yz} = \tau_{zy}$，$\tau_{xz} = \tau_{zx}$。因此，该单元体只有 6 个独立的应力分量，即 σ_{xx}，σ_{yy}，σ_{zz}，τ_{xy}，τ_{yz}，τ_{xz}。可以用矩阵表示成

$$\boldsymbol{\sigma}_{ij} = \begin{bmatrix}\sigma_{xx} & \tau_{xy} & \tau_{xz} \\ \tau_{xy} & \sigma_{yy} & \tau_{yz} \\ \tau_{xz} & \tau_{yz} & \sigma_{zz}\end{bmatrix} \tag{3-4-2}$$

在材料力学和弹性力学中，法向应力以拉为正，压为负；而土体一般不能受拉，土力学中讨论的地基应力、土压力等，都是以压为正，拉为负。因此，土力学中，应力分量的正负规定就与弹性力学相反，即正面上的负向应力为正，负面上的正向应力为正。不仅正应力如此，剪应力也如此，以便于应用弹性力学的有关公式。

同应变一样，当正六面体微元转动方向时，6 个应力分量也随之改变，且总有一个位置使得正六面体的面上只有正应力，而剪应力为 0。只作用有正应力的面称为主应力面，该面上的正应力称为主应力。3 个面上的主应力按大小排列，分别为大主应力 σ_1、中主应力 σ_2 和小主应力 σ_3。

土体的应力状态可以用正应力和剪应力分量表达，也可以用主应力表达。

土体最普遍的应力状态是三维应力状态。在土力学和岩土工程中，也常常遇到平面应变、侧限压缩和三轴应力状态。

（1）三维应力状态。一般条件下，地基中的应力状态均属三维应力状态，如图 3-4-1 所示，每一点的应力状态均有 6 个应力分量。应力矩阵可表示为

$$\{\boldsymbol{\sigma}\} = [\sigma_x, \sigma_y, \sigma_z, \tau_{xy}, \tau_{yz}, \tau_{zx}]^{\mathrm{T}} \tag{3-4-3}$$

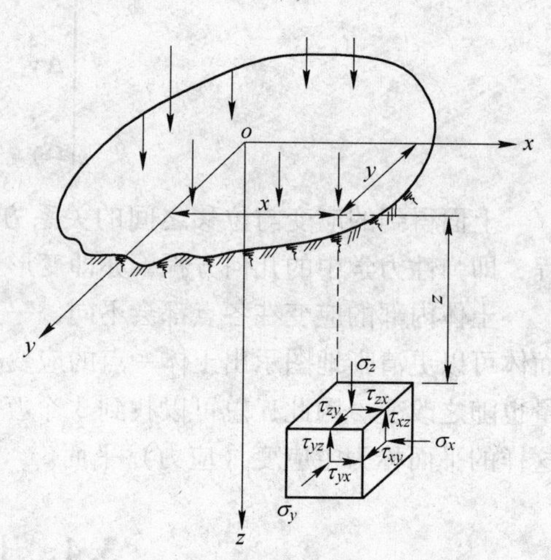

图 3-4-1 土中一点的应力状态

（2）平面应变状态（二维应变状态）。平面应变状态是指土体在某一方向上没有应变，并且在垂直于该方向的平面上也没有剪应力的一种受力状态，此时土体中每一点应力分量只是两个坐标的函数。当建筑物基础的长度远远大于宽度，并且在每一个横断面上应力的大小和分布都相同时，就可以简化成平面应变状态。如图 3-4-2 所示一长堤坝，水平地面可看做一个平面，沿 y 方向的应变 $\varepsilon_y = 0$。由于对称性，$\tau_{yx} = \tau_{yz} = 0$。地基中的每一点应力分量只是（$x$，$z$）的函数。这时，每一点的应力状态有 5 个分量：$\sigma_x$，$\sigma_y$，$\sigma_z$，$\tau_{xz}$，$\tau_{zx}$。应力矩阵可表示为

$$\boldsymbol{\sigma}_{ij} = \begin{bmatrix} \sigma_x & 0 & \tau_{xz} \\ 0 & \sigma_y & 0 \\ \tau_{zx} & 0 & \sigma_z \end{bmatrix} \tag{3-4-4}$$

（3）侧限应力状态。侧限应力状态（见图 3-4-3）是指侧向应变为零的一种应力状态。此时土体只有竖向变形。

由于任何竖直面都是对称面，故在任何竖直面和水平面上都不会有剪应力存在，即

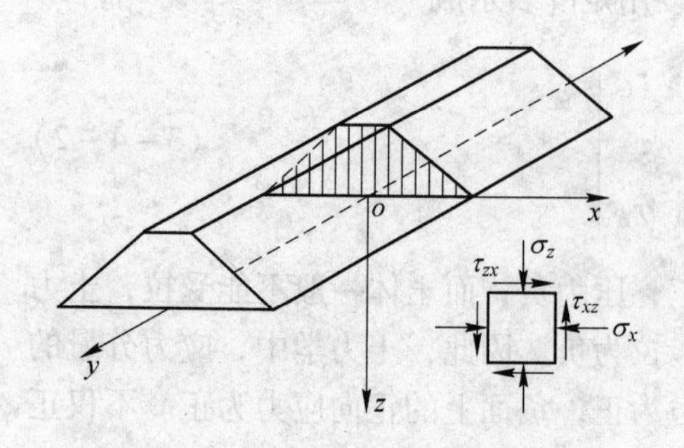

图 3-4-2 堤坝下的平面应变状态

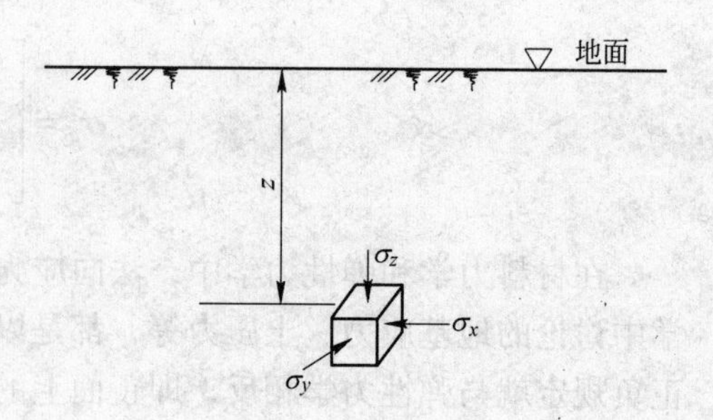

图 3-4-3 侧限应力状态

$\tau_{xy}=\tau_{yz}=\tau_{xz}=0$，应力矩阵为

$$\boldsymbol{\sigma}_{ij}=\begin{bmatrix}\sigma_x & 0 & 0\\ 0 & \sigma_y & 0\\ 0 & 0 & \sigma_z\end{bmatrix} \tag{3-4-5}$$

由 $\varepsilon_x=\varepsilon_y=0$ 可推导出 $\sigma_x=\sigma_y$，并与 σ_z 成正比。

(4) 三轴应力状态。三轴应力状态是指 $\varepsilon_x=\varepsilon_y$，$\sigma_x=\sigma_y=\sigma_3$ 的一种轴对称应力状态，如图 3-4-4 所示。其中 σ_3 称为周围应力，简称围压。与侧限应力状态一样，三轴应力状态下在水平和垂直的各个面上都不会有剪应力，即 $\tau_{xy}=\tau_{yz}=\tau_{xz}=0$；与侧限应力状态不同的是水平向应变不为零。对应的应力矩阵为

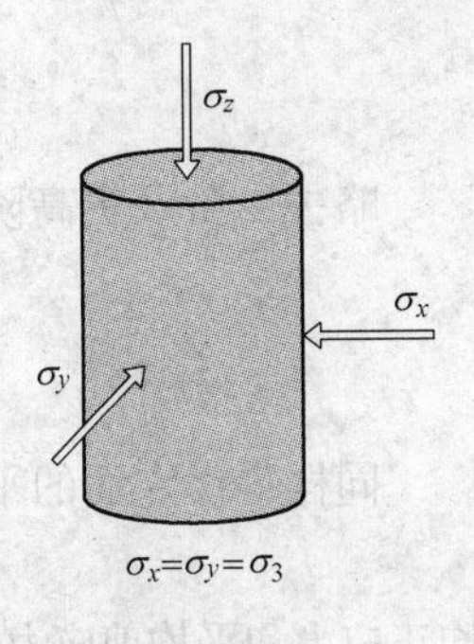

图 3-4-4 三轴压缩应力状态

$$\boldsymbol{\sigma}_{ij}=\begin{bmatrix}\sigma_3 & 0 & 0\\ 0 & \sigma_3 & 0\\ 0 & 0 & \sigma_z\end{bmatrix} \tag{3-4-6}$$

3.5 土的平衡微分方程

土力学平衡微分方程是土体微元体的内力平衡方程，是土力学的基本方程。它可以由对土体骨架和孔隙水分别取脱离体进行内力分析得到，也可以由对土骨架和孔隙水整体取脱离体进行内力分析得到。对土体整体进行内力分析得到的土体平衡方程称为总应力平衡微分方程；对土骨架和孔隙水分别进行内力分析得到的平衡方程分别称为有效应力平衡微分方程和孔隙水平衡微分方程。

3.5.1 饱和土的总应力平衡微分方程

为了简单起见，以平面问题为例，假定土体为均质，对土体整体取脱离体进行内力分析，如图 3-5-1 所示。

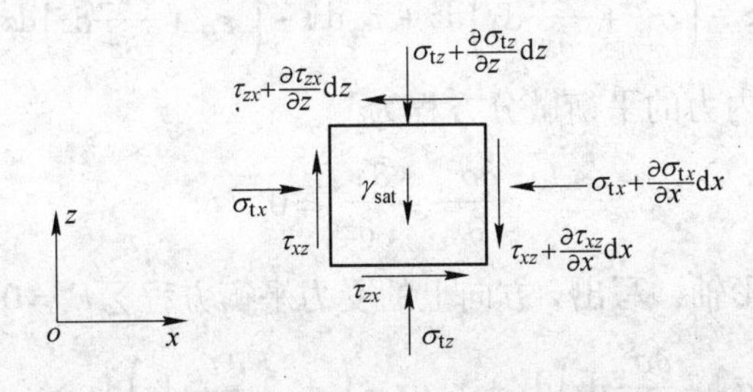

图 3-5-1 土骨架和孔隙水混合体整体的内力平衡分析

图 3-5-1 所示是在代表体积的尺度上，取出一个微小的正平行六面体，它在 x 方向和 z 方向的尺寸分别是 dx 和 dz。为了计算简便，令它在 y 方向的尺寸取为一个单位长度。

一般地，应力分量是位置坐标 x 和 z 的函数，因此，作用于左右两对面或上下两对面的应力分量不完全相同，有微小的差量。设作用于左面的平均正应力是 σ_{tx}（下标 t 表示

总应力)，则作用于右面的平均正应力，由于坐标的改变，可用泰勒级数表示为

$$\sigma_{tx}+\frac{\partial\sigma_{tx}}{\partial x}dx+\frac{1}{2!}\frac{\partial^2\sigma_{tx}}{\partial x^2}dx^2+\cdots$$

略去二阶及更高阶的微量后简化为

$$\sigma_{tx}+\frac{\partial\sigma_{tx}}{\partial x}dx$$

同样，设左面的平均剪应力是 τ_{xz}，则右面的平均剪应力是 $\tau_{xz}+\frac{\partial\tau_{xz}}{\partial x}dx$；设下面的平均正应力和平均剪应力分别是 σ_{tz} 和 τ_{zx}，则上面的平均正应力和平均剪应力分别是 $\sigma_{tz}+\frac{\partial\sigma_{tz}}{\partial z}dz$ 和 $\tau_{zx}+\frac{\partial\tau_{zx}}{\partial z}dz$。

首先，以通过微分中心点并平行于 y 轴的直线为轴，列出力矩的平衡微分方程 $\sum M=0$：

$$\left(\tau_{xz}+\frac{\partial\tau_{xz}}{\partial x}dx\right)dz\times1\times\frac{dx}{2}+\tau_{xz}dz\times1\times\frac{dx}{2}-\left(\tau_{zx}+\frac{\partial\tau_{zx}}{\partial z}dz\right)dx\times1\times\frac{dz}{2}-\tau_{zx}dx\times1\times\frac{dz}{2}=0 \quad (3-5-1)$$

将上式两边约去 $dxdz$，合并相同的项，得到

$$\tau_{xz}+\frac{1}{2}\frac{\partial\tau_{xz}}{\partial x}dx=\tau_{zx}+\frac{1}{2}\frac{\partial\tau_{zx}}{\partial z}dz \quad (3-5-2)$$

令 dx 和 dy 趋于零，则该微元体趋近于一个质点，各面上的平均剪应力都趋于在这点的剪应力，从而有关系式

$$\tau_{xz}=\tau_{zx} \quad (3-5-3)$$

这一结果称为剪应力互等原理，以下我们将直接引用这一结论。

其次，以 x 轴为投影轴，写出 x 方向上的受力平衡方程 $\sum F_x=0$：

$$\sigma_{tx}dz-\left(\sigma_{tx}+\frac{\partial\sigma_{tx}}{\partial x}dx\right)dz+\tau_{zx}dx-\left(\tau_{zx}+\frac{\partial\tau_{zx}}{\partial z}dz\right)dx=0 \quad (3-5-4)$$

整理得到 x 方向上内力的平衡微分方程为

$$\frac{\partial\sigma_{tx}}{\partial x}+\frac{\partial\tau_{zx}}{\partial z}=0 \quad (3-5-5)$$

同理，以 z 轴为投影轴，写出 z 方向上的受力平衡方程 $\sum F_z=0$：

$$\sigma_{tz}dx-\left(\sigma_{tz}+\frac{\partial\sigma_{tz}}{\partial z}dz\right)dx+\tau_{xz}dz-\left(\tau_{xz}+\frac{\partial\tau_{xz}}{\partial x}dx\right)dz-\gamma_{sat}dxdz=0 \quad (3-5-6)$$

整理得到 z 方向上内力的平衡微分方程为

$$\frac{\partial\sigma_{tz}}{\partial z}+\frac{\partial\tau_{xz}}{\partial x}+\gamma_{sat}=0 \quad (3-5-7)$$

由此得到平面问题中表明应力分量与体力分量之间的关系式，即平衡微分方程在平面问题中的简化形式为

$$\begin{cases}\dfrac{\partial\sigma_{tx}}{\partial x}+\dfrac{\partial\tau_{zx}}{\partial z}=0\\[2mm]\dfrac{\partial\sigma_{tz}}{\partial z}+\dfrac{\partial\tau_{xz}}{\partial x}+\gamma_{sat}=0\end{cases}\tag{3-5-8}$$

3.5.2　饱和土的土骨架应力平衡微分方程

取饱和土体微元体的土骨架为脱离体，以土骨架为分析对象，作用于其上的力包括重力、孔隙水压强、孔隙水和土骨架间的相互作用力以及颗粒间的作用力。孔隙水压强的作用前面已经讨论过，它是自身平衡的。而孔隙水和土骨架之间的相互作用力专指由于孔隙水的运动引起的作用力。孔隙水的运动受到骨架的阻力，反过来其也对土骨架施以作用力。所以在分析时引入一组相间相互作用力，如图 3-5-2 所示。

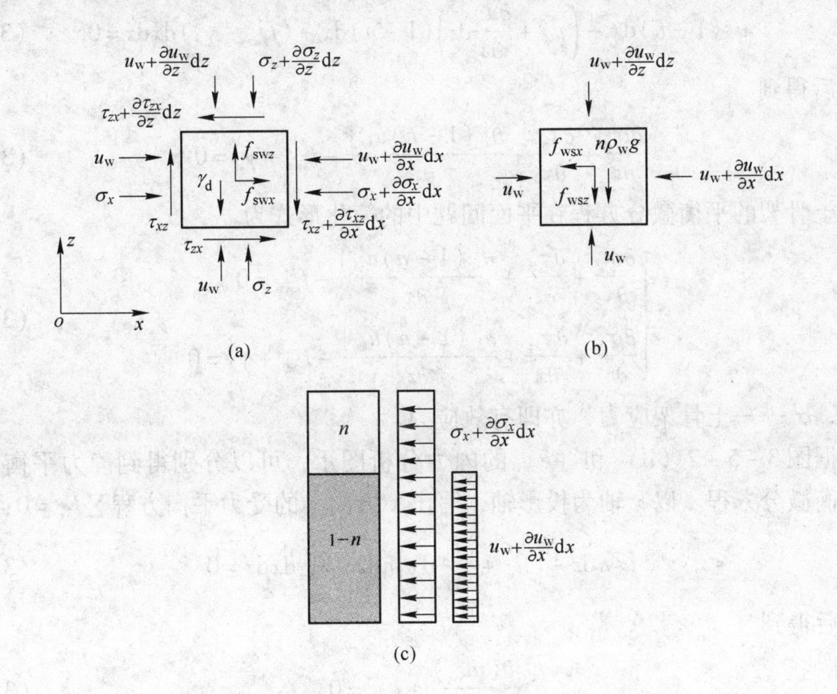

图 3-5-2　土体骨架和孔隙水的内力平衡分析

（a）土骨架微元体；（b）孔隙水微元体；（c）骨架脱离体在 x 轴正方向的面力

n—土体的孔隙率；u_w—孔隙水压强；σ_x，σ_z，τ_{xz}，τ_{zx}—分别是土骨架的正应力和剪应力；

f_{swx}，f_{wsx}，f_{swz}，f_{wsz}—分别是土骨架和孔隙水

在 x 轴和 z 轴方向上的作用力和反作用力，它们数值相等，方向相反

在进行内力平衡分析时，认为土体中的每一相都均匀分布于整个土体微元所占据的空间，或者把相应的物理力学量在整个空间上进行均化。

根据图 3-5-2（a）的内力分析图示，可以分别得到静力平衡状态下土骨架的平衡微分方程。如同 3.5.1 节总应力平衡微分方程的分析方法，取出一个微小的正平行六面体，它在 x 方向和 z 方向的尺寸分别是 dx 和 dz。为了计算简便，令它在 y 方向的尺寸取为一个单位长度。

首先，以 x 轴为投影轴，写出 x 方向上的受力平衡方程 $\sum F_x=0$：

$$\sigma_x \mathrm{d}z-\left(\sigma_x+\frac{\partial\sigma_x}{\partial x}\mathrm{d}x\right)\mathrm{d}z+\tau_{zx}\mathrm{d}x-\left(\tau_{zx}+\frac{\partial\tau_{zx}}{\partial z}\mathrm{d}z\right)\mathrm{d}x+$$

$$u_{\mathrm{w}}(1-n)\mathrm{d}z-\left(u_{\mathrm{w}}+\frac{\partial u_{\mathrm{w}}}{\partial x}\mathrm{d}x\right)(1-n)\mathrm{d}z+f_{\mathrm{sw}x}\mathrm{d}x\mathrm{d}z=0 \tag{3-5-9}$$

化简整理后得到

$$\frac{\partial\sigma_x}{\partial x}+\frac{\partial\tau_{zx}}{\partial z}+\frac{\partial[(1-n)u_{\mathrm{w}}]}{\partial x}-f_{\mathrm{sw}x}=0 \tag{3-5-10}$$

同理，以 z 轴为投影轴，写出 z 方向上的受力平衡方程 $\sum F_z=0$：

$$\sigma_z \mathrm{d}x-\left(\sigma_z+\frac{\partial\sigma_z}{\partial z}\mathrm{d}z\right)\mathrm{d}x+\tau_{xz}\mathrm{d}z-\left(\tau_{xz}+\frac{\partial\tau_{xz}}{\partial x}\mathrm{d}x\right)\mathrm{d}z+$$

$$u_{\mathrm{w}}(1-n)\mathrm{d}x-\left(u_{\mathrm{w}}+\frac{\partial u_{\mathrm{w}}}{\partial z}\mathrm{d}z\right)(1-n)\mathrm{d}x+(f_{\mathrm{sw}z}-\gamma_{\mathrm{d}})\mathrm{d}x\mathrm{d}z=0 \tag{3-5-11}$$

化简整理后得到

$$\frac{\partial\sigma_z}{\partial z}+\frac{\partial\tau_{xz}}{\partial x}+\frac{\partial[(1-n)u_{\mathrm{w}}]}{\partial z}-f_{\mathrm{sw}z}+\gamma_{\mathrm{d}}=0 \tag{3-5-12}$$

整理得到土骨架的平衡微分方程在平面问题中的简化形式为

$$\begin{cases}\dfrac{\partial\sigma_x}{\partial x}+\dfrac{\partial\tau_{zx}}{\partial z}+\dfrac{\partial[(1-n)u_{\mathrm{w}}]}{\partial x}-f_{\mathrm{sw}x}=0\\[2ex]\dfrac{\partial\sigma_z}{\partial z}+\dfrac{\partial\tau_{xz}}{\partial x}+\dfrac{\partial[(1-n)u_{\mathrm{w}}]}{\partial z}-f_{\mathrm{sw}z}+\gamma_{\mathrm{d}}=0\end{cases} \tag{3-5-13}$$

式中　σ_x，σ_z——土骨架应力，亦即有效应力。

再根据图 3-5-2（b）和（c）的内力分析图示，可以分别得到静力平衡状态下孔隙水的平衡微分方程。以 x 轴为投影轴，写出 x 方向上的受力平衡方程 $\sum F_x=0$：

$$u_{\mathrm{w}}n\mathrm{d}z-\left(u_{\mathrm{w}}+\frac{\partial u_{\mathrm{w}}}{\partial x}\mathrm{d}x\right)n\mathrm{d}z-f_{\mathrm{ws}x}\mathrm{d}x\mathrm{d}z=0 \tag{3-5-14}$$

化简整理后得到

$$\frac{\partial(nu_{\mathrm{w}})}{\partial x}+f_{\mathrm{ws}x}=0 \tag{3-5-15}$$

同理，以 z 轴为投影轴，写出 z 方向上的受力平衡方程 $\sum F_z=0$：

$$u_{\mathrm{w}}n\mathrm{d}x-\left(u_{\mathrm{w}}+\frac{\partial u_{\mathrm{w}}}{\partial z}\mathrm{d}z\right)n\mathrm{d}x-(f_{\mathrm{ws}z}+n\rho_{\mathrm{w}}g)\mathrm{d}x\mathrm{d}z=0 \tag{3-5-16}$$

由于 $\gamma_{\mathrm{w}}=\rho_{\mathrm{w}}g$，化简整理后得到

$$\frac{\partial(nu_{\mathrm{w}})}{\partial z}+f_{\mathrm{ws}z}+n\gamma_{\mathrm{w}}=0 \tag{3-5-17}$$

整理得到孔隙水的平衡微分方程在平面问题中的简化形式为

$$\begin{cases}\dfrac{\partial(nu_{\mathrm{w}})}{\partial x}+f_{\mathrm{ws}x}=0\\[2ex]\dfrac{\partial(nu_{\mathrm{w}})}{\partial z}+f_{\mathrm{ws}z}+n\gamma_{\mathrm{w}}=0\end{cases} \tag{3-5-18}$$

将式（3－5－13）与式（3－5－18）相加，可以得到消除相间作用力项的饱和土的土骨架应力平衡微分方程为

$$\begin{cases}\dfrac{\partial \sigma_x}{\partial x}+\dfrac{\partial \tau_{zx}}{\partial z}+\dfrac{\partial u_w}{\partial x}=0 \\ \dfrac{\partial \sigma_z}{\partial z}+\dfrac{\partial \tau_{xz}}{\partial x}+\dfrac{\partial u_w}{\partial z}+\gamma_{sat}=0\end{cases} \tag{3-5-19}$$

式中，$\gamma_{sat}=\gamma_d+n\gamma_w$。

式（3－5－19）是饱和土土骨架应力平衡微分方程（平面问题）的一般形式，适用于饱和土力学的平面问题。它最早由比奥（Biot）通过对包含土骨架和孔隙水的整体土体微元进行平衡分析并应用太沙基有效应力方程导出。

对于干土，也可以应用上述平衡方程，只是要注意：在正常的大气压条件下，孔隙气体的相对压强等于零，所以没有孔隙压强作用，土体的容重为干容重。

3.6 有效应力方程

前面给出的用总应力和用有效应力表示的饱和土的平面问题平衡微分方程分别如下：

$$\begin{cases}\dfrac{\partial \sigma_{tx}}{\partial x}+\dfrac{\partial \tau_{zx}}{\partial z}=0 \\ \dfrac{\partial \sigma_{tz}}{\partial z}+\dfrac{\partial \tau_{xz}}{\partial x}+\gamma_{sat}=0\end{cases} \tag{3-6-1}$$

$$\begin{cases}\dfrac{\partial \sigma_x}{\partial x}+\dfrac{\partial \tau_{zx}}{\partial z}+\dfrac{\partial u_w}{\partial x}=0 \\ \dfrac{\partial \sigma_z}{\partial z}+\dfrac{\partial \tau_{xz}}{\partial x}+\dfrac{\partial u_w}{\partial z}+\gamma_{sat}=0\end{cases} \tag{3-6-2}$$

通过比较上面两组方程可以得到土体总应力、有效应力和孔隙水压强之间关系的表达式为

$$\sigma=\sigma_t-u_w \tag{3-6-3}$$

该表达式显示了土体总应力、有效应力和孔隙水压强之间的恒定的固有关系，称为有效应力方程。应用有效应力方程，可以由总应力平衡微分方程直接写出有效应力平衡微分方程；也可以在已知一点的总应力和孔隙水压强时，直接得到有效应力。

饱和土有效应力的概念和有效应力方程由太沙基在1936年提出，这在当时对土力学学科的建立具有奠基性的意义。他指出："在土体剖面上任何一点的应力都可根据作用在这点上的总主应力 σ_1、σ_2 和 σ_3 来计算，如果土中的孔隙是在应力 u 下被水充满，那么总主应力由两部分组成：一部分是 u，以各方向相等的强度作用于水和固体，称为中和应力（或称孔隙水压力）；另一部分只在土的固相中发生作用，为总应力 σ 和中和应力之差，即

$$\sigma_1'=\sigma_1-u,\ \sigma_2'=\sigma_2-u,\ \sigma_3'=\sigma_3-u \tag{3-6-4}$$

总主应力的这一部分称为有效主应力。改变中和应力实际上并不产生体积变化，中和应力与所在应力条件下土体的破坏无关。多孔材料（如砂、黏土和混凝土）对 u 的反应似乎

是不可压缩的，好像内摩擦等于零。改变应力所能测得的结果，诸如压缩变形和剪切阻力的变化，仅仅是由有效应力 σ_1'、σ_2' 和 σ_3' 的变化引起的。”但他并没有给出证明或方程的物理根据。

有学者将太沙基有效应力的概念和有效应力方程总结为有效应力原理，包括两方面内容：一是土体有效应力等于总应力与孔隙水压强之差；二是有效应力控制土体的强度和变形。

因为缺少理论证明，从太沙基提出饱和土有效应力原理开始，讨论和争论就没有中断过，并主要集中在公式的合理性和适用性，特别是公式是否需要修正等问题上。现在我们知道：有效应力方程的物理基础是土骨架和孔隙水之间力的相互作用和平衡关系；太沙基关于饱和土的有效应力方程是土体总应力、有效应力和孔隙水压强之间关系的准确表达，不需要做任何修正。

【问题讨论】

土是散粒体材料，属于孔隙介质。从微细观的角度看，土骨架在空间上的分布是不连续的。但从宏观和统计的角度，可以应用连续介质力学的手段处理土力学问题，其结果完全可以应用于实际工程。

在本章中有两个重要的基本假定：一是孔隙水不承受剪应力，二是土体变形满足连续性条件。

思考题

1. 土体应力的定义是什么，土体一点的应力状态是指什么？
2. 饱和土的土骨架应力是如何定义的，它与土体应力是什么关系？
3. 本章详细推导了平面问题中饱和土的平衡微分方程，试推导三维问题中相应的平衡微分方程。
4. 饱和土的土骨架应力方程是什么，它与土的有效应力方程是什么关系？

复习题

3－1　如图3－1所示，土层中有地下水存在，土的物理力学性质指标见图。试计算土层中地下水位上、下土的孔隙比 e 及 A 点处的有效应力。

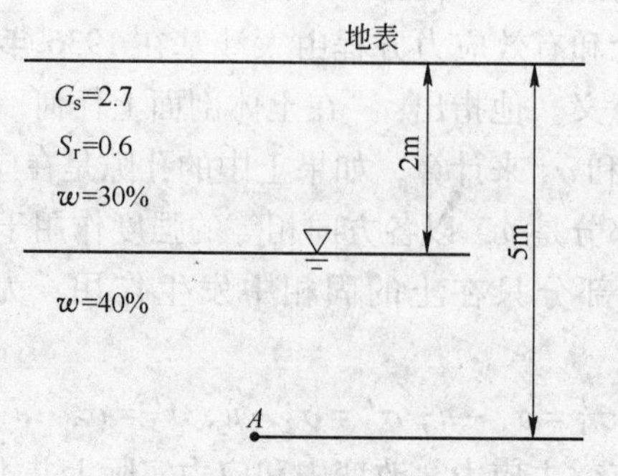

图3－1　复习题3－1图

4 饱和土渗流

4.1 概 述

流体在孔隙介质中的流动称为渗流，孔隙介质被流体透过的性质称为渗透性。渗流现象在自然界中普遍存在。从大型水利工程建设、地下硐室开挖、油气开采，到毛细血管中血液的流动等都涉及渗流问题。

研究流体在孔隙介质中运动规律的科学称为渗流力学。它是流体力学的一个独立分支。按照所涉及的领域又可以分为地下渗流（土壤、岩石以及地表堆积物中的渗流）、工程渗流（各种人造孔隙材料和工程装置中的渗流）以及生物渗流（动植物体内的渗流）三个方面。

孔隙水在土体中的流动称为土的渗流或土壤渗流。土壤渗流属于地下渗流的范畴，也涉及很多领域。典型的如各种地上或地下土工结构物的渗流，以及田间土壤的渗流。前者主要是求解饱和土的渗流问题，后者主要是求解非饱和土的渗流问题。

求解渗流问题的微分方程称为渗流控制方程，简称渗流方程。对于三相或多相复杂的渗流问题，渗流控制方程的导出一般需要用到渗透流体的流变本构关系、流体状态方程、动量守恒方程（也称运动方程）、质量守恒方程（也称连续性方程）和能量守恒原理。在水体不可压缩的假定条件下，土中孔隙水渗流控制方程的导出一般不需要用到状态方程和能量守恒条件。

本章重点介绍饱和土渗流控制方程的导出。与传统的土力学教程不同，本章不是先介绍达西定律，然后由达西定律导出运动方程，而是从平衡方程出发，在线性渗透阻力的假定下直接得到运动方程。

学习本章内容，需要熟练掌握运动方程和连续方程的导出过程及其基本假定；理解达西试验的意义和达西定律的物理本质；能够联合运动方程和连续方程导出渗流控制方程；理解和把握渗流方程求解的边界条件；要了解并能够分析影响饱和土渗流的因素，掌握流网的物理意义、绘制方法及其应用；了解渗透破坏的形式。

4.2 饱和土渗流的运动方程

推动孔隙水流动的是水的势能，即土水势。孔隙水从土水势高处向土水势低处流动。一般情况下，孔隙水的渗流速度都比较小，其动能（势）可以忽略。因此对于饱和土，其只有重力对应的重力势和压强对应的压力势。在水力学中，土水势也称为水头。重力势称为重力水头，也称位置水头，压力势称为压力水头。两者之和称为总水头，也称测压管水头。因为孔隙水在流动过程中需要克服土的阻力（土水作用力）而做功，所以流动的孔隙水的压强不再符合静止孔隙水压强的分布。

孔隙水渗流的运动方程实质上就是孔隙水动量守恒定律的数学表达，即单位体积孔隙水的动量变化率等于所有有效外力的总和。简单起见，这里仅就静力渗流问题直接从平衡方程导出渗流的运动方程。为此，首先讨论饱和土渗流的土水作用力。

4.2.1 饱和土渗流的土水作用力

在第3章中曾经提到，土骨架和孔隙水之间存在力的相互作用。孔隙水在土骨架中流动会受到阻力，同时也会给土骨架以作用力。饱和土体中的水在渗流时所受到的阻力，就是饱和土的土水作用力，也就是后面要讲到的渗透力或渗流力。

在水力学中，水的流动状态分为层流和紊流。层流流态下，水所受到的运动阻力与水的流速成正比。土中孔隙水的流动，绝大多数都属于层流。

由于土体孔隙的断面大小和形状不规则，水在土体孔隙中的流动非常复杂。即使对于粒状砂土，也不能像管道层流一样给出流速分布规律以及真实的流速大小。因此仍然需要应用一点有限空间（代表体积）上物理量平均化的思想，即用土的代表体积空间内单位时间通过单位面积的水量来描述渗流速度，也称为渗透流速，用 v 来表示。

土体中一点全断面的平均流速 v 和孔隙面积上的流速 v' 的关系由下式确定：

$$v = nv' \tag{4-2-1a}$$

或

$$v' = \frac{v}{n} \tag{4-2-1b}$$

式中 n——土的孔隙率。

对于饱和土，当孔隙水体的流动呈层流流态时，根据水力学中有关层流阻力的研究成果和达西渗透试验结果，可以假定水体运动产生的土水作用力与流速成正比，即

$$\boldsymbol{f} = a\frac{\boldsymbol{v}}{n} \tag{4-2-2}$$

式中 $\boldsymbol{f}$——土水作用力；

$\boldsymbol{v}$——孔隙水流速；

a——作用力系数。

为了简单起见，以二维问题为例，此时，$\boldsymbol{f}$ 的直角坐标分量分别为

$$f_x = \frac{a}{n}v_x, f_z = \frac{a}{n}v_z \tag{4-2-3}$$

式中 v_x, v_z——孔隙水渗透流速分量。

4.2.2 饱和土渗流的运动方程

4.2.2.1 运动方程

假设土体为均质。对于饱和土中的层流渗流，当孔隙水的运动速度很小并且没有快速的运动状态(速度)改变时，可以不考虑孔隙水的惯性力项。直接引用第3章的孔隙水的平衡微分方程式(3-5-18)，即

$$n\frac{\partial u_w}{\partial x} + f_x = 0 \tag{4-2-4}$$

$$n\frac{\partial u_{\mathrm{w}}}{\partial z}+f_z+n\rho_{\mathrm{w}}g=0 \tag{4-2-5}$$

将土水作用力表达式（4-2-3）代入式（4-2-4）和式（4-2-5），并令

$$H=\frac{u_{\mathrm{w}}}{\rho_{\mathrm{w}}g}+z \tag{4-2-6}$$

式中 H——测压管水头，也称渗透水头；

u_{w}——孔隙水压强；

z——位置水头。

整理后可得

$$\begin{cases}n^2\rho_{\mathrm{w}}g\dfrac{\partial H}{\partial x}+av_x=0\\ n^2\rho_{\mathrm{w}}g\dfrac{\partial H}{\partial z}+av_z=0\end{cases} \tag{4-2-7}$$

再令

$$k=\frac{n^2\rho_{\mathrm{w}}g}{a} \tag{4-2-8}$$

为饱和土的渗透系数，并且令

$$i_x=\frac{\partial H}{\partial x},\ i_z=\frac{\partial H}{\partial z} \tag{4-2-9}$$

分别为孔隙水 x，z 方向的渗透坡降。那么式（4-2-7）可以写成

$$v_x=-ki_x,\ v_z=-ki_z \tag{4-2-10}$$

式（4-2-10）就是饱和土中孔隙水渗流的运动方程。它反映了孔隙水的渗透流速与渗透坡降（也称水势梯度或水力梯度）之间的关系，即饱和土中孔隙水的渗透流速与渗透坡降成正比。达西在 1852 年通过试验得到相同的表达式，由此提出了著名的达西定律。

4.2.2.2 渗流力

单位体积土体内土骨架所受到的渗流作用力称为渗流力或渗透力，本书中用 f 表示，习惯上也可用 J 表示。

由孔隙水的平衡微分方程可以直接得到孔隙水受到的土水作用力与渗透坡降的关系式为

$$f_x=-\gamma_{\mathrm{w}}i_x,\ f_z=-\gamma_{\mathrm{w}}i_z \tag{4-2-11}$$

式（4-2-11）表示的是单位体积的土体内孔隙水在流动时受到的土骨架的作用力（分量）。因为单位体积的土体内土骨架所受到的渗流作用力与之相反，所以渗流力为

$$J_x=\gamma_{\mathrm{w}}i_x,\ J_z=\gamma_{\mathrm{w}}i_z \tag{4-2-12}$$

渗流力是一种体积力，量纲与 γ_{w} 相同，大小和水力梯度成正比，方向与渗流方向一致。

孔隙水的运动方程和渗流力的表达式都可以直接推广到三维，这里不再写出。

4.2.3 达西定律

法国工程师达西（H. Darcy）在 1852～1855 年用图 4-2-1 所示的垂直圆管实验装置对砂土进行渗透试验，结果表明，通过管中砂土水的渗透流量 q 除与管的断面面积 A 成正

比外，还与水头损失成正比，与渗透路径长度 L 成反比。引入比例常数 k，试验结果可以表示为

$$q = -kA\frac{h_2 - h_1}{L} \tag{4-2-13}$$

或者

$$v = \frac{q}{A} = -ki \tag{4-2-14}$$

式中　v——断面的平均流速；

i——渗透坡降,也称为水力梯度,$i = (h_2 - h_1)/L$；

k——渗透系数或饱和导水率，取决于砂土的性质，其意义是单位渗透坡降下的渗透流速，单位与速度单位相同。

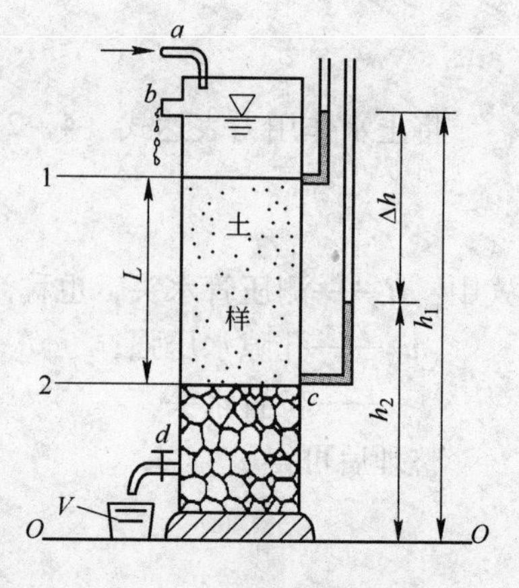

图 4-2-1　达西实验装置

此后的大量试验证明，对于粉土和黏性土等其他土类，其渗透流速和水力梯度之间也都符合式（4-2-14）的关系。

式（4-2-14）称为达西定律，是一个试验定律。它反映了土中孔隙水运动流速与水力梯度之间的物理关系。

式（4-2-14）是由均质砂土在水恒定流动状态下得到的，对于非均质土或非恒定流动状态，因为渗透水头（测压管水头）沿渗透路径呈非线性变化，达西定律应以微分形式表示，即

$$v = -k\frac{\mathrm{d}H}{\mathrm{d}L} \tag{4-2-15}$$

式中，负号表示水流方向和水力梯度方向相反。对于三维空间的流动，达西定律可写成

$$v = -k\,\mathrm{grad}H \tag{4-2-16a}$$

或

$$v = -k\nabla H \tag{4-2-16b}$$

式中，grad$H$ 是水力梯度矢量，∇是 nabla 算子，分别表示为

$$\mathrm{grad}H = \frac{\partial H}{\partial x}\boldsymbol{i} + \frac{\partial H}{\partial y}\boldsymbol{j} + \frac{\partial H}{\partial z}\boldsymbol{k} \tag{4-2-17}$$

$$\nabla = \boldsymbol{i}\frac{\partial}{\partial x} + \boldsymbol{j}\frac{\partial}{\partial y} + \boldsymbol{k}\frac{\partial}{\partial z} \tag{4-2-18}$$

式中，x、y、z 为垂直坐标系中三个坐标；$\boldsymbol{i}$、$\boldsymbol{j}$、$\boldsymbol{k}$ 为三个坐标方向的单位向量。

若使用标量，流速 v 沿直角坐标三个方向的分量分别记为 v_x、v_y、v_z，当土体各向同性时，达西定律可写成

$$v_x = -ki_x,\ v_y = -ki_y,\ v_z = -ki_z \tag{4-2-19}$$

可以看到，式（4-2-19）就是式（4-2-10），这就是说，达西定律可以在渗透阻力与流速成正比的假设下，由孔隙水的平衡微分方程得到。也可以说，达西实验证明渗透阻力与流速成正比。

4.2.4　渗透系数及影响因素

渗透系数 k 是综合反映土体渗透能力的一个指标，合理准确地确定其数值对渗透计算

非常重要。影响渗透系数大小的因素很多，虽然前面给出了表达式，但是要建立计算渗透系数 k 的理论公式还很困难，通常是通过室内或室外试验测定，或根据经验估算来确定 k 值。了解影响渗透系数的因素，对于估算和判断 k 值是有意义的。

影响饱和土的渗透性的因素主要有以下几种：

（1）土的粒度成分及矿物成分。土的颗粒大小、形状及级配，影响土中孔隙大小及形状，因而影响土的渗透性。土颗粒越粗、越浑圆、越均匀时，渗透性就越大。砂土中含有较多粉土及黏土颗粒时，其渗透性就会大大降低。

土的矿物成分对于卵石、砂土和粉土的渗透性影响不大，但对于黏土的渗透性影响较大。黏性土中含有亲水性较大的黏土矿物（如蒙脱石）或有机质时，其渗透性会大大降低。含有大量有机质的淤泥几乎是不透水的。

（2）结合水膜的厚度。黏性土中，若土粒的结合水膜较厚，便会阻塞土的孔隙，降低土的渗透性。如钠黏土，由于钠离子的存在，使黏土颗粒的扩散膜厚度增加，所以透水性很低。又如在黏土中加入高价离子的电解质（如 Al、Fe 等），会使土粒扩散层厚度减薄，黏土颗粒会凝聚成粒团，土的孔隙增大，因而将使土的渗透性增大。

（3）土的结构构造。天然的土层通常不是各向同性的，因此各方向的渗透性也不相同。如在竖直方向具有大孔隙的黄土，其在竖直方向的渗透系数要比在水平方向的大。如果层状黏土夹有薄的粉砂层，那么它整体在水平方向的渗透系数就要比在竖直方向的大。

（4）水的黏滞性。水在土中的渗流速度与水的密度及黏滞度有关，而这两个数值又与温度相关。一般水的密度随温度变化很小，可略去不计，但水的动力黏滞系数 η 随温度变化而变化。故室内渗透试验时，同一种土在不同温度下会得到不同的渗透系数。在天然土层中，除了靠近地表的土层外，一般土中的温度变化很小，故可忽略温度的影响；但是室内试验的温度变化较大，故应考虑它对渗透系数的影响。

（5）土中气体。当土孔隙中存在密闭气泡时，会阻塞水的渗流，从而降低土的渗透性。这种密闭气泡有时是由溶解于水中的气体分离出来而形成的，故室内渗透试验有时规定要用不含溶解空气的蒸馏水。

4.3 饱和土渗流的连续方程

4.3.1 连续方程

本章 4.2 节由孔隙水的平衡微分方程导出了孔隙水流动应满足的运动方程，即渗透流速与土水势之间的关系，也称为动量方程。仅仅应用运动方程还不能求解饱和土的渗流问题，还需要应用孔隙水的质量守恒条件，即孔隙水运动的连续方程。运动方程（平衡微分方程）和连续方程结合可以导出孔隙水的渗流方程。

质量守恒是物质运动和变化普遍遵循的原理。对于孔隙水的渗流而言，质量守恒就是指在渗流过程中，流入和流出土体微元体的水量之差与微元体内水的质量变化相等。据此可以推导孔隙水运动的连续方程。

在土体内任取一点（x、y、z），并以该点为中心取无限小的一个正六面体。六面体的

边长分别为 Δx、Δy、Δz，且和相应的坐标轴平行，如图 4－3－1 所示。考察从 t 到 $t+\Delta t$ 时间段内单元体内的孔隙水质量守恒情况。设单元体中心孔隙水流动速度在三个方向上的分量分别为 v_x、v_y、v_z，水的密度为 ρ_w。取平行于坐标平面 yoz 的两个侧面 $ABCD$ 和 $A'B'C'D'$，其面积为 $\Delta y\Delta z$。自左边界面 $ABCD$ 流入的单位面积的水流量为 $v_x-\frac{1}{2}\frac{\partial v_x}{\partial x}\Delta x$，在 Δt 时间内由此界面流入单元体内的孔隙水质量为

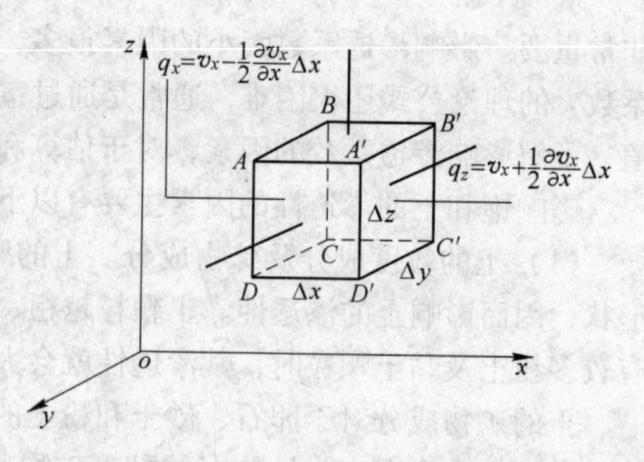

图 4－3－1　直角坐标系中的单元体

$$\rho_w v_x\Delta y\Delta z\Delta t-\frac{1}{2}\frac{\partial(\rho_w v_x)}{\partial x}\Delta x\Delta y\Delta z\Delta t$$

自右边界 $A'B'C'D'$流出的土壤水分通量为 $v_x+\frac{1}{2}\frac{\partial v_x}{\partial x}\Delta x$，在 Δt 时间内由此界面流出单元体的孔隙水质量为

$$\rho_w v_x\Delta y\Delta z\Delta t+\frac{1}{2}\frac{\partial(\rho_w v_x)}{\partial x}\Delta x\Delta y\Delta z\Delta t$$

因此，沿 x 轴方向流入单元体和流出单元体的孔隙水质量差为

$$-\frac{\partial(\rho_w v_x)}{\partial x}\Delta x\Delta y\Delta z\Delta t$$

同理，可以写出沿 y 轴方向和沿 z 轴方向流入单元体与流出单元体的孔隙水质量之差为 $-\frac{\partial(\rho_w v_y)}{\partial y}\Delta y\Delta z\Delta x\Delta t$ 和 $-\frac{\partial(\rho_w v_z)}{\partial z}\Delta z\Delta x\Delta y\Delta t$。

这样，在 Δt 时间内，流入单元体和流出单元体的孔隙水质量差总计为

$$-\left[\frac{\partial(\rho_w v_x)}{\partial x}+\frac{\partial(\rho_w v_y)}{\partial y}+\frac{\partial(\rho_w v_z)}{\partial z}\right]\Delta x\Delta y\Delta z\Delta t$$

对于饱和土，单元体内孔隙水的质量为 $\rho_w n\Delta x\Delta y\Delta z$，亦即 $\rho_w nV$，其中，n 为孔隙率，在土壤水动力学中也称为体积含水率，V 为单元体积。当孔隙水的密度保持恒定时，水的质量密度 ρ_w 为常量。对上式取全增量，可以得到孔隙水的质量变化 ΔW_w 为

$$\Delta W_w=\rho_w(\Delta nV+n\Delta V) \tag{4-3-1}$$

在忽略骨架颗粒本身的体积变形时，$\Delta n=(1-n)\Delta\varepsilon_v$，其中 $\Delta\varepsilon_v=\frac{\Delta V_v}{V}=\frac{\Delta V}{V}$是土的体积应变。于是，$\Delta t$ 时间内单位体积的单元体内孔隙水质量改变量为$\frac{\partial\varepsilon_v}{\partial t}$。

单元体内孔隙水的质量变化，是由流入单元体和流出单元体的孔隙水质量之差造成的。根据质量守恒原理，两者在数值上应该相等。在孔隙水不可压缩，即水的密度 ρ_w 为常数时，可以得到饱和土孔隙水渗流的连续方程为

$$\frac{\partial\varepsilon_v}{\partial t}=-\left(\frac{\partial v_x}{\partial x}+\frac{\partial v_y}{\partial y}+\frac{\partial v_z}{\partial z}\right) \tag{4-3-2}$$

式中　ε_v——土的体积应变。

式（4-3-2）也可以表示为

$$\frac{\partial \varepsilon_{\mathrm{v}}}{\partial t} = -\nabla \cdot v \tag{4-3-3}$$

$\nabla \cdot v$ 或记为 div$v$，称为 v 的散度。

4.3.2 饱和土的渗流方程

联合饱和土的运动方程和连续方程，可以推导出土的渗流控制方程，简称渗流方程。具体而言，将式（4-2-10）表示的渗透流速和渗透坡降的关系代入连续方程式（4-3-3），即可得出饱和土层流渗流的基本方程为

$$\frac{\partial \varepsilon_{\mathrm{v}}}{\partial t} = -\nabla \cdot (k\nabla H) \tag{4-3-4}$$

上式可展开为

$$-\frac{\partial \varepsilon_{\mathrm{v}}}{\partial t} = \frac{\partial}{\partial x}\left(k_x \frac{\partial H}{\partial x}\right) + \frac{\partial}{\partial y}\left(k_y \frac{\partial H}{\partial y}\right) + \frac{\partial}{\partial z}\left(k_z \frac{\partial H}{\partial z}\right) \tag{4-3-5}$$

如果土体各向同性，那么 $k_x = k_y = k_z = k$；当不考虑土体体积变形对渗流的影响时，方程可简化为

$$\frac{\partial}{\partial x}\left(k \frac{\partial H}{\partial x}\right) + \frac{\partial}{\partial y}\left(k \frac{\partial H}{\partial y}\right) + \frac{\partial}{\partial z}\left(k \frac{\partial H}{\partial z}\right) = 0 \tag{4-3-6}$$

4.3.3 求解渗流方程的边界条件

渗流方程表示土体中孔隙水运动的诸要素需要满足的条件，由此可以求解渗透水头和渗透流速等物理量。而要求解渗流方程，还需要已知土体渗流区域的边界条件。这里以图 4-3-2 所示的堤坝为例来具体说明其边界条件。

图 4-3-2 中 AG 是不透水地基；上游水位为 H_1，下游水位为 H_2；稳定渗流状态（渗流区域内的渗流要素不随时间而变化）；在只考虑饱和土渗流，不考虑非饱和土内的孔隙水运动的情况下，BE 为自由水面边界，EF 既是自由水面边界，同时也满足下游边坡的直线方程。

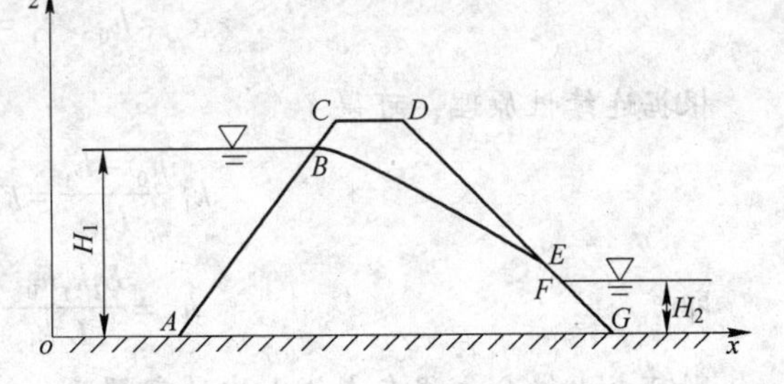

图 4-3-2 堤坝渗流边界条件示意简图

AB 和 FG 称为第一类边界，边界条件是：在 AB 上，$H = H_1$；在 FG 上，$H = H_2$。

AG 称为第二类边界，边界条件是：$\frac{\partial v}{\partial N} = 0$，其中 N 是 AG 边界的法向方向。

BE 称为混合边界，边界条件是：$u_{\mathrm{w}} = 0$，$H = z$；且 $\frac{\partial v}{\partial N} = 0$，其中 N 是 BE 边界的法向方向。

EF 也是混合边界，边界条件是：$u_{\mathrm{w}} = 0$，$H = z$，且 z 在 DG 直线上变化；同时满足 $\frac{\partial v}{\partial N} = 0$，其中 N 是 EF 边界的法向方向。

对于边界条件比较简单的各向同性饱和土体，在不考虑土体体积变形对渗流的影响时，可直接根据式（4－3－6）得到解析解。

【例4－1】如图4－3－3所示简单的一维渗流问题：圆管中由两个透水板限定的两段土体，入渗断面的总水头保持为h_0，渗透出口断面保持稳定水头为h_2，第一段土体的长度为L_1，渗透系数为k_1，第二段土体长度为L_2，渗透系数k_2，求测压管水头H沿渗流方向的变化和渗透流速。

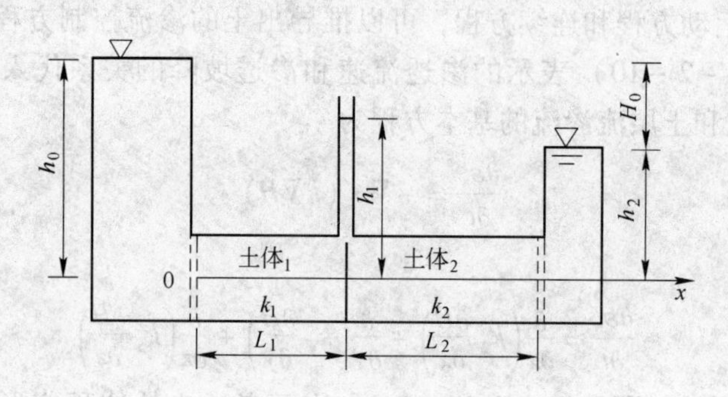

图4－3－3　通过两种土体的一维渗流

【解】从图中可看出，水流通过两种土，设水渗过第一段土体后的水头为h_1，将渗流方向取为x轴正方向，式（4－3－6）简化为$\dfrac{\partial^2 H}{\partial x^2}=0$，微分方程的通解为

$$H=c_1x+c_2 \tag{a}$$

对土体1而言，边界条件为

$$x=0,\ H=h_0;\ x=L_1,\ H=h_1$$

据此可确定c_1和c_2：

$$c_2=h_0,\ c_1=\frac{h_1-h_0}{L_1}$$

根据连续性原理，可得

$$k_1\frac{h_0-h_1}{L_1}=k_2\frac{h_1-h_2}{L_2}$$

即

$$h_1=\frac{L_2k_1h_0+L_1k_2h_2}{L_2k_1+L_1k_2}$$

则可求出微分方程在土体1中的定解为

$$H_1=h_0-\frac{k_2(h_0-h_2)}{L_1k_2+L_2k_1}x \tag{b}$$

对土体2而言，边界条件为：

$$x=L_1,\ H=h_1;\ x=L_1+L_2,\ H=h_2$$

可求得微分方程在土体2中的定解为

$$H_2=\frac{(L_1k_1h_0-L_1k_1h_2+L_2k_1h_0+L_1k_2h_2)-k_1(h_0-h_2)x}{L_1k_2+L_2k_1} \tag{c}$$

微分方程的解（b）和（c）可进一步简化。将测管水头基准面选在h_2的水面位置，即设在$x=L_1+L_2$处，$H=0$，并将水头损失h_0-h_2记作H_0，则（b）和（c）分别简化为

(d) 和 (e):

土体 1 中 $$H_1 = H_0\left(1 - \frac{k_2 x}{L_1 k_2 + L_2 k_1}\right) \tag{d}$$

土体 2 中 $$H_2 = H_0 \frac{k_1(L_1 + L_2 - x)}{L_1 k_2 + L_2 k_1} \tag{e}$$

其中，土体 1 中渗透流速为

$$v_1 = -k_1 \frac{\partial H_1}{\partial x} = \frac{k_1 k_2 H_0}{L_1 k_2 + L_2 k_1}$$

土体 2 中渗透流速为

$$v_2 = -k_2 \frac{\partial H_2}{\partial x} = \frac{k_1 k_2 H_0}{L_1 k_2 + L_2 k_1}$$

由此可见，两段土体中的渗透流速相等。

绝大多数的岩土工程渗流问题都不能直接由渗流控制方程得到解析解，而需要应用数值计算方法求解。在没有数值求解手段的条件下，工程上经常采用模型试验的方法来模拟渗流场的情况，也可以用绘制流网的方法近似地显现渗流场的分布。

4.4 流网及其应用

绘制流网的方法也称为图解法，是一种近似方法。二维饱和土的渗流方程可由式(4-3-6)简化为

$$\frac{\partial^2 H}{\partial x^2} + \frac{\partial^2 H}{\partial z^2} = 0 \tag{4-4-1}$$

引入速度势的定义，设势函数 $\Phi = kH$，则有 $v_x = ki_x = -\frac{\partial \Phi}{\partial x}$，即势函数的一阶导数为流速，负号代表流速指向 Φ 减小的方向。

根据势流理论中的柯西-黎曼方程（式(4-4-2)），必存在一个流函数 ψ，ψ 的一阶偏导数 $\frac{\partial \psi}{\partial z} = v_x, \frac{\partial \psi}{\partial z} = -v_z$。则有

$$\begin{cases} \frac{\partial \psi}{\partial z} = -\frac{\partial \Phi}{\partial x} \\ \frac{\partial \psi}{\partial x} = \frac{\partial \Phi}{\partial z} \end{cases} \tag{4-4-2}$$

将式(4-4-2)中的第一式两边对 x 微分减去第二式两边对 z 微分，得

$$\frac{\partial^2 \Phi}{\partial x^2} + \frac{\partial^2 \Phi}{\partial z^2} = 0 \tag{4-4-3}$$

将式(4-4-2)中的第一式两边对 z 微分加上第二式两边对 x 微分，得

$$\frac{\partial^2 \psi}{\partial x^2} + \frac{\partial^2 \psi}{\partial z^2} = 0 \tag{4-4-4}$$

由此可见，势函数和流函数为共轭调和函数，其解为两簇曲线——流网。

4.4.1 流网及其性质

平面稳定渗流基本微分方程的解可以用渗流区平面内两簇相互正交的曲线来表示。其中一簇为流线，它代表水流的流动路径；另一簇为等势线，在任一条等势线上，各点的测压管水位或总水头都在同一水平线上。工程上把这种等势线簇和流线簇交织成的网格图形称为流网，如图 4-4-1 所示。

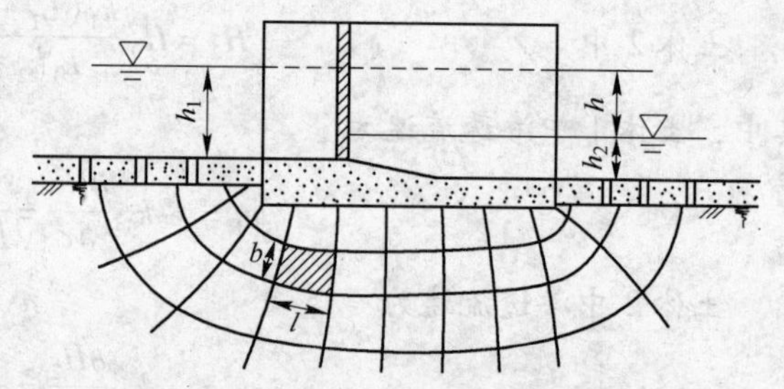

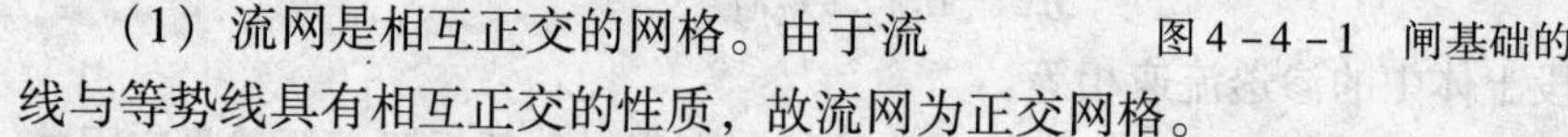

图 4-4-1 闸基础的渗流流网

各向同性土的流网具有如下特性：

（1）流网是相互正交的网格。由于流线与等势线具有相互正交的性质，故流网为正交网格。

（2）流网为曲边正方形。在流网网格中，网格的长度与宽度之比通常取为定值，一般取 1.0，使方格网成为曲边正方形。

（3）任意两相邻等势线间的水头损失相等。渗流区内水头依等势线等量变化，相邻等势线的水头差相同。

（4）任意两相邻流线间的单位渗流量相等。相邻流线间的渗流区域称为流槽，每一流槽的单位流量与总水头 h、渗流系数 k 及等势线间隔数有关，与流槽位置无关。

4.4.2 流网的绘制

流网的绘制方法大致有三种：第一种是解析法，即用解析的方法求出流速势函数及流函数，再令函数等于一系列的常数，就可以描绘出一簇流线和等势线。第二种是实验法，常用的有水电比拟法。此方法利用水流与电流在数学和物理上的相似性，通过测绘相似几何边界电场中的等电位线，获取渗流的等势线和流线，再根据流网性质补绘出流网。第三种是近似作图法，也称为手描法，系根据流网性质和确定的边界条件，用作图方法逐步近似画出流线和等势线。在上述方法中，解析法虽然严密，但数学求解上还存在较大困难；实验方法在操作上比较复杂，不易在工程中推广应用；故目前常用的方法还是近似作图法，下面就对这一方法作一些介绍。

近似作图法的步骤大致为：先按流动趋势画出流线，然后根据流网正交性画出等势线，如发现所画的流网不成曲边正方形时，需反复修改等势线和流线直至满足要求。如图 4-4-2 所示为一带板桩的溢流坝，其流网可按如下步骤绘出：

（1）首先将建筑物及土层剖面按一定的比例绘出，并根据渗流区的边界，确定边界线及边界等势线。

如图 4-4-2 中的上游透水边界 AB 是一条等势线，其上各点的水头高度均为 h_1，下游透水边界 CD 也是一条等势线，其上各点的水头高度均为 h_2。坝基的地下轮廓线 B—1—2—3—4—5—6—7—8—C 为一流线，渗透区边界 EF 为另一条边界流线。

（2）根据流网特性初步绘出流网形态。可先按上、下边界流线形态大致描绘几条流线，描绘时注意中间流线的形状由坝基轮廓线形状逐步变为与不透水层面 EF 相接近。中间流线数量越多，流网越准确，但绘制与修改工作量也越大，中间流线的数量应视工程的

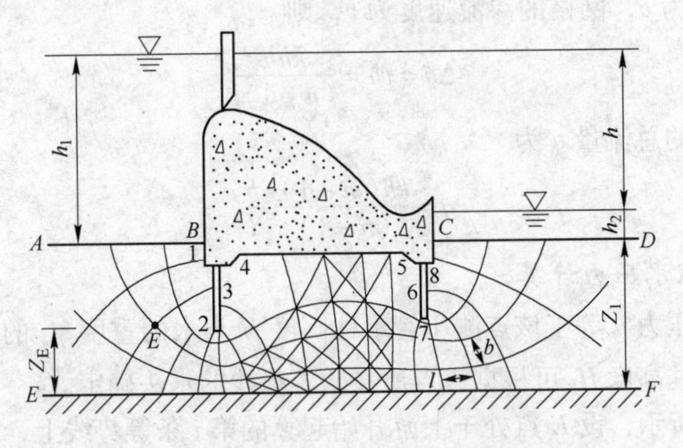

图 4-4-2 溢流坝的渗流流网

重要性而定，一般可绘3~4条。流线绘好后，根据曲边正方形的要求描绘等势线。描绘时应注意等势线与上、下边界流线保持垂直，并且等势线与流线都应是光滑的曲线。

(3) 逐步修改流网。初绘的流网，可以加绘网格的对角线来检验其正确性。如果每一网格的对角线都正交，且成正方形，则表明流网是正确的，否则应作进一步修改。但是，由于边界通常是不规则的，在形状突变处，很难保证网格是正方形，有时甚至成为三角形。对此，应从整个流网来分析，只要大多数网格满足流网特征即可，个别网格不符合要求，对计算结果影响不大。

流网的修改过程是一项细致的工作，常常是改变一个网格便带来整个流网图的变化。因此只有通过反复的实践演练，才能做到快速正确地绘制流网。

4.4.3 流网的工程应用

正确地绘制出流网后，可以用它来求解渗流、渗流速度及渗流区的孔隙水压力。

4.4.3.1 渗流速度计算

如图4-4-2所示，计算渗流区中某一网格内的渗流速度，可先从流网图中量出该网格的流线长度 l。根据流网的特性，在任意两条等势线之间的水头损失是相等的，设流网中的等势线的数量为 n（包括边界等势线），上下游总水头差为 h，则任意两等势线间的水头差为

$$\Delta h = \frac{h}{n-1} \tag{4-4-5}$$

而所求网格内的渗透速度为

$$v = ki = k\frac{\Delta h}{l} = \frac{kh}{(n-1)l} \tag{4-4-6}$$

4.4.3.2 渗流量计算

由于任意两相邻流线间的单位渗流量相等，设整个流网数量为 m（包括边界流线），则单位宽度内总的渗流量 q 为

$$q = (m-1)\Delta q \tag{4-4-7}$$

式中，Δq 为任意两相邻流线间的单位渗流量，q、Δq 的单位均为 $m^3/(d \cdot m)$，其值可根据某一网格中的渗流速度及网格的过水断面宽度求得。设网格的过水断面宽度（即相邻

两条流线的间距）为 b，网格的渗流速度为 v，则

$$\Delta q = vb = \frac{khb}{(n-1)l} \tag{4-4-8}$$

而单位宽度内的总流量 q 为

$$q = \frac{kh(m-1)}{(n-1)} \frac{b}{l} \tag{4-4-9}$$

4.4.3.3 孔隙水压力计算

一点的孔隙水压力 u 等于该点测压管水柱高度 H 与水的重度 γ_w 的乘积，即 $u=\gamma_w H$。任意点的测压管水柱高度 H_i 可根据该点所在的等势线的水头确定。

如图 4-4-2 所示，设 E 点处于上游开始起算的第 i 条等势线上，若从上游入渗的水流达到 E 点所损失的水头为 h_f，则 E 点的总水头 h_E（以不透水层面 EF 为 Z 坐标起始点）应为入渗边界上总水头高度减去这段流程的水头损失高度，即

$$h_E = (Z_1 + h_1) - h_f \tag{4-4-10}$$

而 h_f 可由等势线间的水头差 Δh 求得：

$$h_f = (i-1)\Delta h \tag{4-4-11}$$

E 点测压管水柱高度 H_E 为 E 点总水头与其位置坐标值 Z_E 之差，即

$$H_E = h_E - Z_E = h_1 + (Z_1 - Z_E) - (i-1)\Delta h \tag{4-4-12}$$

4.5 渗透破坏

在渗流过程中，当水势梯度（渗透水力坡降）超过一定的界限值后，土中的渗透水流会把部分土体或土颗粒冲出、带走，导致局部土体发生位移。位移达到一定程度，土体将发生失稳破坏，这种现象称为渗透破坏。土体渗透破坏的发生和发展过程有其内因和外因共同作用。内因是土的颗粒组成和结构，外因是水力条件，即作用于土体渗透力的大小。

渗流对土体产生渗流力的作用。在宏观上，渗流力会影响土体的应力和变形；在微细观上，渗流力作用于无黏性土的颗粒以及黏性土的土骨架，可使其失去平衡，产生以下几种形式的渗透破坏，其中主要的是流土和管涌。

（1）流土。在自上而下的渗流发生时，渗流力的大小超过土的重度，致使土粒间的有效应力为零，土体的表面隆起、浮动或某颗粒群悬浮、移动的现象称为流砂或流土。流砂或流土多发生在颗粒级配均匀的饱和细、粉砂和粉土层及黏性土层中，主要发生在渗流出口无任何保护的部位。流土可使土体强度完全丧失，危及其上建筑物的安全。它的发生一般比较突然，危害也比较大。图 4-5-1 为河堤下游覆盖层下出现流砂的示意图。

当土体的有效应力等于零时，土颗粒将因处于悬浮状态而失去稳定，即出现流土现象。这种状态下的水力梯度称为临界水力梯度 i_a，可由下式确定：

$$i_{cr} = \frac{\gamma'}{\gamma_w} = \frac{\gamma_{sat}}{\gamma_w} - 1 \tag{4-5-1}$$

当发生自下而上的渗透且水力梯度大于或等于临界水力梯度，即 $i \geqslant i_{cr}$ 时，就会出现流土现象。

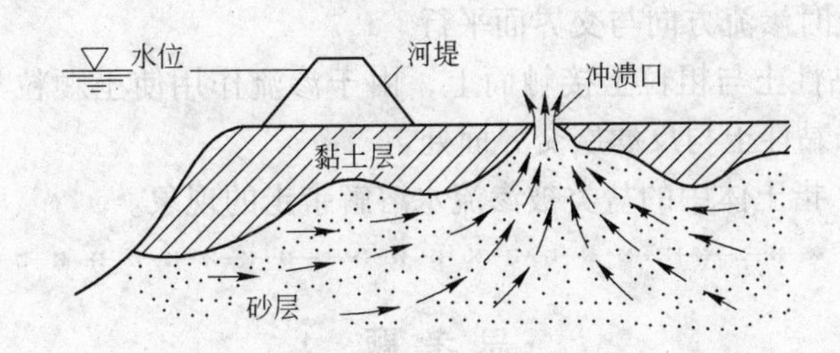

图4-5-1　河堤下游覆盖层下流砂涌出现象

流土现象多发生在下列特征的土层中：

1）土的颗粒组成中，黏粒含量小于10%，粉粒、砂粒含量大于75%。

2）土的不均匀系数小于5。

3）土的含水量大于30%。

4）土的孔隙率大于43%，即孔隙比大于0.75。

5）黏性土夹有砂层，且其层厚大于25cm。

流土的防治原则是：

1）减小或消除水头差，如采取基坑外的井点降水法降低地下水位。

2）增长渗流路径，如打板桩。

3）在向上渗流出口处地表用透水材料覆盖压重以平衡渗流力。

4）土层加固处理，如冻结法、注浆法等。

（2）管涌。在渗流作用下，土体中的细颗粒在粗颗粒形成的孔隙中移动；随着土的孔隙不断扩大，渗流速度不断增加，较粗的颗粒也相继被水流带走，最终导致土体内形成贯通的渗流通道，造成土体塌陷。这种在渗流作用下土体内的细颗粒在粗颗粒形成的孔隙通道内发生移动并被带出的现象称为管涌，如图4-5-2所示。

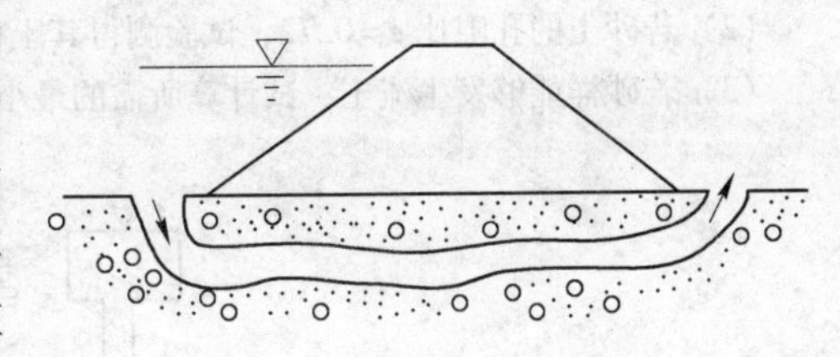

图4-5-2　通过坝基的管涌

管涌现象主要发生在内部结构不稳定，颗粒大小差别较大（往往缺少某种粒径），孔隙直径大且相互连通的砂砾石层中。一般地，管涌破坏有个时间发展过程，是一种渐进性质的破坏。

土是否发生管涌，首先取决于土的性质。管涌多发生在砂性土中，其特征是颗粒大小差别较大，往往缺少某种粒径，孔隙直径大且相互连通。无黏性土产生管涌必须具备两个条件：

1）土中粗颗粒所构成的孔隙直径必须大于细颗粒的直径，这是必要条件，一般不均匀系数 $C_u > 10$ 的土才会发生管涌。

2）渗流力能够带动细颗粒在孔隙间滚动或移动是发生管涌现象的水力条件，可用管涌的水力梯度表示，但管涌临界水力梯度的计算至今尚未成熟。对于重大工程，应尽量由试验确定。

（3）接触冲刷。指细粒土（砂土或黏土）与粗粒土交界面上，细粒土被渗流水冲动发生破坏的现象。此时渗流方向与交界面平行。

（4）剥离。指黏性土与粗粒土接触面上，由于渗流作用使土颗粒与整体结构分离的现象。剥离可发生于黏性土与反滤层交界面处。

（5）化学管涌。指土体中的盐类被渗流水溶解带走的现象。

思考题

1. 试通过土柱的内力平衡分析导出渗流力的表达式。
2. 影响土的渗透性的主要因素有哪些？
3. 达西定律是什么，孔隙水渗流的运动方程与达西定律的关系是什么？
4. 流网具有哪些特征，绘制流网一般有哪些步骤，为什么流线与等势线总是正交的？
5. 渗透破坏的形式有哪些？
6. 流土现象的防治原则是什么，哪些特征的土层易发生流土现象？
7. 无黏性土产生管涌必须具备的两个条件是什么？

复习题

4-1 已知土粒比重 $G_s=2.67$，孔隙比 $e=0.8$，求该饱和土的临界水力梯度。

4-2 在图4-1所示的装置中，砂样受自下而上的渗流水作用，已知砂样厚度 $L=25$cm，水头差 $h=20$cm。试求：

（1）计算作用在砂样上渗透力的大小；

（2）若砂土的孔隙比 $e=0.72$，试验测得其土粒比重为2.68，试判断该砂样是否会发生流土现象；

（3）若砂样能够发生流土，试计算所需的最小水头差。

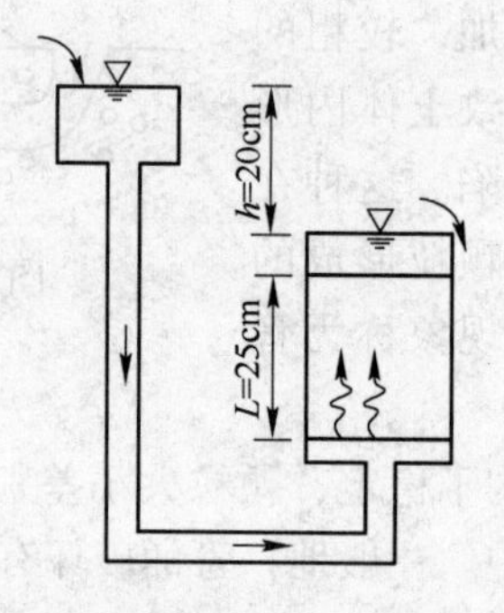

图4-1 砂样受自下而上的渗流作用

4-3 如图4-2所示，在现场进行抽水试验测定砂土层的渗透系数。抽水井穿过12m厚砂土层进入不透水层，在距井管中心15m和50m处设置观测孔。已知抽水前静止地下水位在地面下2.5m处，抽水后待渗流稳定时，从抽水井测得流量 $q=5.5\times10^{-2}\text{m}^3/\text{s}$，同时从两个观测孔测得水位分别下降了2.0m和0.55m，求砂土层的渗透系数。

4-4 某板桩支挡结构如图4-3所示，由于基坑内外土层存在水位差而发生渗流，渗流流网如图中所示。已知土层渗透系数 $k=3.2\times10^{-3}$ cm/s，A 点、B 点分别位于基坑底面以下1.2m和2.6m处，试求：

（1）整个渗流区的单宽流量 q；

（2）AB 段的平均流速 v_{AB}；

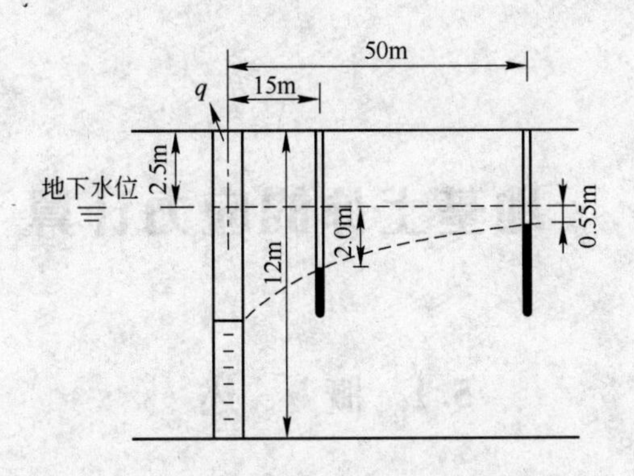

图 4－2　现场抽水试验

(3) 图中 A 点和 B 点的孔隙水压力 u_A 与 u_B。

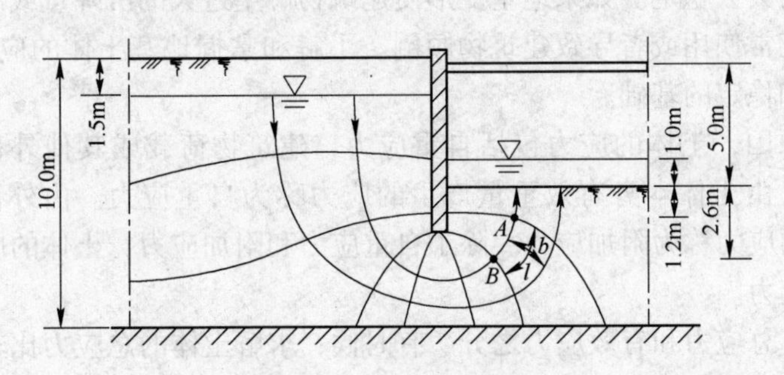

图 4－3　某板桩支挡结构

5　地基土体的应力计算

5.1　概　　述

在地基上修建建筑物，建筑物形成的荷载会通过建筑物的基础传给地基，使地基土体的应力发生变化，同时引起地基变形。如果应力超过土的强度，地基土体可能发生破坏，使整个地基滑动而失去稳定。如果地基变形使建筑物产生过大的沉降量或沉降差，则有可能影响建筑物的正常使用或者导致建筑物倾倒。了解和掌握地基土体的应力和应力变化，是研究地基变形和稳定的基础。

依据产生的原因，土体的应力包括自重应力、建筑物荷载或其他外荷载（如地震）引起的附加应力。由土体本身有效重量产生的应力称为自重应力。由外荷载（静或动）在地基内部引起的应力称为附加应力。除了自重应力和附加应力，土体的应力还有孔隙水渗流作用引起的应力。

土体的应力有总应力和有效应力之分。有时候，求解土体的总应力比较简便，已知一点土体的总应力和孔隙水压强，可以应用有效应力方程得到有效应力。当然，已知有效应力和孔隙水压强，也可以应用有效应力方程得到总应力。

一般情况的土体应力计算，需要联合使用平衡微分方程、几何方程（位移和应变的关系，也称变形协调方程或变形连续性条件）和本构方程（应力与应变的关系）求解。在考虑孔隙水的渗流时，还需要耦合渗流方程一并求解。简单的问题，如自重作用下的垂直正应力求解，可以直接应用平衡方程求解。

本章先介绍土力学中应用的最简单的土体应力应变关系，即线性弹性本构关系，再介绍土体自重应力计算，然后介绍地基附加应力的弹性力学解析解。要计算地基附加应力，必须知道作用在地基上的荷载，所以在计算附加应力之前先介绍了基底压力的计算方法。本章需要熟练掌握土体自重应力的计算，熟练掌握基底压力的计算，了解地基附加应力的计算方法并能够熟练确定地基附加应力。了解并熟记土的线性弹性本构关系，理解并掌握应力历史和应力路径的概念、物理意义及其作用。

5.2　土体的应力应变关系

在材料力学中，我们知道当应力小于屈服应力时，金属材料的应力和应变之间满足胡克定律，也称为线弹性应力应变关系。材料的应力应变关系是材料自身物理性质的表现，是材料固有的属性，因此也称为本构关系。到目前为止，材料的应力应变本构关系还只能通过试验得到。与金属材料一样，土的应力和应变之间也有自己的关系，只是与金属材料不同。因为土是多相的散粒体材料，所以它的应力应变关系是非线性的。

土的应力应变关系也是通过试验得到的。一般是取土样，用压缩仪、三轴仪、平面应变仪、真三轴仪、空心扭转仪等进行试验，得出土的应力－应变试验曲线。由于这些试验都是在某种简化的应力状态条件下进行的，因而有一定的局限性。为了能够将试验结果应用于实际土体，通常是在试验的基础上提出某种数学模型，从而把特定条件下的试验结果推广到一般情况。这种数学模型，称为应力应变本构关系模型。近几十年来，学术界已经提出了许多的土体本构模型，包括弹性、弹塑性、黏弹性以及黏塑性等几大类，但大部分模型只能反映土的力学性质的某些方面或某一范围的性状。本节简单介绍土力学中有时会用到的最简单也是最基本的应力应变关系——线性弹性本构关系。

线性弹性本构模型是最简单的一种模型，它认为土在荷载作用下的应力－应变关系为线性关系，其数学表达式即广义胡克定律：

$$\begin{cases} \varepsilon_x = \dfrac{\sigma_x}{E} - \dfrac{\mu(\sigma_y + \sigma_z)}{E} \\ \varepsilon_y = \dfrac{\sigma_y}{E} - \dfrac{\mu(\sigma_x + \sigma_z)}{E} \\ \varepsilon_z = \dfrac{\sigma_z}{E} - \dfrac{\mu(\sigma_x + \sigma_y)}{E} \\ \gamma = \dfrac{\tau}{G} \end{cases} \tag{5-2-1}$$

式中　E，G——材料的变形模量和剪切模量。两者有如下关系：

$$G = \frac{E}{2(1+\mu)} \tag{5-2-2}$$

式中　μ——材料的泊松比。

在弹性理论中，还有一个常用的弹性常数，即弹性体积模量 K：

$$K = \frac{E}{3(1-2\mu)} \tag{5-2-3}$$

在各向均等应力 $p=\sigma_x=\sigma_y=\sigma_z$ 作用下，p 与体积应变 ε_v 之间存在着如下关系：

$$p = K\varepsilon_v \tag{5-2-4}$$

在研究某些土力学问题时，用 K 和 G 两个弹性常数代替 E 和 μ，有时会方便些。同时，K 和 G 也可通过试验直接测定，而 E 和 μ 值可利用下列公式，由 K、G 导出：

$$E = \frac{9KG}{3K+G} \tag{5-2-5}$$

$$\mu = \frac{3K-2G}{2(3K+G)} \tag{5-2-6}$$

该模型适用于土中应力较小的情况，也适用于土体应力和应变之间的增量关系，特别是当增量较小时。

上述公式中的 E、μ 和 K、G 都称为弹性系数，也叫本构模型参数，在线性弹性本构模型中，均取为常数。

5.3　土体的自重应力计算

土体在自身重量作用下产生的有效应力称为自重应力。大面积的水平地基可以被认为是半空间无限体，此时，当只有自重作用时，地基土层处于侧限应力状态。一般而言，土体在自重作用下已压缩稳定，不再引起土的变形（新沉积土或近期人工填土除外）。当然，含水量的变化会引起土体有效重量的变化，从而使土体自重应力发生变化。

一般的土体（指在任意荷载作用下的任意形状土体）的应力计算，需要联合应用平衡方程、变形协调方程和本构关系方程，甚至还要用到渗流方程。而半空间土层的应力状态比较简单，只需用平衡方程就可以求解得到自重应力分布。

5.3.1　天然土层自重作用下的垂直正应力

如图5－3－1所示的水平半空间无限面积的均质土层，其含水量为天然含水量（包括含水量为零，即干土），土体密度为ρ，无渗流作用，不考虑毛细作用的影响，求其自重作用下的垂直正应力分布。

这是一个简单的一维问题。沿z轴x、y平面上任意一点的变形条件完全相同，即每一点都只有垂直方向的变形，满足$\varepsilon_x=\varepsilon_y=0$，$\gamma_{xz}=\gamma_{yz}=\gamma_{xy}=0$且$\sigma_x=\sigma_y$，将上述条件代入土的平衡微分方程，并用$\sigma_{cz}$表示自重作用下的垂直正应力，则有

$$\frac{d\sigma_{cz}}{dz}-\rho g=0 \qquad (5-3-1)$$

满足边界条件$z=0$时，$\sigma_{cz}=0$。

解上面的方程可得

$$\sigma_{cz}=\rho gz \qquad (5-3-2)$$

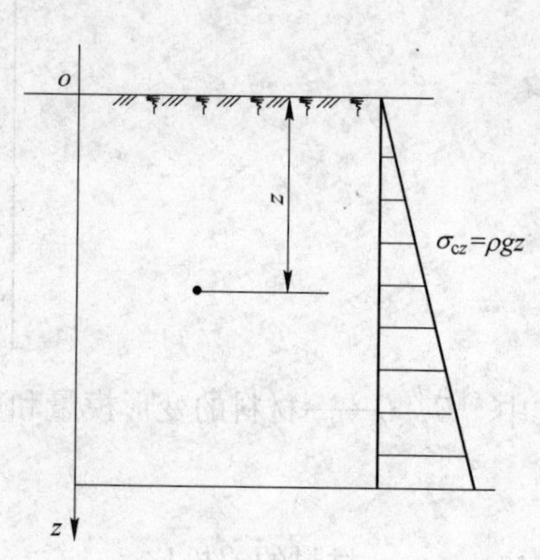

图5－3－1　均质土层在自重作用下的有效应力分布

结果表明，在深度z处的平面上，土体自重产生的垂直正应力等于单位面积上土柱的重力W，即土体重度乘以土柱高度。当地基为分层的均质土层时，可以通过分层加和得到垂直正应力。

5.3.2　饱和土层自重作用下的垂直正应力

水平半空间无限面积的均质土层，在水下完全饱和，无渗流作用，如图5－3－2所示。求其自重作用产生的垂直正应力。

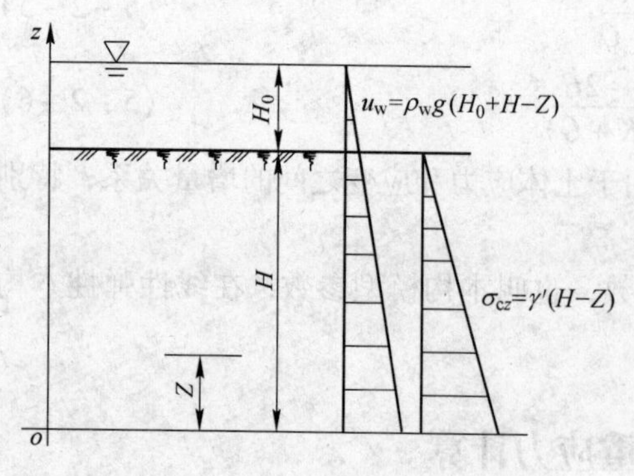

图5－3－2　静水下饱和土层的孔隙水压强与有效应力分布

任意取定直角坐标系，由孔隙水的平衡微分方程有

$$\frac{\partial u_w}{\partial z}=-\rho_w g \qquad (5-3-3)$$

边界条件为$Z=H_0+H$时，$u_w=0$。

由此解得孔隙水压强分布为

$$u_w=\rho_w g(H_0+H-Z) \qquad (5-3-4)$$

由有效应力表示的土的平衡微分方程有

$$\frac{\partial(\sigma_{cz}+u_w)}{\partial z}=-\rho_w g \qquad (5-3-5)$$

边界条件为$Z=H$时，$u_w=\rho_w gH_0$，$\sigma_{cz}=0$。

由此解得

$$\sigma_{cz}=\rho_m g(H-Z)-\rho_w g(H-Z)=\gamma'(H-Z) \tag{5-3-6}$$

式中 γ'——土的浮重度。

不用有效应力平衡微分方程求解，而改用直接求解总应力，再用有效应力方程得到有效应力，可以获得同样的结果。说明如下：

土层中任意一点，由总应力平衡微分方程和边界条件可得

$$\sigma_{tz}=\rho_w g H_0+\rho_m g(H-Z) \tag{5-3-7}$$

应用有效应力方程，有

$$\sigma_{cz}=\sigma_{tz}-u_w=(\rho_m-\rho_w)g(H-Z)=\gamma'(H-Z) \tag{5-3-8}$$

上述结果表明，在深度 z 处的平面上，土体自重应力等于单位面积上土柱的有效重力 W，即浮重度乘以土柱高度。而孔隙水压强则等于水深乘以水的容重。

自重应力随深度 z 线性增加，呈三角形分布（见图 5-3-3），并且在任何一个水平面上，其自重应力大小相等。地基为成层土体时（见图 5-3-4），假设各土层的厚度为 h_1、h_2、…、h_n，容重为 γ_1、γ_2、…、γ_n，则地基中的第 n 层土底面处的竖向自重应力为

$$\sigma_{cz}=\gamma_1 h_1+\gamma_2 h_2+\gamma_3 h_3+\cdots+\gamma_n h_n=\sum_{i=1}^{n}\gamma_i h_i \tag{5-3-9}$$

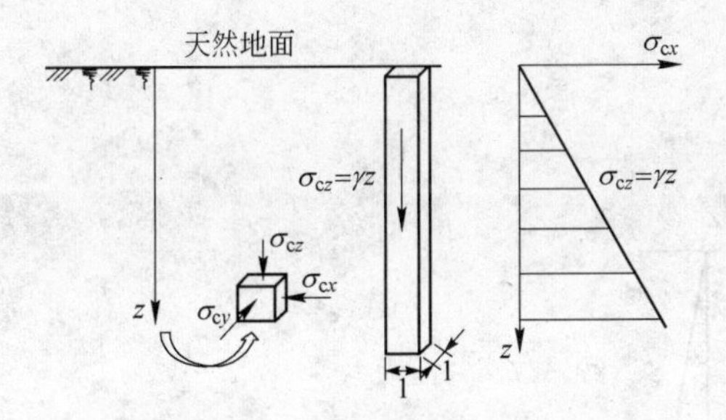

图 5-3-3 土的自重应力计算

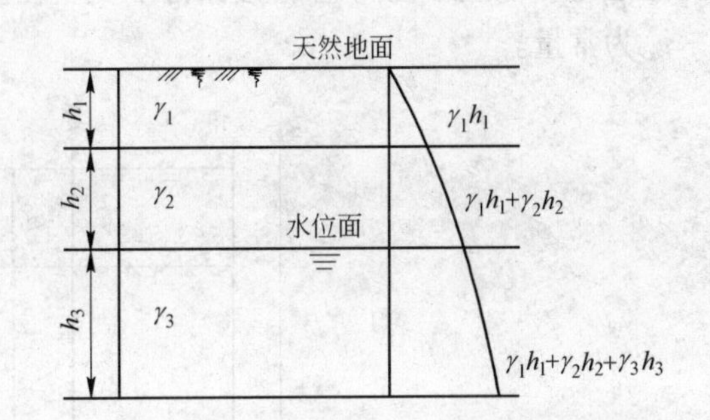

图 5-3-4 多层土中的自重应力

【例 5-1】 某地基是由多层土组成，地质剖面如图 5-3-5 所示，试计算并绘制自重产生的垂直正应力 σ_{cz} 沿深度的分布图。

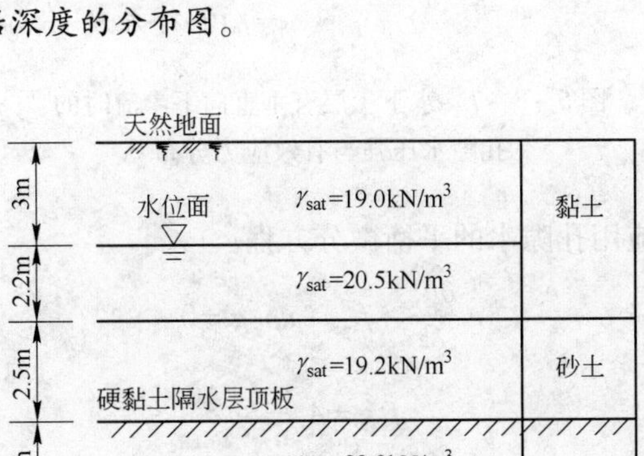

图 5-3-5 例 5-1 地质剖面图

【解】在地基中分别取 A、B、C、D 和 E 五点进行自重应力计算，如图 5－3－6 所示，计算过程为：

A 点：$\sigma_{czA}=0$

B 点：$\sigma_{czB}=\gamma_B h_B=19\text{kN/m}^3\times3\text{m}=57.0\text{kPa}$

C 点：$\sigma_{czC}=\gamma_B h_B+\gamma'_C h_C=19\text{kN/m}^3\times3\text{m}+(20.5-10)\text{kN/m}^3\times2.2\text{m}=80.1\text{kPa}$

D 点上：$\sigma_{czD上}=\gamma_B h_B+\gamma'_C h_C+\gamma'_{D上}h_D=80.1\text{kPa}+(19.2-10)\text{kN/m}^3\times2.5\text{m}=103.1\text{kPa}$

D 点下：$\sigma_{czD下}=\gamma_B h_B+\gamma'_C h_C+\gamma_{satD下}h_D=80.1\text{kPa}+19.2\text{kN/m}^3\times2.5\text{m}=150.1\text{kPa}$

E 点：$\sigma_{czE}=\gamma_B h_B=\gamma'_C h_C+\gamma_{satD下}h_D+\gamma_{satE}h_E=150.1\text{kPa}+22\text{kN/m}^3\times2\text{m}=194.1\text{kPa}$

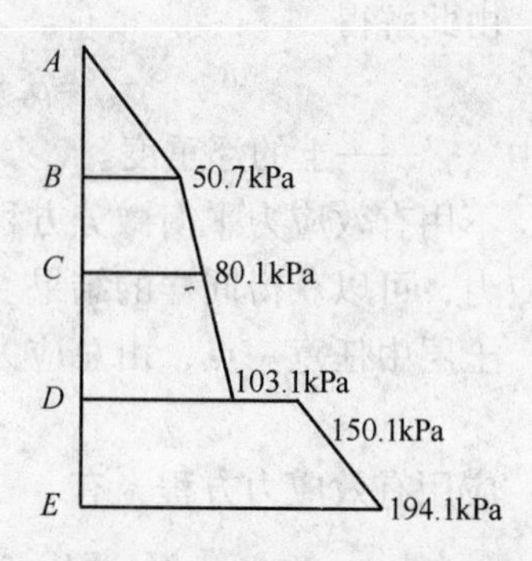

图 5－3－6 例 5－1 自重应力沿深度分布图

5.3.3 饱和土层在渗流和自重共同作用下的垂直正应力

这里只讨论饱和土层受垂直向上渗流和垂直向下渗流作用的情况。

如图 5－3－7 所示，半空间无限均质土层，在 $Z=0$ 处，$u_w=0$，稳定渗流垂直向下。土层地面以上水位高 H_0，且保持不变。在上述给定条件下，土层中孔隙水流速 $v_x=v_y=0$，v_z 为常量。

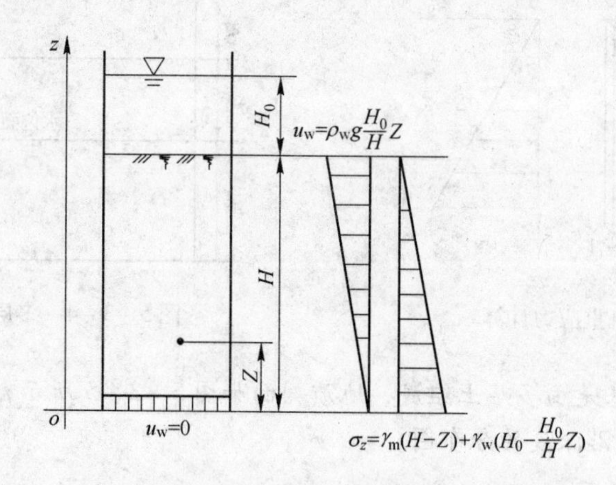

图 5－3－7 水下土层有垂直向下渗流时的孔隙水压强与有效应力分布

在均质土体条件下应用孔隙水的平衡微分方程：

$$n\frac{\partial u_w}{\partial z}+f_{swz}+n\rho_w g=0 \tag{5-3-10}$$

$$f_{swz}=A\frac{v_z}{n}$$

因为在给定条件下 A、v_z、n 均为常量，于是由上述两式可得

$$\frac{\partial(u_w+\rho_w gz)}{\partial z}=c \tag{5-3-11}$$

式中，c 为常量。边界条件为：在 $Z=0$ 处，$u_{w}=0$；$Z=H$ 处，$u_{w}=\gamma_{w}H_{0}$。

由此解上面的方程可得

$$u_{w}=\rho_{w}g\frac{H_{0}}{H}Z \tag{5-3-12}$$

由有效应力表示的平衡微分方程为

$$\frac{\partial(\sigma_{z}+u_{w})}{\partial z}=-\gamma_{m} \tag{5-3-13}$$

边界条件为：在 $Z=H$ 处，$u_{w}=\gamma_{w}H_{0}$，$\sigma_{z}=0$。

由此解得

$$\sigma_{z}=\gamma_{m}(H-Z)+\gamma_{w}\left(H_{0}-\frac{H_{0}}{H}Z\right) \tag{5-3-14}$$

同样也可先求总应力，再用总应力减去孔隙水压强得到有效应力。此时垂直方向总应力为

$$\sigma_{tz}=\gamma_{w}H_{0}+\gamma_{m}(H-Z) \tag{5-3-15}$$

于是有

$$\begin{aligned}\sigma_{z}&=\sigma_{tz}-u_{w}=\gamma_{w}H_{0}+\gamma_{m}(H-Z)-\gamma_{w}\frac{H_{0}}{H}Z\\&=\gamma_{m}(H-Z)+\gamma_{w}\left(H_{0}-\frac{H_{0}}{H}Z\right)\end{aligned} \tag{5-3-16}$$

如图 5-3-8 所示，半空间无限均质土层，稳定渗流垂直向上。在 $Z=0$ 处测得的总水势水头恒为 $H_{0}+H$，即 $u_{w}=\gamma_{w}(H_{0}+H)$；在 $Z=H$ 处，总水势水头为 H_{0}，即 $u_{w}=0$。

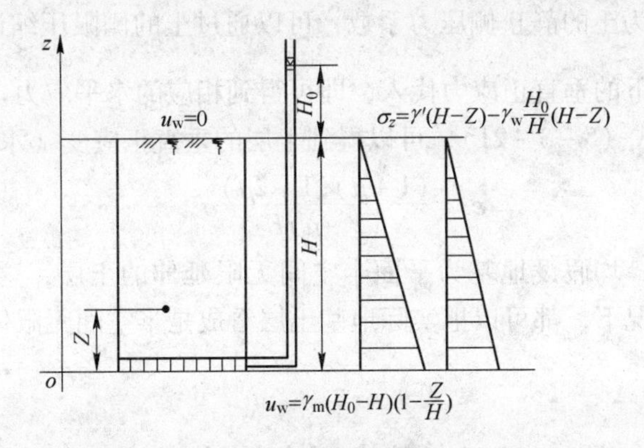

图 5-3-8　水下土层有垂直向上渗流时的孔隙水压强与有效应力分布

同上面的问题一样，应用孔隙水平衡微分方程有

$$\frac{\partial(u_{w}+\rho_{w}gz)}{\partial z}=c \tag{5-3-17}$$

边界条件为：$Z=H$ 处，$u_{w}=0$；$Z=0$ 处，$u_{w}=\gamma_{w}(H_{0}+H)$。

由此解得

$$u_w = \gamma_w (H_0 + H)\left(1 - \frac{Z}{H}\right) \tag{5-3-18}$$

于是，可以由总应力

$$\sigma_{tz} = \gamma_m (H - Z) \tag{5-3-19}$$

再应用有效应力方程可得

$$\sigma_z = \sigma_{tz} - u_w = \gamma_m (H - Z) - \gamma_w (H_0 + H)\left(1 - \frac{Z}{H}\right) \tag{5-3-20}$$

$$= \gamma'(H - Z) - \gamma_w \frac{H_0}{H}(H - Z)$$

土层中孔隙水压强和有效应力的分布如图 5-3-8 所示。

5.3.4 自重产生的水平正应力

前面分析了均质半空间无限土层在自重作用下产生的垂直正应力，因为是侧限应力状态，所以 $\varepsilon_x = \varepsilon_y = 0$，$\gamma_{xz} = \gamma_{yz} = \gamma_{xy} = 0$ 且 $\sigma_{cx} = \sigma_{cy}$，由此可以得到相应的水平正应力。

对土骨架引入线弹性应力应变关系，有

$$\left.\begin{aligned} \varepsilon_x &= \frac{1}{E}[\sigma_{cx} - \mu(\sigma_{cx} + \sigma_{cz})] \\ \varepsilon_z &= \frac{1}{E}(\sigma_{cz} - 2\mu\sigma_{cx}) \end{aligned}\right\} \tag{5-3-21}$$

由 $\varepsilon_x = 0$，可得

$$\sigma_{cx} = \frac{\mu}{1-\mu}\sigma_{cz} = K_0 \sigma_{cz} \tag{5-3-22}$$

式中，$K_0 = \dfrac{\mu}{1-\mu}$，称为土的静止侧压力系数，可以通过土的侧限压缩试验测得，详见第 8 章。将前面各种情况下的垂直正应力代入，即可得到相应的水平应力。

将 σ_{cx}、σ_{cz} 代入式（5-3-21），可以得到土层的垂直正应变（水平应变为零）为

$$\varepsilon_z = \frac{(1+\mu)(1-2\mu)}{(1-\mu)E}\sigma_{cz} \tag{5-3-23}$$

上述计算实例中，均假设地基为平面半空间无限延伸的土层，这当然是理想化的情况。但是在大多数情况下，都可以把实际地基土层看成是半空间无限体，近似估算其自重应力。

5.4 基底压力的计算

前面讲述的自重应力计算，荷载明确，计算也比较简单。除了自重荷载之外，地基土层还会受到在它上面的建筑物的作用。这些建筑物把所受到的各种力通过其基础传给地基，使地基产生应力和变形。因为基础和地基的接触面一般不能承受拉力，所以基础传给地基的一般都是压力。建筑物通过基础底面传给地基表面的压力称为基底压力，由此在地基内产生的应力称为地基附加应力。基底压力是计算地基附加应力的外荷载。要计算地基中的附加应力，必须首先了解基底压力的大小和分布规律。

基底压力计算一般采用简化方法，即按材料力学公式计算：在中心荷载作用下，假定基底压力为均匀分布；在偏心荷载作用下，假定基底压力为直线变化。

5.4.1 基底压力的分布

基底压力分布涉及上部结构、基础和地基土的共同作用，是一个十分复杂的问题，在用数值方法求解时，可以把上部结构物、基础和地基整体作为结构和土的相互作用问题。简化分析时，一般将其看做是弹性理论中的接触压力问题。试验和理论研究表明，基底压力分布与基础大小、刚度、形状、埋深、地基土的性质以及作用于基础上的荷载大小、分布和性质等许多因素有关。在理论分析中要综合考虑所有因素是十分困难的，一般在弹性理论分析中主要研究不同刚度的基础在弹性半空间体表面的基底压力分布问题。

5.4.1.1 刚性很小的基础和柔性基础

如果基础的抗弯刚度 $EI=0$，则这种基础相当于绝对柔性基础，好像放置于地基上的柔性薄膜，能随地基发生相同的变形，且基底压力大小和分布状况与作用在基础上的荷载大小和分布状况相同，如图 5－4－1（a）所示。实际工程中可以把柔性较大（刚度较小）、能适应地基变形的基础看成是柔性基础，如土坝或路堤，可近似认为其本身不传递剪力，自身重力引起的基底压力分布服从文克尔（Winkler）假定，基底压力与该点的地基沉降变形成正比，故其分布与荷载分布相同，如图 5－4－1（b）所示。

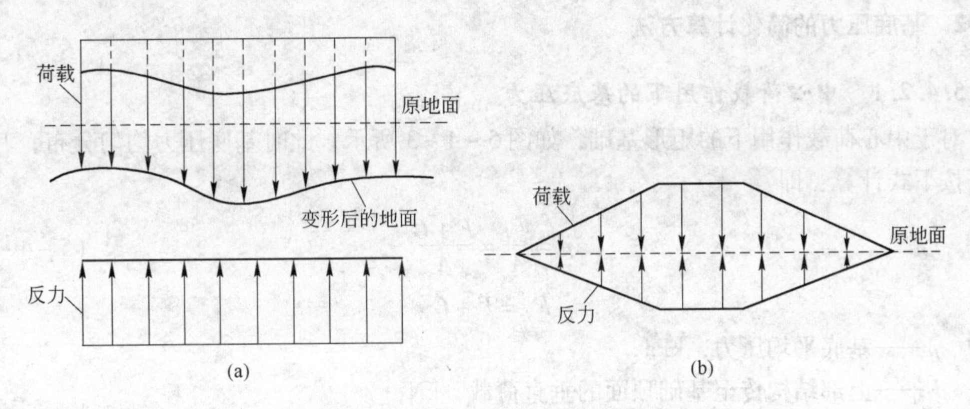

图 5－4－1　柔性基础底面接触应力分布图

（a）理想柔性基础；（b）路堤下的基底压力

5.4.1.2 刚性基础

刚度很大，$EI\to\infty$，不能适应地基变形的基础可视为刚性基础，建筑工程中的墩式基础、箱形基础，水利工程中的水闸基础、混凝土坝等可看做刚性基础。刚性基础的基底压力分布因上部荷载的大小、基础的埋深和土的性质而异。如黏性土表面上的条形基础，其基底压力分布呈中间小边缘大的马鞍形，如图 5－4－2（b）所示。随荷载增加，基底压力分布呈中间大边缘小的形状，如图 5－4－2（c）所示。又如砂土地基表面上的条形刚性基础，由于受到中心荷载作用，基底压力分布呈抛物线分布，随着荷载的增加，基底压力分布的抛物线的曲率也逐渐增大，如图 5－4－2（d）所示。这主要是散状砂土颗粒的侧向移动导致边缘压力向中部转移而形成的。

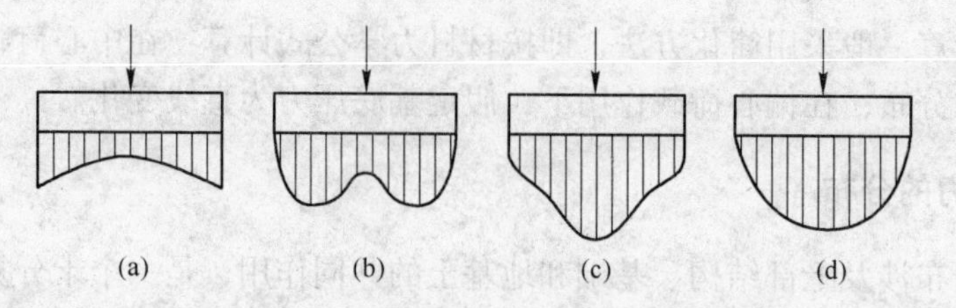

图5－4－2　刚性基础底面接触应力分布图

(a) 弹性理论解；(b) 马鞍形；(c) 钟形；(d) 抛物线形

从上述讨论中可见，基底压力的分布是比较复杂的，按直线简化法计算基底压力和实际基底压力的分布也是有区别的。但是一般情况下，工程中的建筑物是介于绝对刚性基础和绝对柔性基础之间的。作用在基础上的荷载，由于不能超过地基的承载力，因此一般不会太大，且由于基础还有一定的埋深，所以基底压力分布大多数情况下是马鞍形分布，比较接近基底压力为直线分布的假定。按材料力学计算公式，并根据弹性理论中的圣维南原理以及从土中应力实际量测的结果可知：当作用在基础上的荷载总值一定时，基底压力分布的形状对土中应力分布的影响只在一定深度范围内。一般距基底的深度超过基础宽度的1.5～2.0倍时，它的影响已不显著。因此，对于土中应力的计算，基底压力可以采用简化的直线假设。

5.4.2　基底压力的简化计算方法

5.4.2.1　中心荷载作用下的基底压力

对于中心荷载作用下的矩形基础，如图5－4－3所示，此时基底压力均匀分布，其数值可按下式计算，即

$$p=\frac{F_{V}}{A}=\frac{F+G}{A} \tag{5-4-1}$$

$$F_{V}=F+G$$

式中　p——基底平均压力，kPa；

F——上部结构传至基础顶面的垂直荷载，kN；

G——基础自重与台阶上的土重力之和，kN，一般取 $\gamma_{G}=20\text{kN/m}^3$ 计算；

A——基础底面积，$A=lb$，m^2。

对于条形基础（$l\geqslant 10b$），则沿长度方向取1m来计算。此时上式中的 F、G 为基础截条内的相应值（kN/m）。

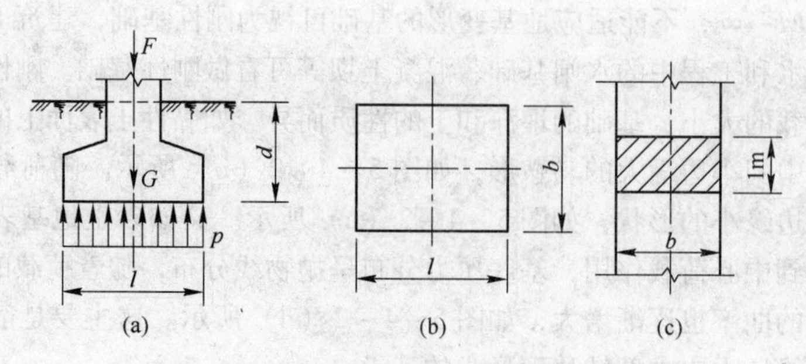

图5－4－3　中心荷载作用下基底压力的计算

5.4.2.2 偏心荷载作用下的基底压力

A 单向偏心荷载作用下的矩形基础

当偏心荷载作用于矩形基底的一个主轴上时，称为单向偏心荷载，如图5－4－4所示，基底的边缘压力可按下式计算，即

$$\left.\begin{matrix} p_{max} \\ p_{min} \end{matrix}\right\} = \frac{F_V}{A} \pm \frac{M}{W} = \frac{F+G}{bl}\left(1 \pm \frac{6e}{l}\right) \tag{5-4-2}$$

式中 p_{max}——基底边缘最大压力，kPa；

p_{min}——基底边缘最小压力，kPa；

M——作用于基底的力矩，$M=(F+G)e$，kN·m；

W——基底抵抗矩，$W=\frac{1}{6}bl^2$，m^3；

l——力矩作用平面内的基础底面边长，m；

b——垂直力矩作用平面的基础底面边长，m；

e——荷载偏心矩，m。

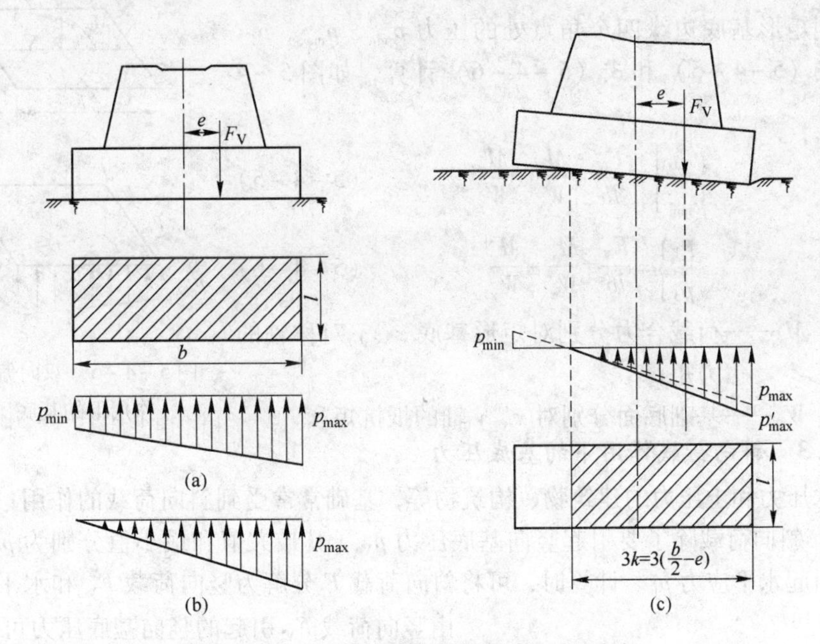

图5－4－4 偏心荷载作用下基底压力分布

(a) $0<e<b/6$；(b) $e=b/6$；(c) $e>b/6$

由式（5－4－2）可知：

当$0<e<b/6$时，基底压力分布图呈梯形，如图5－4－4（a）所示。

当$e=b/6$时，基底压力分布图呈三角形，如图5－4－4（b）所示。

当$e>b/6$时，按式（5－4－2）计算结果，距偏心荷载较远的基底边缘反力为负值，即$p_{min}<0$，由于基底与地基局部脱开，而地基土及接触面不能承受拉应力，故基底压力进行应力重分布。根据外荷载应满足F_V与基底反力合力大小相等、方向相反并作用在一条直线上的平衡条件，可得出边缘的最大压力p'_{max}为

$$p'_{max} = \frac{2F_V}{3\left(\frac{b}{2}-e\right)l} = \frac{2F_V}{3kl} \tag{5-4-3}$$

式中　k——单向偏心作用点至具有最大压力的基底边缘的距离，$k=\frac{b}{2}-e$。

对于荷载沿长度方向均匀分布的条形基础，F、G 分别对应取单位长度内的相应值，基础宽度为 b，基础长度取单位长度，则基底压力为

$$\left.\begin{matrix} p_{max} \\ p_{min} \end{matrix}\right\} = \frac{F_V}{b}\left(1 \pm \frac{6e}{b}\right) \tag{5-4-4}$$

需要注意的是：为了减少因地基应力不均匀引起过大的不均匀沉降，在实际工程中，通常要求 $p_{max}/p_{min} \leqslant (1.5 \sim 3.0)$，对于压缩性大的黏性土应采用小值，对于压缩性小的无黏性土可采用大值。当计算得到 $p_{min}<0$ 时，一般应调整结构设计和基础尺寸，以尽量避免基底边缘反力为负值的情况。

B　双向偏心荷载作用下的矩形基础

矩形基础在双向偏心荷载作用下，如基底最小压力 $p_{min} \geqslant 0$，则矩形基底边缘四个角点处的压力 p_{min}、p_{max}、p_1、p_2，可按式（5-4-5）和式（5-4-6）计算，如图 5-4-5 所示。

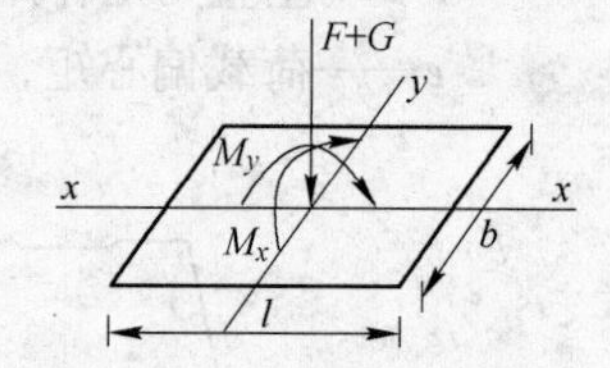

图 5-4-5　双向偏心荷载作用下的基底压力

$$\left.\begin{matrix} p_{max} \\ p_{min} \end{matrix}\right\} = \frac{F_V}{lb} \pm \frac{M_x}{W_x} \pm \frac{M_y}{W_y} \tag{5-4-5}$$

$$\left.\begin{matrix} p_1 \\ p_2 \end{matrix}\right\} = \frac{F_V}{lb} \mp \frac{M_x}{W_x} \pm \frac{M_y}{W_y} \tag{5-4-6}$$

式中　M_x，M_y——荷载合力分别对矩形基底 x、y 对称轴的力矩；

W_x，W_y——基础底面分别对 x、y 轴的抵抗矩。

5.4.2.3　斜向荷载作用下的基底压力

承受水压力和土压力的建筑物、构筑物等，基础常常受到斜向荷载的作用，如图 5-4-6 所示。斜向荷载除了要引起竖向基底压力 p_V（其最大值和最小值分别为 p_{max}、p_{min}）外，还会引起水平应力 p_h。计算时，可将斜向荷载 F 分解为竖向荷载 F_V 和水平荷载 F_h。

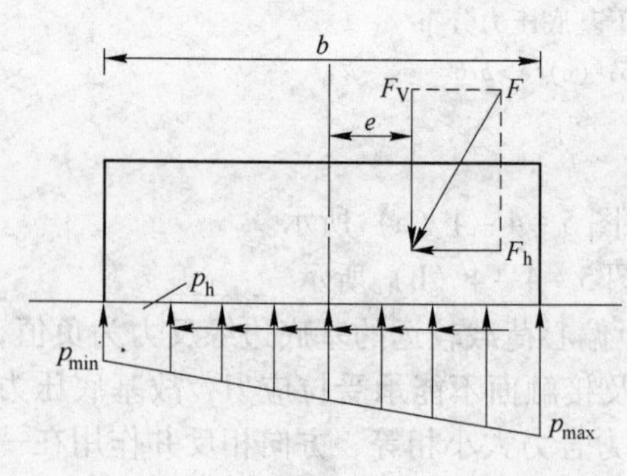

图 5-4-6　斜向荷载作用下的基底压力

由竖向荷载 F_V 引起的竖向基底压力可按上述方法计算，而由水平荷载 F_h 引起的基底水平应力 p_h，一般假定其均匀分布于整个基础底面。则对于矩形基础，基底水平应力为

$$p_h = \frac{F_h}{A} = \frac{F_h}{bl} \tag{5-4-7}$$

对于条形基础，取 $l=1\text{m}$，则

$$p_h = \frac{F_h}{b} \tag{5-4-8}$$

5.4.3 基底附加压力（基底净压力）的计算

建筑物建造前，地基土的自重应力已经存在，一般的天然地基在自重应力作用下的地基变形也早已完成，只有建筑物的荷载在地基土中产生的附加应力才能导致地基发生新的变形。建筑物的荷载通过基础传给地基，作用在基础底面的压力与基础底面处原来的土中自重应力之差称为基底附加压力，如图 5-4-7 所示，它是引起地基土内附加应力及其变形的直接因素。

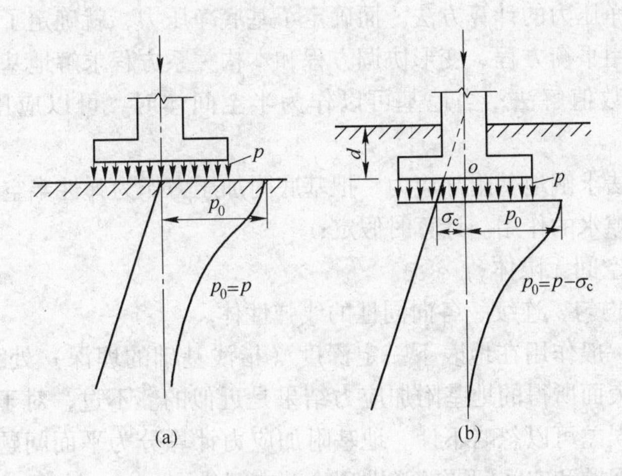

图 5-4-7 基底附加压力的计算图示

（a）当基础无埋深时；（b）当基础有埋深时

（1）当基础在地面上无埋深时，如图 5-4-7（a）所示，此时基础底面（地基顶面）平均附加压力 p_0 即为基础底面接触压力 p：

$$p_0=p \tag{5-4-9}$$

（2）实际工程中，基础总是埋置在天然地面下的一定深度，该处原有的自重应力由于基坑开挖而卸除，因此在建筑物建造后的基底压力应扣除基底标高处原有土的自重应力后，才是基础底面真正施加于地基的压力——基底附加应力或基底净压力。

当基底压力 p 均匀分布时，有

$$p_0=p-\sigma_c=p-\gamma_0 d \tag{5-4-10}$$

式中 p_0——基础底面的平均附加压力，kPa；

p——基础底面的平均接触压力，kPa；

σ_c——基底处的自重应力，kPa；

d——基础埋深，m；

γ_0——基础底面以上各土层的加权平均重度，$\gamma_0=\sum\gamma_i h_i/\sum h_i$，kN/m^3。

由于计算基底自重应力时假定地基为半无限空间体，而基坑开挖的卸荷是局部的，因而上述的基底附加应力的计算结果是近似的。另外，当基坑的平面尺寸较大或深度较深时，基坑底将发生明显的回弹，且基坑中点的回弹大于边缘点，这在沉降计算中应加以考虑。一个近似的方法是修正基底附加压力，即通常将 σ_c 前乘以一个修正系数 α，但 α 的精确取值十分困难，一般可根据经验取 $\alpha=0\sim1$。修正后基底附加压力 p_0 为 $p_0=p-(0\sim1)\sigma_c$。

从式（5-4-10）中可以看出，若基底压力 p 不变，埋深越大则基底附加应力越小。利用这一特点，当工程上遇到地基承载力较小时，为减少建筑物的沉降，可适当增大基础埋深，以使基底附加应力减小。

5.5 地基附加应力计算

地基中的附加应力是建筑物、构筑物等外荷载在地基中产生的应力增量。前一节介绍了基底压力和基底净压力的计算方法。而确定了基底净压力，就确定了地基表面的新增荷载，于是就可以应用平衡方程、变形协调方程和本构关系方程求解地基中的附加应力。一般的问题，需要用数值解法；当地基可以作为半空间体时，可以应用弹性理论得到解析解。

用弹性力学方法求解地基附加应力，把基底附加压力作为弹性半空间地基表面上的局部荷载，不考虑孔隙水的作用。计算时假定：

（1）地基是半空间无限体；

（2）地基土是均匀、连续、各向同性的线弹性体。

基底附加压力一般作用在地表下一定深度（指浅基础的埋深）处，因此，假设它作用在半空间无限体表面所得的地基附加应力结果是近似的。不过，对于一般浅基础来说，这种假设所造成的误差可以忽略不计。地基附加应力计算分为平面问题和空间问题两类，以下分别介绍平面问题和空间问题的弹性理论基本解。

5.5.1 平面问题的地基附加应力计算

设在地基表面作用有无限长的条形荷载，荷载沿宽度方向可以是任意的，但沿着长度方向不变，且是均匀分布的，即荷载的分布形式在每个断面上都是一样的，因此只需研究任意一个横截面上的应力分布即可。这类问题称为平面问题。

在实际工程中，没有无限长的受荷面积，不过当荷载作用面积的长宽比很大，如矩形面积，当 $l/d \geqslant 10$ 时，按实际计算与按 $l/d \to \infty$ 计算出的地基中的附加应力相比误差很小。工程中将矩形面积 $l/d \geqslant 10$ 时的基础称为条形基础，如房屋的墙基、挡土墙基础、路基、坝基等均属于条形基础，可按平面问题考虑。下面介绍这一平面问题基本解——Flamant 解。

在半无限空间弹性体的表面，作用在一条无限长直线上的均布荷载称为线荷载，如图 5-5-1 所示。

在线荷载作用下，地基中的附加应力状态属于平面问题。只要确定了 xoz 平面内的应力状态，其他垂直于 y 轴平面上的应力状态都相同。这种情况的应力解答是由 Flamant 于 1892 年首先给出，故称为 Flamant 解。它是弹性力学中的一个基本解。

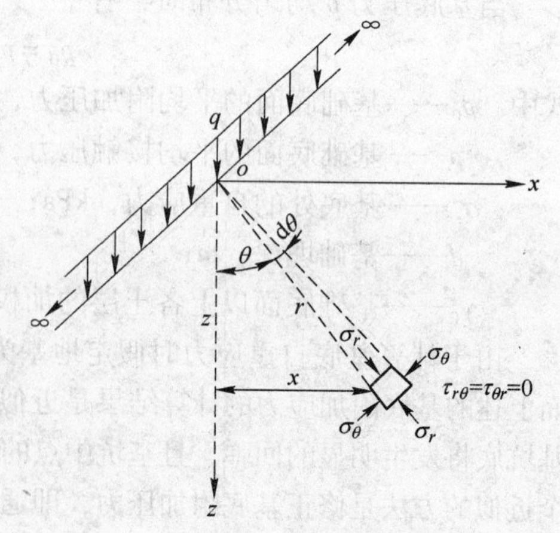

图 5-5-1 竖直线荷载作用下的应力状态

采用极坐标时，Flamant 解为

$$\begin{cases}\sigma_r = \dfrac{2q}{\pi z}\cos^2\theta \\ \sigma_\theta = 0 \\ \tau_{r\theta} = \tau_{\theta r} = 0\end{cases} \tag{5-5-1}$$

若采用直角坐标系，可根据弹性力学中的坐标变化公式，即

$$\begin{cases}\sigma_z = \sigma_r\cos^2\theta + \sigma_\theta\sin^2\theta + \tau_{r\theta}\sin2\theta \\ \sigma_x = \sigma_r\sin^2\theta + \sigma_\theta\cos^2\theta - \tau_{r\theta}\sin2\theta \\ \tau_{xz} = \tau_{zx} = \dfrac{1}{2}(\sigma_r - \sigma_\theta)\sin2\theta - \tau_{r\theta}\cos2\theta\end{cases} \tag{5-5-2}$$

将式（5-5-1）代入式（5-5-2），可得在直角坐标系下的 Flamant 基本解为

$$\begin{cases}\sigma_z = \dfrac{2q}{\pi z}\cos^4\theta \\ \sigma_x = \dfrac{2q}{\pi z}\cos^2\theta\sin^2\theta \\ \tau_{xz} = \tau_{zx} = \dfrac{2q}{\pi z}\cos^3\sin\theta\end{cases} \tag{5-5-3}$$

在地基基础工程上，最重要的附加应力分量是竖向附加应力 σ_z。由图 5-5-1 可知，$\cos\theta = \dfrac{z}{\sqrt{x^2+z^2}}$，代入式（5-5-3），可得

$$\sigma_z = \frac{2}{\pi}\left[\frac{1}{1+(x/z)^2}\right]^2\frac{q}{z} \tag{5-5-4}$$

令

$$\alpha_1 = \frac{2}{\pi}\left[\frac{1}{1+(x/z)^2}\right]^2 \tag{5-5-5}$$

则

$$\sigma_z = \alpha_1\frac{q}{z} \tag{5-5-6}$$

式中 σ_z——地基中某点的竖向附加应力，kPa；
α_1——线荷载作用下的竖向附加应力系数；
q——线荷载集度，kN/m；
z——计算点至地表的垂直深度，m。

5.5.2 空间问题的地基附加应力计算

在半无限空间弹性体的表面，作用一竖向集中力，如图 5-5-2 所示。在集中力作用下，地基中的附加应力状态属于空间问题。这种情况的应力解答由 J. V. Boussinesq 于 1885 年首先给出，故称为 Boussinesq 解。它是弹性力学中的另一个基本解。

采用极坐标时，Boussinesq 解为

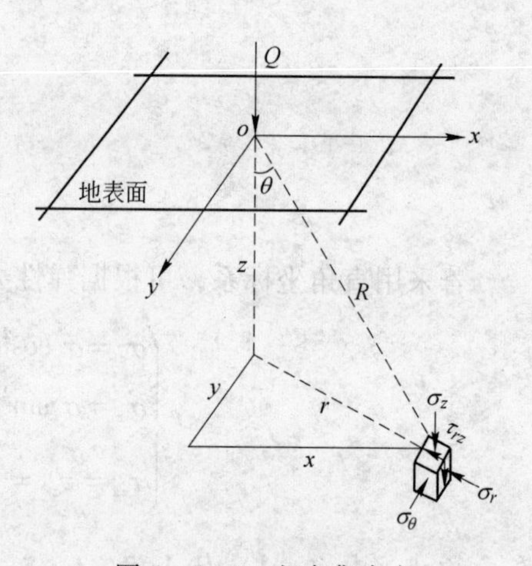

图 5－5－2　竖向集中力作用下的应力状态

$$
\begin{cases}
\sigma_z = \dfrac{3Q}{2\pi z^2}\cos^5\theta \\
\sigma_r = \dfrac{Q}{2\pi z^2}\left[3\sin^2\theta\cos^2\theta - \dfrac{(1-2\mu)\cos^2\theta}{1+\cos\theta}\right] \\
\sigma_\theta = -\dfrac{Q}{2\pi z^2}(1-2\mu)\left(\cos^3\theta - \dfrac{\cos^2\theta}{1+\cos\theta}\right) \\
\tau_{rz} = \dfrac{3Q}{2\pi z^2}\sin\theta\cos^4\theta \\
\tau_{r\theta} = \tau_{\theta r} = 0 \\
\tau_{z\theta} = \tau_{\theta z} = 0
\end{cases}
\tag{5-5-7}
$$

式中　σ_z——竖向附加应力，kPa；

σ_r——径向附加应力，kPa；

σ_θ——切向附加应力，kPa；

$\tau_{rz},\tau_{z\theta},\tau_{r\theta}$——附加剪应力，kPa；

Q——竖向集中力，kN；

μ——泊松比。

同样，最重要的附加应力分量是竖向附加应力 σ_z。由图 5－5－2 可知，$\cos\theta = \dfrac{z}{R} = \dfrac{z}{\sqrt{r^2+z^2}}$，代入式（5－5－7），可得

$$\sigma_z = \frac{3}{2\pi[1+(r/z)^2]^{5/2}}\frac{Q}{z^2} \tag{5-5-8}$$

令

$$\alpha_Q = \frac{3}{2\pi[1+(r/z)^2]^{5/2}} \tag{5-5-9}$$

则

$$\sigma_z = \alpha_Q\frac{Q}{z^2} \tag{5-5-10}$$

式中　α_Q——集中荷载作用下的竖向附加应力系数；

z——计算点至地表的垂直深度，m；

其他符号意义同前。

在实际工程中，是没有集中力的，荷载一般都有一定的分布。当计算点的 r 值远大于分布荷载边界最大尺寸时，可将分布荷载用一集中力代替来计算竖向附加应力。这样虽然有一定误差，但也是工程所允许的。其过程是先根据计算点的 r 和 z 值，由式（5－5－9）计算出 α_Q 值或根据 r/z 值查表 5－5－1 得 α_Q 值，再代入式（5－5－10）中计算。

表 5-5-1　集中荷载作用下的竖向附加应力系数 α_Q 值

r/z	α_Q	r/z	α_Q	r/z	α_Q	r/z	α_Q	r/z	α_Q
0.00	0.4775	0.50	0.2733	1.00	0.0844	1.50	0.0251	2.00	0.0085
0.05	0.4745	0.55	0.2466	1.05	0.0744	1.55	0.0224	2.20	0.0058
0.10	0.4657	0.60	0.2214	1.10	0.0658	1.60	0.0200	2.40	0.0040
0.15	0.4516	0.65	0.1978	1.15	0.0581	1.65	0.0179	2.60	0.0029
0.20	0.4329	0.70	0.1762	1.20	0.0513	1.70	0.0160	2.80	0.0021
0.25	0.4103	0.75	0.1565	1.25	0.0454	1.75	0.0144	3.00	0.0015
0.30	0.3849	0.80	0.1386	1.30	0.0402	1.80	0.0129	3.50	0.0007
0.35	0.3577	0.85	0.1226	1.35	0.0357	1.85	0.0116	4.00	0.0004
0.40	0.3294	0.90	0.1083	1.40	0.0317	1.90	0.0105	4.50	0.0002
0.45	0.3011	0.95	0.0956	1.45	0.0282	1.95	0.0095	5.00	0.0001

【例 5-2】在地表面作用有集中力 $Q=200\text{kN}$，试确定地面下深度 $z=3\text{m}$ 处水平面上的竖向附加应力 σ_z 的分布，以及距 Q 的作用点 $r=1\text{m}$ 处竖向附加应力 σ_z 的分布。

【解】各点的竖向附加应力 σ_z 可按式（5-5-10）计算，计算结果列于表 5-5-2 和表 5-5-3 中，同时可绘出 σ_z 的分布，如图 5-5-3 所示。

表 5-5-2　$z=3\text{m}$ 处水平面上竖向附加应力 σ_z 计算

r/m	0	1.0	2.0	3.0	4.0	5.0
r/z	0	0.33	0.67	1.0	1.33	1.67
α_Q	0.478	0.369	0.189	0.084	0.038	0.017
σ_z/kPa	10.6	8.2	4.2	1.9	0.8	0.4

表 5-5-3　$r=1\text{m}$ 处竖向附加应力 σ_z 计算

z/m	0	1.0	2.0	3.0	4.0	5.0	6.0
r/z	∞	1.0	0.5	0.33	0.25	0.20	0.17
α_Q	0	0.084	0.273	0.369	0.410	0.433	0.444
σ_z/kPa	0	16.8	13.7	8.2	5.1	3.5	2.5

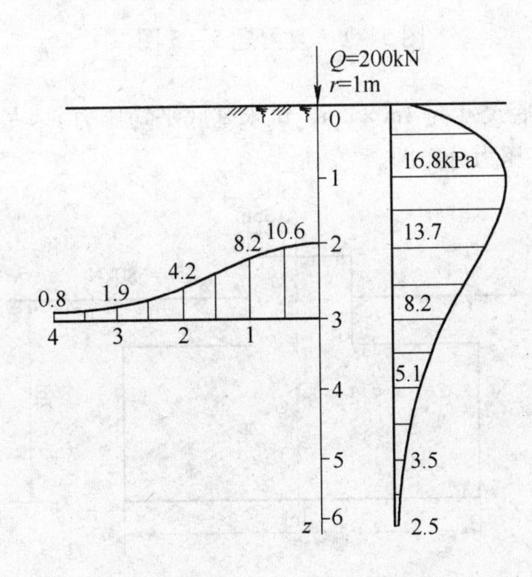

图 5-5-3　集中荷载作用下土中竖向附加应力分布

计算结果表明，在半无限体内任一水平面上，随着与集中力作用点距离的增大，σ_z值迅速地减小。在不通过集中力作用点的任一竖向剖面上，σ_z的分布特点是：在半无限体表面处，$\sigma_z=0$，随着深度增加，σ_z逐渐增大，在某一深度处达到最大值；此后又逐渐减小，且减小的速度比较快，并逐渐趋于零。

思考题

1. 计算地基土体应力的目的是什么，土中应力可能由哪些原因引起？
2. 何谓土的自重应力，土的自重应力分布有何特点，地下水位升降对自重应力有何影响？
3. 基底压力的分布规律与哪些因素有关，柔性基础和刚性基础的基底压力分布规律有何不同？
4. 何谓地基中的附加应力，其分布规律是什么，目前可根据哪些假设、采用什么方法计算地基中的附加应力？
5. 从平衡微分方程角度求解土中应力的主要思路是什么？

复习题

5-1 在图5-3-2所示的土体自重应力计算算例中，若把坐标原点取在地基表面，垂直坐标轴向下为正，试给出自重应力的结果表达式。

5-2 在砂土地基上施加一无限均布的填土，填土厚2m，重度16kN/m³，砂土的饱和重度为18kN/m³，地下水位在地表处，则5m深度处作用在骨架上的竖向应力为多少？

5-3 某成层土层，其物理性质指标如图5-1所示，试计算自重应力并绘制分布图。已知：砂土：$\gamma_1=19.0\text{kN/m}^3$，$\gamma_s=25.9\text{kN/m}^3$，$w=18\%$；黏土：$\gamma_2=16.8\text{kN/m}^3$，$\gamma_s=26.8\text{kN/m}^3$，$w=50\%$，$w_L=48\%$，$w_P=25\%$；$h_1=2\text{m}$，$h_2=3\text{m}$，$h_3=4\text{m}$。

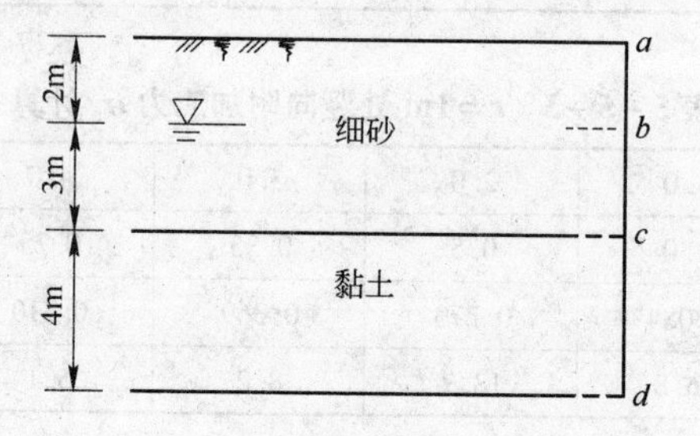

图5-1 复习题5-3图

5-4 如图5-2所示，基础基底尺寸为4m×2m，试求基底平均压力$\bar{p}$、最大压力p_{max}和最小压力p_{min}，并绘出沿偏心方向的基底压力分布图。

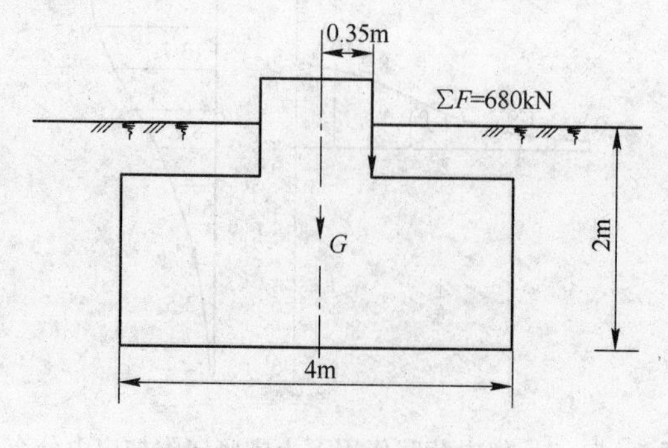

图5-2 复习题5-4图

5-5 一矩形基础，宽为 3m，长为 4m，在长边方向作用一偏心荷载 $F+G=1200$kN。试问：偏心距为多少时，基底不会出现拉应力？当 $p_{min}=0$ 时，最大压应力为多少？

5-6 有一基础埋置深度 $d=1.5$m，建筑物荷载及基础和台阶土重传至基底总应力为 100kPa，若基底以上土的重度为 18kN/m^3，饱和重度为 19kN/m^3，基底以下土的重度为 17kN/m^3，地下水位在基底处，则基底竖向附加应力为多少？若地下水位在地表处，则基底竖向附加应力又为多少？

5-7 已知某一矩形基础，宽为 4m，长为 8m，基底附加应力为 90kPa，中心线下 6m 处竖向附加应力为 58.28kPa。试问另一矩形基础，宽为 2m，长为 4m，基底附加应力为 100kPa，角点下 6m 处竖向附加应力为多少？

6　地基的沉降与固结

6.1　概　　述

建筑物的荷载通过基础传给地基，使地基的应力状态发生变化，产生附加应力和变形。上一章讲了附加应力的计算，本章在其基础上进一步讲地基的变形计算。

地基表面的竖向变形称为地基沉降或基础沉降。经验告诉我们，在受到外力作用后，透水性强的砂石地基的变形很快趋于稳定，而透水性弱的饱和黏土地基的变形则需要较长的时间才能趋于稳定。原因是当饱和黏土地基受力时，外力由土骨架和孔隙水共同承受。外力的作用在引起土体应力变化的同时，也使孔隙水压强升高，并产生渗流。升高的孔隙水压强称为超静孔隙水压强。随着孔隙水流出，超静孔隙水压强逐渐下降，外力又逐步地由土骨架完全承受。土体加载后，超静孔隙水压强逐渐消散、土体有效应力逐渐增加的过程，称为土体的固结。地基的固结过程也是变形沉降的过程。

建筑物的地基不发生过大沉降或不均匀沉降是保证其正常使用的基本前提。在实际生产和生活中，曾有不少建筑物因地基变形导致破坏或影响使用，给人们生命财产安全造成极大的危害。为了保证建筑物的安全正常使用，必须研究土的压缩变形性质和固结特性。设计工程师需要估算基础可能发生的沉降，并设法将其控制在容许范围内，必要时还要采取相应的工程措施，以确保建筑物的安全。

对于许多工程，不仅需要预判地基的最终沉降量，还需要把握沉降随时间的变化过程，即沉降与时间的关系，以便控制施工速度或考虑保证建筑物正常使用的安全措施。而在研究土工结构稳定性时，也需要知道土体中的孔隙水压强，特别是超静孔隙水压强的分布。这都涉及土体的固结问题。

本章重点介绍了沉降产生的原因及类型，同时给出了地基沉降量的简要计算方法；之后又详细介绍了饱和土的太沙基一维固结理论及比奥固结理论。学完本章内容，需要理解固结和沉降的概念，掌握固结和沉降的各种计算方法，并能计算简单情况下土体的固结和沉降量。要了解并能够分析应力历史对沉降的影响及沉降随时间的变化过程。要熟知并理解土体固结的原理和机制，掌握固结方程的推导过程，熟悉并理解固结方程的求解方法和边界条件。

6.2　地基的沉降

地基沉降是指地基表面的竖向变形，而地基沉降量则是指地基土压缩变形达到稳定时的最大沉降量。由于蠕变[1]和固结，地基变形稳定可能需要很长时间。对于砂石类土地

---

[1] 蠕变：在保持应力不变的条件下，应变随时间延长而增加的现象。

基，当蠕变比较小时，可以忽略不计。

6.2.1 沉降产生的原因和类型

6.2.1.1 引起地基沉降的原因

地基的沉降变形可能由多种原因引起，如表6-2-1所示。现今常用的计算方法基本上是针对由建筑物荷载引起的那部分沉降。非直接由荷载导致的沉降，需要靠慎重选址、地基预处理或其他结构措施来预防或减轻危害。

表6-2-1 地基沉降变形的原因

原因	机理	性质
建筑物荷重	土体形变	瞬时完成
	土体固结时孔隙比发生变化	取决于土的应力应变关系，且随时间而发展
环境荷载	土体干缩	取决于土体失水后的性质，不易计算
	地下水位变化	由于土层有效应力变化所致
不直接与荷载有关的其他因素，常涉及的环境原因	振动引起土粒重排列	视振动性质与土的密度而异，不规则
	土体浸水饱和湿陷或软化，结构破坏丧失黏聚力	随土性与环境改变的速率而变化，很不规则
	地下洞穴及冲刷	不规则，有可能很严重
	化学或生物化学腐蚀	不规则，随时间变化
	矿井、地下管道垮塌	可能很严重
	整体剪切、形变——蠕变、滑坡	不规则
	膨胀土遇水膨胀、冻融变形	随土性及其湿度与温度而变化，不规则

6.2.1.2 沉降的类型

可以从不同的角度对沉降和变形进行分类。

A 按沉降发生的时间顺序区分

地基受建筑物荷重作用后的沉降过程如图6-2-1中曲线所示。为计算方便，常常按时间先后人为地将沉降分为三个阶段，即三种分量：瞬时沉降 s_d、固结沉降 s_c 和次固结沉降 s_s。

瞬时沉降是指加荷后立即发生的沉降，对饱和黏性土地基，在土中水尚未排出的条件下，瞬时沉降主要由土体侧向变形引起。这时土体不发生体积变化，可以用弹性力学方法计算。

固结沉降是指超静孔隙水压强逐渐消散，使土体积压缩而引起的渗透固结沉降，也称主固结沉降，它随时间延长而逐渐增长，可以用分层总和法计算。

次固结沉降是指超静孔隙水压强基本消散后，主要由土粒表面结合水膜发生蠕变等引起，它将随时间延长极其缓慢地增长，可以用土流变理论计算或其他简化方法计算。

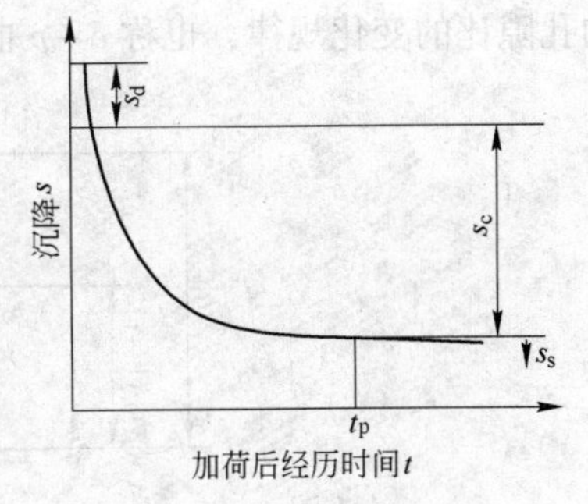

图6-2-1 沉降分量

上述三种分量其实是相互搭接的，无法截然分开，只不过是某时段以一种分量为主而已。对于无黏性土，例如砂土，瞬时沉降是最主要的。对于饱和无机粉土与黏土，通常固结沉降所占比重最大。而对高有机质土、高塑性黏土，如泥炭等，次固结沉降也不容忽视。

因此，一般建筑物基础的最终沉降量应为上述三部分之和，即

$$s = s_d + s_c + s_s \tag{6-2-1}$$

B　按沉降发生的方式区分

按发生的方式，土体沉降可分为只有单向变形的沉降、二向变形的沉降或三向变形的沉降。当地基土层的厚度与基础宽度相比较小时，或压缩层埋藏较深时，地基土层近似于侧限压缩。对于饱和土层，此时不产生瞬时沉降。当基础为厚土层上的单独基础时，地基的变形具有明显的三向性质，即土体不仅在 z 方向（竖直向）有变形，而且在 x、y 方向也均有变形，此时地基沉降若按单向压缩计算，则所得的值将会比实际值低。当基础荷载的长度比其宽度大得多时（一般要求长宽比大于5），则土的变形具有二向性质，即长度方向上的侧向变形相对较小，可忽略不计。

沉降计算一般主要包括两方面内容：一方面是最终沉降量，事实上，沉降并无最终值，因为次固结沉降随时间延长而不断增加。常说的最终沉降可认为是主固结沉降的最终值与瞬时沉降之和；另一方面是沉降过程，它反映沉降随时间发展的特点。

6.2.2　土的压缩性

基础沉降量的大小首先与土的压缩性有关，易于压缩的土，基础的沉降大，而不易压缩的土，基础的沉降小。同时，基础的沉降量与作用在基础上的荷载性质和大小有关。一般而言，荷载越大，相应的基础沉降也越大；而偏心或倾斜荷载所产生的沉降差要比中心荷载大。土的可压缩性是产生基础沉降的内因，建筑物的荷载作用则是外因。不同的土其压缩性也不同，主要的影响因素包括土本身的性状（如颗粒级配、成分、结构构造、孔隙水等）和环境因素（如应力历史、应力路径、温度等）。通常采用室内固结试验（又称侧限压缩试验）和现场原位荷载试验测定和评价土的压缩性质。试验方法详见第8章。

6.2.2.1　压缩曲线

根据侧限压缩（固结）试验结果，可以绘制土的压缩曲线，即土在不同压力作用下的孔隙比的变化规律，也称 $e-p$ 曲线。如图6－2－2所示，设土样的压缩变形量为 s，在

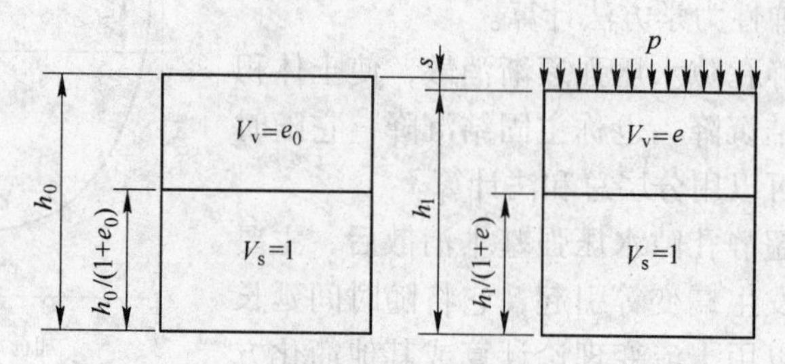

图6－2－2　侧限压缩试验中土样变形示意图

整个压缩过程中土粒体积和底面积不变，土粒本身的高度在受压前后不变，而土样高度变化。于是可得

$$\frac{h_0}{1+e_0}=\frac{h_1}{1+e_1}=\frac{h_2}{1+e_2} \tag{6-2-2}$$

式中　h_1，h_2——土样受压前、后的高度；

e_1，e_2——土样受压前、后的孔隙比。

由式（6-2-2）有

$$e_1=e_0-\frac{s_1}{h_0}(1+e_0),\ s_1=h_0-h_1 \tag{6-2-3}$$

$$e_2=e_1-\frac{s_2}{h_1}(1+e_1),\ s_2=h_1-h_2 \tag{6-2-4}$$

式中　e_0——土样的初始孔隙比，可由土的三相试验指标求得：

$$e_0=\frac{G_s(1+w_0)\rho_w}{\rho_0}-1 \tag{6-2-5}$$

根据不同压力 p 作用下达到稳定的孔隙比 e，绘制 $e-p$ 关系曲线，即压缩曲线。压缩曲线越陡，表明土的压缩性越大，如图6-2-3（a）所示。如用半对数直角坐标绘图，则得到 $e-\lg p$ 曲线，如图6-2-3（b）所示，可以看到，在压力大于自重应力后曲线有一段直线。绘制 $e-\lg p$ 曲线有利于进行土的压缩性质分析和土的变形计算。

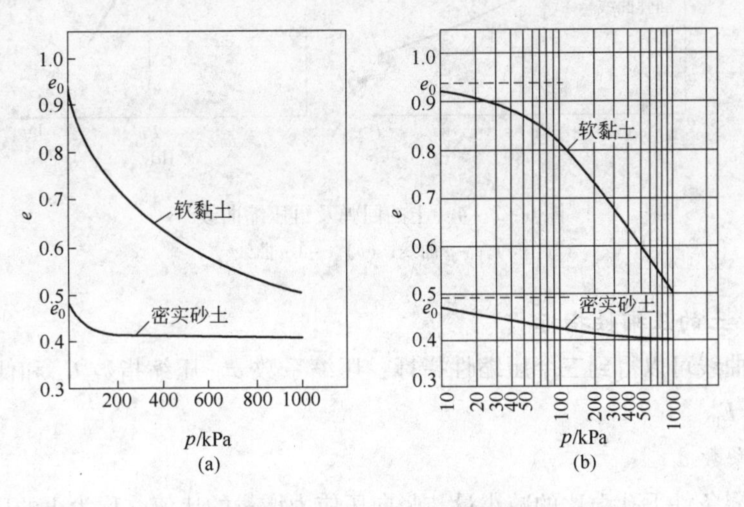

图6-2-3　土的压缩曲线

（a）$e-p$ 曲线；（b）$e-\lg p$ 曲线

压缩曲线的形状可以显示土的压缩性大小。比较而言，砂土的 $e-p$ 曲线比较平缓，说明压力增加时，土的孔隙比减小较慢；而软黏土的 $e-p$ 曲线较陡，说明压力增加时，孔隙比减小较快。由此可以看到软黏土的压缩性比砂土的压缩性要大。由图6-2-3（a）还可以看到，压缩曲线一般随压力的增大而逐渐趋于平缓，说明土的压缩性逐渐减小。由图6-2-3（b）还可以看到，在压力较大部分，$e-\lg p$ 关系曲线接近直线，这是这种表示方法区别于 $e-p$ 曲线的优点。它通常用来整理有特殊要求的试验，如试验时以较小的压力开始，采用小增量多级加荷，并加到较大的荷载为止，一般为12.5kPa、25kPa、

50kPa、100kPa、200kPa、400kPa、800kPa、1600kPa、3200kPa。

如果在压缩过程中卸载后再压缩，就可以得到回弹曲线和再压缩曲线。回弹曲线和再压缩曲线也可以在半对数坐标上绘制，如图 6－2－4 所示。从图中可以看到在这种试验条件下土体体积变化的另一些特征：

（1）卸载曲线与初始压缩曲线不重合，回弹量远小于当初的压缩量，说明土体的变形是由可恢复的弹性变形和不可恢复的塑性变形两部分组成。

（2）回弹曲线和再压缩曲线比压缩曲线平缓得多，说明土在侧限条件下经过一次加载、卸载后的压缩性要比初次加载时的压缩性小很多，这也表明，应力历史对土的压缩性有显著的影响。

（3）当再加荷的压力超过初始压缩曾经达到的最大压力后，再压缩曲线逐渐与初次加载的曲线重合。

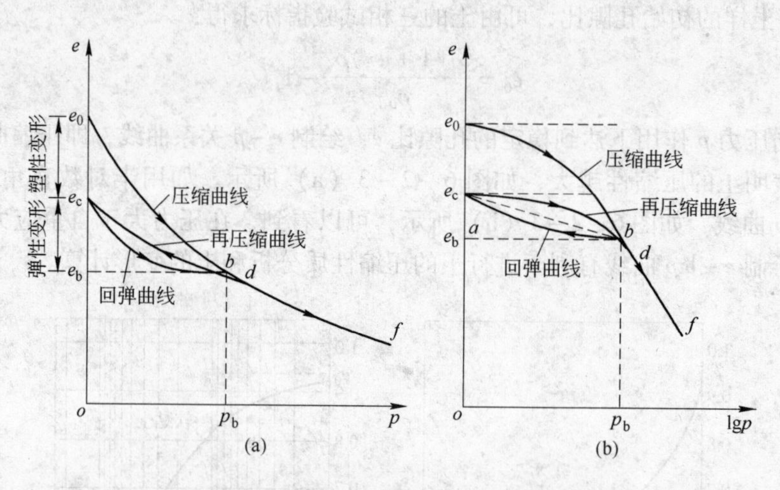

图 6－2－4　土的回弹及再压缩曲线

（*a*）$e-p$ 曲线；（*b*）$e-\lg p$ 曲线

6.2.2.2　土的压缩性指标

根据压缩曲线可以得到三个压缩性指标：压缩系数 a、压缩指数 C_c 和侧限压缩模量 E_s 或变形模量 E_0。

A　压缩系数 a

土体在侧限条件下孔隙比的减小量与竖向压应力增量的比值，称为土的压缩系数，用 a 表示，即

$$a=-\frac{\mathrm{d}e}{\mathrm{d}p}=\tan\alpha \tag{6-2-6}$$

式中，负号表示随着压力 p 的增加，e 逐渐减小，第二象限角 α 正切值为负。当外荷载引起的压力变化范围不大时，如图 6－2－5 中从 p_1 到 p_2，则可将压缩曲线上相应的一段 M_1M_2 曲线近似地用直线 M_1M_2 代替。该直线的斜率为

$$a=-\frac{\Delta e}{\Delta p}=\frac{e_1-e_2}{p_2-p_1} \tag{6-2-7}$$

由式（6－2－7）可以看出：压缩系数 a 表示在单位压力增量作用下土的孔隙比的减

小值。因此，压缩系数 a 越大，土的压缩性就越大。

对于某一个土样，其压缩系数 a 是否是一个定值？从图6-2-5可知，a 与 M_1M_2 的位置有关，若 M_1M_2 向右移动，随着压力 p 的增大，a 值减小。反之，如果 M_1M_2 向左移动，随着压应力 p 的减小，a 值增大。因此，$e-p$ 曲线的斜率随着 p 增大而逐渐减小，压缩系数 a 非定值而是一个变量。

为了便于各个地区各个单位互相比较应用，国家标准《建筑地基基础设计规范》（GB 50007—2011）规定：取压应力 $p_1=100\text{kPa}$、$p_2=200\text{kPa}$ 这个压力区间对应的压缩系数 a_{1-2} 评价土的压缩性。具体如下：

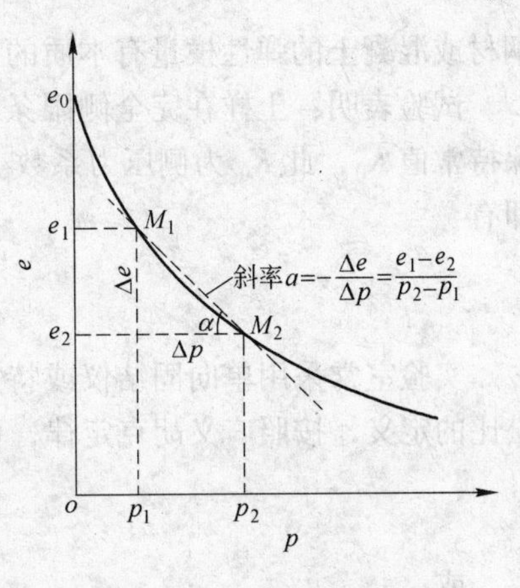

图6-2-5 土的侧限压缩曲线

$$a_{1-2}<0.1\text{MPa}^{-1} \quad \text{低压缩性土}$$

$$0.1\text{MPa}^{-1}\leqslant a_{1-2}<0.5\text{MPa}^{-1} \quad \text{中压缩性土}$$

$$a_{1-2}\geqslant 0.5\text{MPa}^{-1} \quad \text{高压缩性土}$$

B 压缩指数 C_c

如图6-2-6所示，$e-\lg p$ 曲线中直线段的斜率称为压缩指数 C_c，即

$$C_c=\frac{e_1-e_2}{\lg p_2-\lg p_1}=\frac{e_1-e_2}{\lg\left(\frac{p_2}{p_1}\right)} \tag{6-2-8}$$

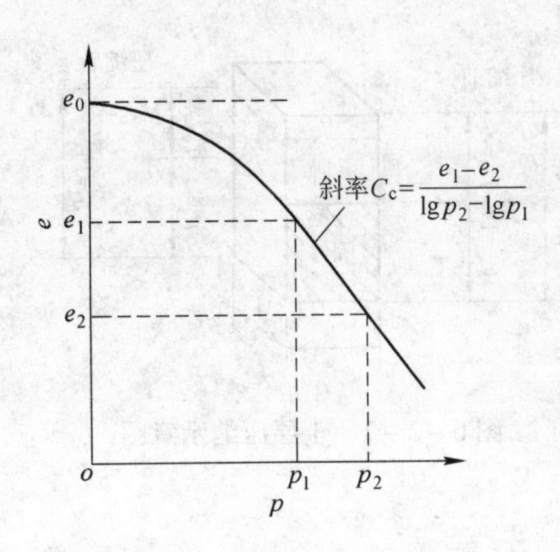

图6-2-6 由 $e-\lg p$ 曲线求 C_c

类似于压缩曲线，压缩指数 C_c 值可以用来判断土的压缩性大小：C_c 值越大，表示在一定压力变化的范围内，孔隙比的变化量越大，说明土的压缩性越高。

通常，当 $C_c<0.2$ 时属于低压缩性土，$C_c=0.2\sim0.4$ 时属于中压缩性土，$C_c>0.4$ 时属于高压缩性土。国外广泛采用 $e-\lg p$ 曲线来分析研究应力历史对土压缩性的影响。卸载段和再加载段的平均斜率称为回弹指数或再压缩指数 C_e，$C_e\ll C_c$，一般黏性土的 $C_e\approx(0.1\sim0.2)C_c$。

C 侧限压缩模量 E_s

土体在完全侧限压缩条件下，竖向应力增量 σ_z 与应变增量 ε 之比，称为侧限压缩模量，用 E_s 表示，即 $E_s=\frac{\sigma_z}{\varepsilon}$。应力变化 $\sigma_z=p_2-p_1$，竖向应变 $\varepsilon=\frac{h_1-h_2}{h_1}$（$h_1$、$h_2$ 分别为与 p_1、p_2 对应的试样高度），则侧限压缩模量为

$$E_s=\frac{p_2-p_1}{h_1-h_2}h_1 \tag{6-2-9}$$

土的侧限压缩试验中，竖向变形包括残留变形和弹性变形两部分，在加荷后再卸载至零的过程中，残留变形并不能恢复至零，是永久存在的。由此可知，土的侧限压缩模量与

钢材或混凝土的弹性模量有本质的区别。

试验表明：土样在完全侧限条件下，侧向应力 σ_x（或 σ_y）与竖向应力 σ_z 之比，恒保持常值 K_0，此 K_0 为侧压力系数。因此，上述完全侧限条件在土力学中也称为 K_0 条件。即有

$$K_0=\frac{\sigma_x}{\sigma_z}=\frac{\sigma_y}{\sigma_z} \tag{6-2-10}$$

实验室常采用单向固结仪或特定的三轴压缩仪测定 K_0。另外由土的侧压力系数、泊松比的定义，按照广义胡克定律，可求得两者的关系为

$$K_0=\frac{\mu}{1-\mu} \tag{6-2-11a}$$

或

$$\mu=\frac{K_0}{1+K_0} \tag{6-2-11b}$$

土的侧限压缩模量与压缩系数是建筑工程中常用的表示地基土压缩性的两个指标，两者都由侧限压缩试验结果求得，因此两者之间并非相互独立，而具有下列关系：

$$E_s=\frac{1+e_1}{a} \tag{6-2-12}$$

式（6-2-12）在工程中应用很广，证明如下：

土层压缩示意图如图6-2-7所示，面积为1的单元土柱，压缩前固体体积为 V_s，孔隙体积为 V_{v1}，令 $V_s=1$，土样原始体积为 $V_s(1+e_0)=1+e_0$，试验时荷载为 F_1，则孔隙比 $e_1=V_{v1}$，总体积为 $1+e_1$，如图6-2-7左侧所示。荷载为 F_2 时，土样继续压缩，固体体积 V_s 不变，孔隙体积受压减小为 V_{v2}，压缩后孔隙比 $e_2=V_{v2}$，试样体积为 $1+e_2$，如图6-2-7右侧所示。因为受压过程中土柱面积不变，完全侧限土样的体积应变等于土样的竖向应变，再由式（6-2-2）经比例变换，得到

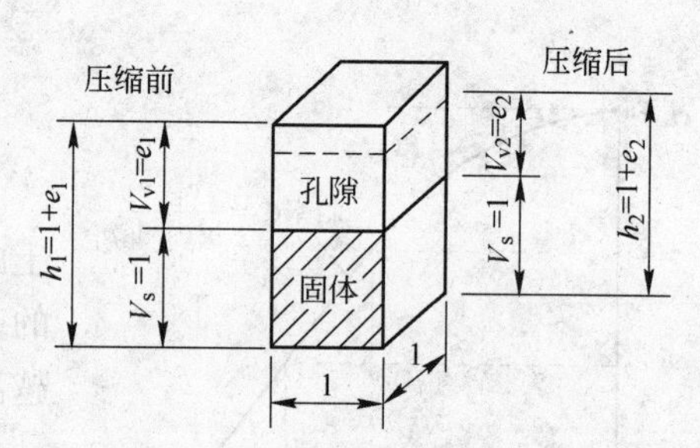

图6-2-7　土层压缩示意图

$$\varepsilon=\frac{V_1-V_2}{V_1}=\frac{h_1-h_2}{h_1}=\frac{e_1-e_2}{1+e_1} \tag{6-2-13}$$

由式（6-2-7）得

$$E_s=\frac{\sigma_z}{\varepsilon}=\frac{p_2-p_1}{e_2-e_1}(1+e_1)=\frac{1+e_1}{a} \tag{6-2-14}$$

从式（6-2-14）可以看出，E_s 与 a 成反比，即压缩模量 E_s 越大，a 就越小，说明土的压缩性就越小。实际应用上，当 $E_s<4\text{MPa}$ 时称为高压缩性土，当 $4\text{MPa}\leqslant E_s\leqslant 20\text{MPa}$ 时称为中压缩性土，当 $E_s>20\text{MPa}$ 时称为低压缩性土。

6.2.2.3　土的压缩性特点

概括起来，土的压缩性有以下几个主要特征：

（1）土的压缩性是指土在静力作用下体积缩小的特性。按有效应力原理就是研究有

效应力变化所引起的孔隙比 e 的变化，它不同于含水量变化引起的体积缩小（收缩或湿陷），也不同于动荷载引起的体积缩小（震陷）。

（2）土的压缩性不但与土的组成、状态、结构等土的基本性质有关，也与土的受力条件有关（应力水平、侧限条件等）。与一般材料相比，它具有更为显著的非线性（模量随应力的大小而变化）、弹塑性（压缩变形中既有可恢复的弹性变形又有不可恢复的塑性变形）和剪胀性（剪应力引起体积增加）等特点；而且由于渗流固结作用，变形的发展有一个时间过程。因此，设计中必须针对所研究的问题，采用有代表性的土样，在符合实际应力状况的条件下进行试验，才能获得较为正确的压缩性计算指标。

（3）细粒土的压缩性特点如下：

1）土的塑性指数愈大，其压缩性通常也愈大。根据统计资料，黏性土的初始压缩段的压缩指数 C_c 可按下式估算：

$$C_c = A(w_L - 10\%) \qquad (6-2-15)$$

式中 w_L——土的液限；

A——系数，对原状土取 0.009，对重塑土取 0.007。

这种经验关系只能用以大致估计土的压缩性，不能用于代替试验。

2）同一种土，超固结比 OCR 愈大，其变形模量一般亦愈大。

3）扰动对土的压缩性有重要影响。尽管组成和密度相同，但原状结构黏土和重塑黏土的变形模量相差很多，扰动可大大增加土的压缩性。所以，研究天然地基问题时，应从天然土层中取出结构、含水量保持不变的原状土样做室内试验或进行现场原位试验；如果研究的是人工填方问题（如土坝、路堤、填筑地基等），可采用扰动土样，按照实际工程中准备采用的压实标准，制备试样，进行室内试验。

（4）粗粒土的压缩性特点：

粗粒土的压缩性主要取决于土的颗粒组成、矿物成分、颗粒形状、起始孔隙比、相对密度和作用的压应力等因素。哈定（B. O. Hardin）提出根据这几个因素估计粗粒土侧限压缩模量 E_s 值的方法，可供没有压缩性试验资料时参考。

$$S_D = K_D\left(1 + \frac{D_r}{2}\right)\left(1 + \frac{700}{n_5^2}\frac{d_{40}}{d_{90}}\right) \qquad (6-2-16a)$$

$$\frac{1}{e} = \frac{1}{e_0} + \frac{1}{S_D}\left(\frac{\sigma_v}{p_a}\right)^{0.7} \qquad (6-2-16b)$$

式中 S_D——反映土的组成和物理状态的无量纲参数；

K_D——矿物成分因素，正长石取 31，石英取 27，长石取 23，一般可采用 27；

D_r——土的相对密实度；

n_5——颗粒形状因素，角状取 25，圆状取 15，中间状态取内插值；

d_{40}，d_{90}——分别为小于此直径的颗粒占全部颗粒质量 40% 和 90% 的粒径；

σ_v——竖向有效压应力，kPa；

p_a——大气压力，kPa；

e_0——σ_v 为零时土的孔隙比；

e——相应于应力 σ_v 时土的孔隙比。

计算时，按式（6-2-16b）分别计算出土在自重应力 σ_{v1} 作用下的孔隙比 e_1 以及在自重应力与附加应力之和 σ_{v2} 作用下的孔隙比 e_2，然后便可按下式求解土在此压应力变化范围的侧限变形模量 E_s 值：

$$E_s = (1 - e_0)\frac{\sigma_{v2} - \sigma_{v1}}{e_1 - e_2} \tag{6-2-17}$$

6.2.3　应力历史及其对土的沉降的影响

6.2.3.1　根据先期固结压力划分的三类沉积土层

应力历史是指天然土层在形成过程及其地质历史中，土中有效应力的变化过程。土的应力历史既包括在过去的地质年代中所受到的固结和地壳运动作用，也包括在试验室或在工程施工、运行中所经历的应力过程。对于黏性土一般指其固结历史。所谓先期固结压力，是指天然土层在其应力历史中所受到的最大有效应力。根据先期固结压力与土层现有上覆压力的对比，可将土（层）分为正常固结土、超固结土和欠固结土三类。

正常固结土层就是在现有自身重力作用下正常沉积固结的土层，其历史上所经受的先期固结压力等于现有覆盖土重，即 $p_c = p_1$；超固结土层是指历史上曾经受过大于现有覆盖土重的先期固结压力作用，即 $p_c > p_1$；欠固结土层是指在现有土重作用下固结尚未完成，其先期固结压力小于现有覆盖土重，即 $p_c < p_1$。

在研究沉积土层的应力历史时，通常把土层历史上所经受过的先期固结压力与现有覆盖土重的比值定义为超固结比（OCR），即

$$\mathrm{OCR} = \frac{p_c}{p_1} \tag{6-2-18}$$

正常固结土、超固结土和欠固结土的超固结比分别为 OCR = 1、OCR > 1 和 OCR < 1。

由压缩试验结果可知，回弹和再压缩曲线比压缩曲线平缓得多，说明应力历史对土的压缩性有显著的影响。因而，对于同一种土来说，分别处于正常固结、超固结和欠固结状态时，其压缩曲线是不同的。正常固结土是一种历史上没有出现过卸载的土。因为没有出现过卸载，所以与出现过卸载的土相比，它处于比较疏松的状态。所以正常固结土的压缩曲线右侧是一种不可能的状态。如图6-2-8所示，图中 ab 段为正常固结土的压缩曲线。当土的初始状态点处于正常固结土的压缩曲线（左侧）以下时，这种土必然发生过卸载，即处于超固结状态。卸载点（图6-2-8中 c 点）所对应的压力即为超固结土的先期固结压力。当压力小于超固结土的先期固结压力时，超固结土的压缩曲线（图6-2-8中 dc 线段）位于正常固结土的压缩曲线左侧，且斜率较正常固结土的压缩曲线小；当压力大于超固结土的先期固结压力时，其压缩曲线（图6-2-8中 cb 线段）与正常固结土的压缩曲线重合。与正常固结土相比，超固结土通常也会更加密实。

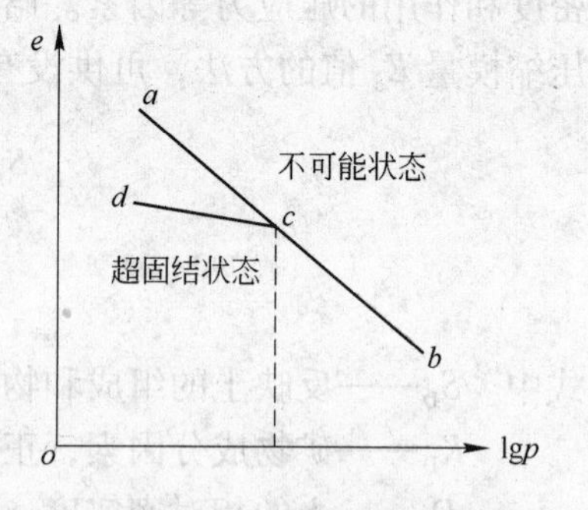

图6-2-8　正常固结土和超固结土的压缩特性

通过分析高压固结试验的 $e-\lg p$ 曲线指标，考虑应力历史影响计算土层固结变形是饱和土层沉降计算的通行做法。在试验过程中，钻探取样、包装、防护和运输条件是保证土样质量的主要因素。

根据工程经验并综合考虑试验中各种因素的影响，通常将判定正常固结土的超固结比值取得略大一些，即当 OCR =1.0 ~1.2 时，就视为所研究的土为正常固结土。

工程中遇到的土一般都是经过漫长的地质年代而形成的，在土的自重应力作用下已达到固结稳定状态。所以工程中的土大多是正常固结或超固结土。欠固结土比较少见，主要有如下两种情况：

（1）新近沉积或堆填土层。

（2）在正常固结土层中施工时，采取降水措施，使得土中的有效应力增加，土层从正常固结状态转化到欠固结状态。

6.2.3.2 先期固结压力的确定

由于先期固结压力是区分土为正常固结土、超固结土和欠固结土的关键指标，因此如何确定土的先期固结压力是很重要的。卡萨格兰德（Casagrande）提出了根据 $e-\lg p$ 曲线，采用作图法来确定先期固结压力的方法。其作图步骤如下（见图 6-2-9）：

（1）在 $e-\lg p$ 曲线上找出曲率半径最小的一点 A，过 A 点作水平线 $A1$ 及切线 $A2$。

（2）作∠$2A1$ 的角平分线 $A3$。

（3）作 $e-\lg p$ 曲线中直线段的延长线，与 $A3$ 交于 B 点。B 点所对应的应力即为先期固结压力 p_c。

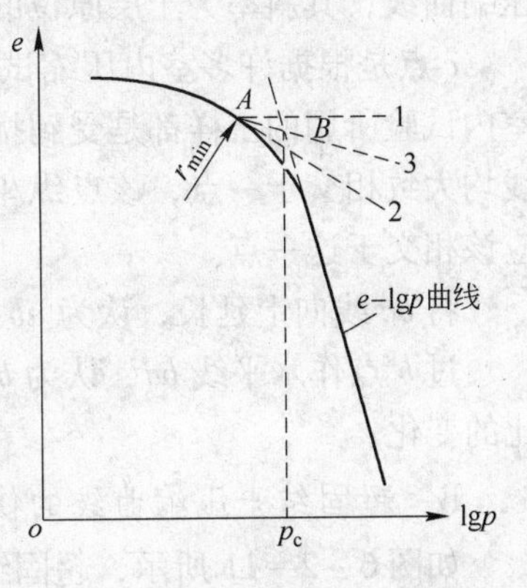

图 6-2-9 用卡萨格兰德作图法确定先期固结压力

根据卡萨格兰德作图法可以看出，先期固结压力实际上是一个压力限值，在该值两侧，土体的压缩性差别很大。也就是说，对超固结土而言，如果附加压力 p' 与自重压力 p_1 的和小于 p_c，那么根据 C_c 计算所得的土体变形量会远大于实际可能发生的变形量。在进行正常固结土室内压缩试验时，取样造成对土样的扰动是不可避免的（至少会出现卸载），这也会使室内试验所得土的压缩性指标与实际土层的情况不符。因此，有必要对室内压缩曲线进行修正，以使其更加符合实际情况。

6.2.3.3 压缩曲线的修正

土的沉降通常是根据土的压缩曲线来进行计算的，但室内试验所用的土样均是扰动过的土样（至少经历了卸载过程），所以通过室内试验得到的压缩曲线与土的原位压缩曲线是有区别的。因此确定土的原位压缩曲线是土的沉降分析与计算的基础。土的压缩曲线分为正常固结曲线与超固结曲线（再压缩曲线）两种：正常固结意味着现在的有效压力等于历史上最大的有效压力，继续增加压力时，它将沿原压缩曲线的斜率而变化；超固结意味着现在的有效压力小于历史上最大的有效压力，它处于卸载后的再压缩曲线上，将沿再压缩曲线（或回弹曲线）的斜率而变化。因此，实际应用时应根据土的压缩曲线的试验结果，对其进行适当的修正，以确定变形计算中所采用的参数和曲线形式。土的压缩曲线的修正可以分以下 3 种情况。

A 正常固结土压缩曲线的修正

如图 6-2-10 所示，已知室内压缩曲线，由卡萨格兰德作图法得到先期固结压力 p_c，

根据 p_c 与土样现存的实际上覆压力 p_1，可以判定该土样为正常固结土，即 $p_c = p_1$。此时可根据施默特曼（H. J. Schmertmann）提出的方法对室内压缩曲线进行修正，从而得到土层的原位压缩曲线，具体步骤如下：

（1）作点 b，其坐标为（p_c，e_0），e_0 为土样的初始孔隙比。

（2）在 $e-\lg p$ 曲线上取点 c，其纵坐标为 $0.42e_0$。

（3）连接 b、c，并认为 bc 即为土层的原位压缩曲线，其斜率为土层原位的压缩指数 C_c。

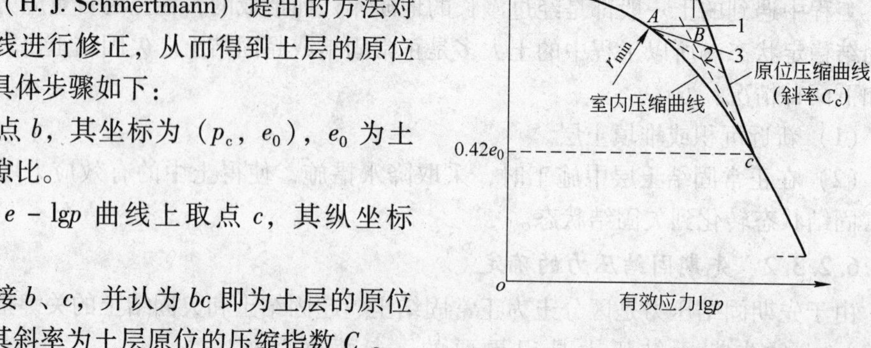

图 6－2－10　正常固结土的压缩曲线修正

c 点是根据许多室内压缩试验发现的。虽然室内试验所用的土样都是受到扰动的，但是通过试验发现，不同扰动程度的土样的压缩曲线均大致相交于一点，该点纵坐标为 $0.42e_0$。因此推断未扰动土样（原位）压缩曲线也应该相交于这一点。

将 bc 线向上延长，认为 ab 段代表现场成层土的历史受力过程。

过 b 点作水平线 bd，认为 bd 段代表取土时的卸载过程，即假定卸载不引起土样孔隙比的变化。

B　超固结土压缩曲线的修正

如图 6－2－11 所示，超固结土压缩曲线的修正需要结合室内回弹曲线与室内再压缩曲线进行，因此，在试验时要通过加荷—卸荷—再加荷的过程来得到所需的曲线。

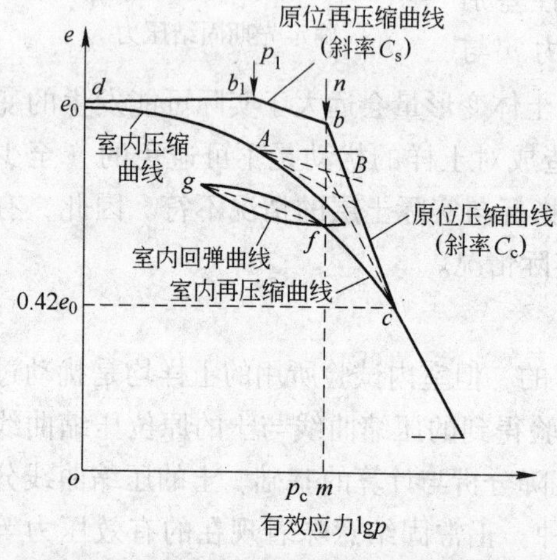

图 6－2－11　超固结土的压缩曲线修正

根据压缩试验，再压缩曲线会趋向于与压缩曲线重合。超固结土的原位压缩试验可按以下步骤确定：

（1）作点 b_1，其坐标为（p_1，e_0），p_1 为现场实际上覆压力，e_0 为土样的初始孔隙比。

（2）根据室内压缩曲线求先期固结压力 p_c。作直线 $mn(p=p_c)$。这就要求卸荷时的压力要大于 p_c，所以一般需先通过压缩试验得出 p_c 值，再用另一个试样进行回弹与再压缩试验。

（3）确定室内回弹曲线与再压缩曲线的平均斜率。由于回弹曲线与再压缩曲线一般并不重合，因此可以采用图 6－2－11 中所示的方法，取 gf 的连线斜率作为平均斜率。

（4）过 b_1 点作 b_1b 平行于 gf，交 mn 于 b 点。

（5）在室内再压缩曲线上取点 c，其纵坐标为 $0.42e_0$。

（6）连接 b、c 点。

曲线 b_1bc 即为超固结土的原位压缩曲线。因为 b_1bc 为分段直线，所以在计算变形量时应根据附加压力的大小分段进行计算。

C 欠固结土压缩曲线的修正

欠固结土压缩曲线的修正方法与正常固结土相同，如图6-2-12所示。但是，由于欠固结土在自重应力作用下还没有完全达到固结稳定，土层现有的上覆压力已超过土层先期固结压力，即使没有外荷载作用，该土层仍会产生沉降量。因此，欠固结土的沉降不仅仅包括地基受附加应力所引起的沉降，而且还包括地基土在自重作用下尚未固结的那部分沉降。

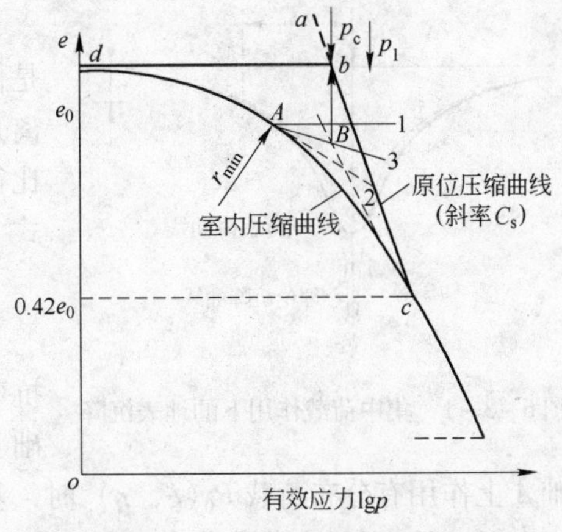

图6-2-12 欠固结土的压缩曲线修正

6.3 地基沉降量计算

计算地基最终沉降量的目的：（1）确定建筑物最大沉降量；（2）确定沉降差；（3）判断建筑物是否会倾斜或者局部倾斜；（4）判断沉降是否超过容许值，以便为建筑物设计采取相应的措施提供依据，保证建筑物的安全。计算地基沉降量的方法有弹性理论法、分层总和法、应力面积法、斯肯普顿-比伦法和应力路径法等。本书主要介绍弹性理论法、分层总和法和应力面积法。

6.3.1 弹性理论法

6.3.1.1 基本假设

本节介绍的计算地基沉降的弹性理论方法基于布西奈斯克（J. V. Boussinesq）课题的位移解（上一章是应力解）。假定与上一章相同，即假设地基是均质、各向同性、线弹性的半无限体；此外还假定基础整个底面和地基一直保持接触。需要指出的是布西奈斯克课题是研究荷载作用于地表的情形，因此可以近似用来研究荷载作用面埋置深度较浅的情况。当荷载作用位置埋置深度较大时（如深基础），则应采用明德林（Mindlin）弹性理论课题的位移解进行沉降计算。

6.3.1.2 计算公式

A 点荷载作用下的地表沉降

如图6-3-1所示，在半无限地基中，当表面作用有一竖向集中力 Q 时，地表沉降 s 为

$$s=\frac{Q(1-\mu^2)}{\pi E\sqrt{x^2+y^2}}=\frac{Q(1-\mu^2)}{\pi Er} \tag{6-3-1}$$

式中 s——竖向集中力 Q 作用下地表任意点的沉降；

r——集中力 Q 作用点与地表沉降计算点的距离，即 $\sqrt{x^2+y^2}$；

E——弹性模量或变形模量；

μ——泊松比。

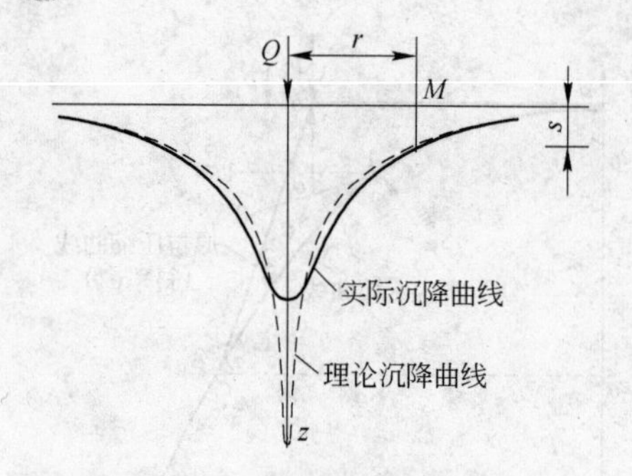

图 6-3-1　集中荷载作用下的地表沉降

理论上的点荷载实际上是不存在的，荷载总是作用在一定面积上的局部荷载。当沉降计算点离开荷载作用范围的距离与荷载作用面的尺寸相比很大时，可以用集中力 Q 代替局部荷载，利用式（6-3-1）进行近似计算。

B　绝对柔性基础的沉降

由于绝对柔性基础的抗弯刚度趋近于零，无抗弯曲能力，由基底传至地基的荷载与作用于基础上的荷载分布完全一致。因此，当图 6-3-2 的基础 A 上作用有分布荷载 $P_0(\xi,\ \eta)$ 时，基础任一点 $M(x,\ y)$ 的沉降 $s(x,\ y)$ 可以利用式（6-3-1）通过在荷载分布面积 A 上积分求得：

$$s(x,y) = \frac{1-\mu^2}{\pi E}\iint_A \frac{P_0(\xi,\eta)\,\mathrm{d}\xi\mathrm{d}\eta}{\sqrt{(x-\xi)^2+(y-\eta)^2}} \tag{6-3-2}$$

当 $P_0(\xi,\ \eta)$ 为矩形面积上的均布荷载时，由式（6-3-2）得角点的沉降 s_c 为

$$s_c = \frac{(1-\mu^2)b}{\pi E}\left[m\ln\frac{1+\sqrt{m^2+1}}{m} + \ln\left(m+\sqrt{m^2+1}\right)\right]p_0$$

$$= \delta_c p_0 = \frac{(1-\mu^2)}{E}\omega_c b p_0 \tag{6-3-3}$$

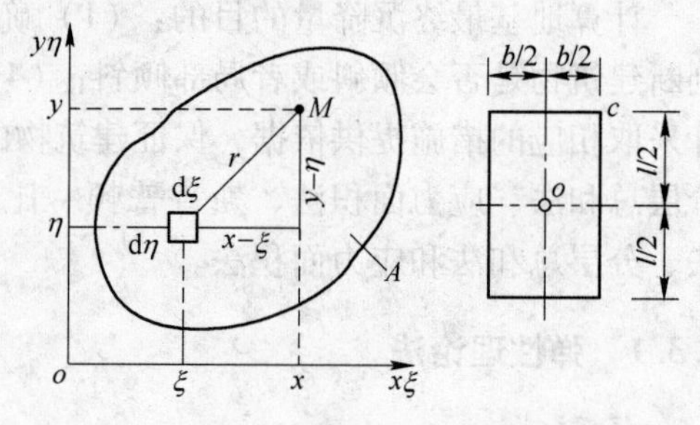

图 6-3-2　局部柔性荷载作用下的地表沉降

式中　m——矩形面积的长宽比，$m=\dfrac{l}{b}$；

p_0——基底附加应力；

δ_c——角点沉降影响系数，是长宽比的函数，$\delta_c = \dfrac{(1-\mu^2)}{\pi E}\dfrac{b}{}\left[m\ln\dfrac{1+\sqrt{m^2+1}}{m}+\ln\left(m+\sqrt{m^2+1}\right)\right]$，可由表 6-3-1 中参数求得。

表 6-3-1　沉降影响系数 ω 值

		圆形	方形	矩形（l/b）										
		—	1.0	1.5	2.0	3.0	4.0	5.0	6.0	7.0	8.0	9.0	10.0	100.0
柔性基础	ω_c	0.64	0.56	0.68	0.77	0.89	0.98	1.05	1.12	1.17	2.21	1.25	1.27	2.00
	ω_0	1.00	1.12	1.36	1.53	1.78	1.96	2.10	2.23	2.33	2.42	2.49	2.53	4.00
	ω_m	0.85	0.95	1.15	1.30	1.53	1.70	1.83	1.96	2.04	2.12	2.19	2.25	3.69
刚性基础	ω_r	0.79	0.88	1.08	1.22	1.44	1.61	1.72					2.12	3.40

结合式（6-3-3），用角点法还可得到矩形柔性基础上均布荷载作用下地基任意点的沉降。如基础中点的沉降 s_0 为

$$s_0 = 4\frac{1-\mu^2}{E}\omega_c\frac{b}{2}p_0 = \frac{1-\mu^2}{E}\omega_0 bp_0 \tag{6-3-4}$$

式中 ω_0——中点沉降影响系数，是长宽比的函数，可由表 6-3-1 查得，对应某一长宽比，$\omega_0 = 2\omega_c$。

另外还可以得到矩形绝对柔性基础上均布荷载作用下基底面积 A 范围内各点沉降的平均值，即基础平均沉降 s_m 为

$$s_m = \frac{\iint_A s(x,y)\mathrm{d}x\mathrm{d}y}{A} = \frac{1-\mu^2}{E}\omega_m bp_0 \tag{6-3-5}$$

式中 ω_m——平均沉降影响系数，是长宽比的函数，可由表 6-3-1 查得，对应某一长宽比，$\omega_c < \omega_m < \omega_0$。

当 $p_0(\xi, \eta)$ 为圆形面积上的均布荷载时，可得到与式（6-3-3）、式（6-3-4）及式（6-3-5）相似的圆形面积圆心点、周边点及基底平均沉降，沉降影响系数可由表 6-3-1 查得。

C 绝对刚性基础的沉降

绝对刚性基础的抗弯刚度为无穷大，受弯矩作用不会发生挠曲变形，因此基础受力后，原来为平面的基底仍保持为平面，计算沉降时，上部传至基础的荷载可用合力来表示。

（1）中心荷载作用下，地基各点的沉降相等。根据这个条件，可以从理论上得到圆形基础和矩形基础的沉降值。

对于圆形基础，基础沉降为

$$s_0 = \frac{1-\mu^2}{E}\frac{\pi}{2}dp_0 = \frac{1-\mu^2}{E}\omega_r dp_0 \tag{6-3-6}$$

式中 d——圆形基础直径。

对于矩形基础，可以用无穷级数来表示基础沉降，其计算式为

$$s = \frac{1-\mu^2}{E}\omega_r bp_0 \tag{6-3-7}$$

$$p_0 = P/A$$

式中 ω_r——刚性基础的沉降影响系数，是关于长宽比的级数，近似值可由表 6-3-1 查得；

P——中心荷载合力；

A——基底面积。

（2）偏心荷载作用下，基础要产生沉降和倾斜。沉降后基底为一倾斜平面，基底倾斜可由弹性力学公式求得。

对于圆形基础：

$$\tan\theta = \frac{1-\mu^2}{E}\frac{6Pe}{d^3} \tag{6-3-8}$$

对于矩形基础：

$$\tan\theta = \frac{1-\mu^2}{E} 8K \frac{Pe}{b^3} \qquad (6-3-9)$$

式中　b——偏心方向的边长；

P——传至刚性基础上的合力大小；

e——合力的偏心距；

K——系数，按 l/b 由图 6－3－3 查得。

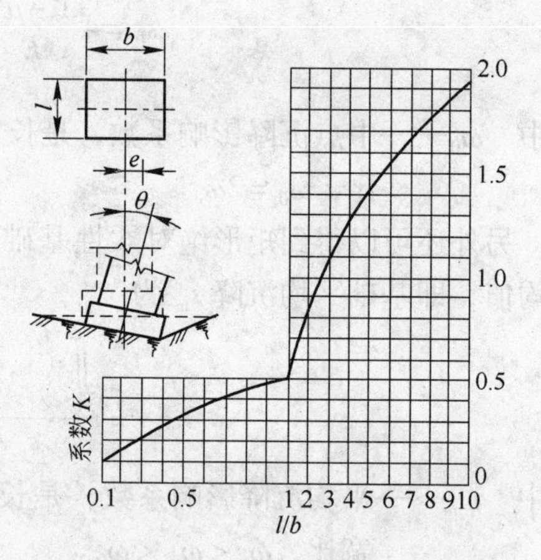

图 6－3－3　绝对刚性矩形基础倾斜计算系数 K 值

6.3.2　分层总和法

6.3.2.1　计算假定和原理

采用分层总和法计算地基沉降量的假定和原理如下：

（1）将地基分为若干薄层，对于每一个薄层，认为均适用胡克定律 $\varepsilon = \dfrac{\sigma}{E}$。

（2）使用基底中心下的附加应力。此处的附加应力在整个基底面积内比较大，使用较大的附加应力，会使沉降偏大。

（3）使用土力学室内试验的压缩模量 $E_s = \dfrac{1+e_1}{a}$，因为试验是完全侧限的，所以会使沉降偏小。综合假定（2），两者可以消除部分误差。

（4）根据理论计算和工程经验，确定一个所涉及深度的计算下限。规定当 $\sigma_z = (0.1 \sim 0.2)\sigma_c$ 时，沉降计算可停止，软土地基取 0.1，一般地基取 0.2。如在计算下限之上，有密实、坚硬的土层或基岩层，则到此为止。自基底处至计算下限的深度称为地基压缩层厚度。

6.3.2.2　计算方法与步骤

分层总和法的计算方法和步骤为：

（1）计算 p_0。根据基底附加压力计算公式：

$$p_0 = p - \sigma_c = \frac{F+G}{A} - \gamma_0 d$$

（2）将地基分层，如图 6－3－4 所示。分层不能过厚，每层为 $0.4b$ 或 1～2m，对每一个分层面编号 0，1，2，…，n，0 为基底中心，计算每一分层面处的自重应力 σ_c（自天然地面算起）和附加应力 σ_z（自基底算起），并确定计算下限。

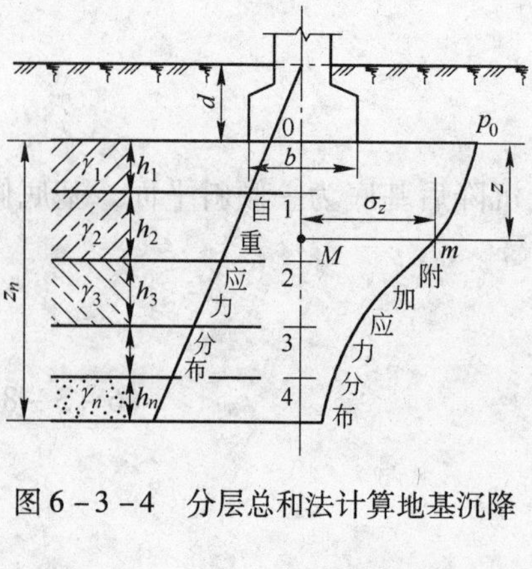

图 6－3－4　分层总和法计算地基沉降

（3）对每一个分层（有厚度）计算 σ_c 和 σ_z 的平均值：

$$\overline{\sigma}_c = (\sigma_{c上} + \sigma_{c下})/2 = p_1$$

$$\overline{\sigma}_z = (\sigma_{z上} + \sigma_{z下})/2$$

令 $p_1 + \overline{\sigma}_z = p_2$，在 $e-p$ 曲线上或在 $e-p$ 数值表上查得 $p_1 \to e_1$，$p_2 \to e_2$。

(4) 计算每一个分层的压缩变形量：

$$s_i = \frac{\overline{\sigma}_{zi}}{E_{si}}h_i = \frac{a_i(p_{2i} - p_{1i})}{1 + e_{1i}}h_i = \frac{e_{1i} - e_{2i}}{1 + e_{1i}}h_i \quad (6-3-10)$$

(5) 计算各分层压缩变形量总和：

$$s = \sum s_i$$

需要说明的是，按式（6－3－10）计算，工作量很大，而工程地基勘察报告中会给出每一种（类）土的 E_s 值，这样应用式（6－3－10）时，就可以应用左边的式子，从而使计算过程得到简化。

分层总和法概念明确，计算简单，只用到材料力学的知识。但由假定条件可知，计算结果必然存在较大误差，其中包括指标取值误差、积累误差、截断误差等。一般来说，分层总和法的计算结果对于密实的硬土偏大，对于松软土则偏小。实际应用时，可根据工程实践经验，乘一个适当的系数，加以调整。

6.3.2.3 简单讨论

(1) 分层总和法假设地基土在侧向不能变形，而只在竖向发生压缩，这种假设在当压缩土层厚度同基底荷载分布面积相比很薄时才比较接近。如当不可压缩岩层上压缩土层厚度 H 不大于基底宽度之半（即 $b/2$）时，由于基底摩阻力及岩层层面阻力对可压缩土层的限制作用，土层压缩只出现很少的侧向变形。

(2) 假定地基土侧向不能变形引起的计算结果偏小，取基底中心点下地基中的附加应力来计算基础的平均沉降导致计算结果偏大，因此在一定程度上得到了相互弥补。

(3) 当需考虑相邻荷载对基础沉降影响时，通过将相邻荷载在基底中心下各分层深度处引起的附加应力叠加到基础本身引起的附加应力中来进行计算。

(4) 当基坑开挖面积较大、较深以及暴露时间较长时，由于地基土有足够的回弹量，因此基础荷载施加之后，不仅附加压力要产生沉降，初始阶段基底地基土恢复到原自重应力状态的过程中也会发生再压缩沉降。简化处理时，一般用 $p-\alpha\sigma_c$ 来计算地基中附加应力，α 为考虑基坑回弹和再压缩影响的系数，且 $0 \leqslant \alpha \leqslant 1$，对小基坑来说由于再压缩量小，$\alpha$ 取1，对宽达10m以上的大基坑 α 一般取0。

【例6－1】某厂房柱下单独方形基础，已知基础底面积尺寸为4m×4m，埋深 $d=1.0$m，地基为粉质黏土，地下水位距天然地面3.4m。上部荷重 $F=1440$kN 传至地面基础顶面，土的天然重度 $\gamma=16.0\text{kN/m}^3$，饱和重度 $\gamma_{sat}=17.2\text{kN/m}^3$，有关计算资料如图6－3－5和图6－3－6所示。试用分层总和法计算基础的最终沉降。

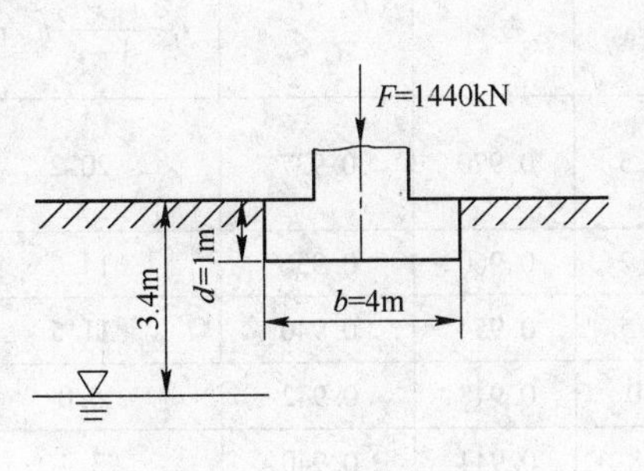

图6－3－5 基础剖面图

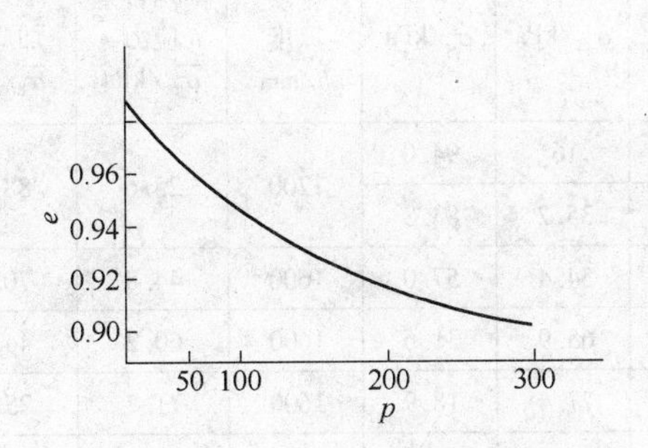

图6－3－6 地基土的压缩曲线

【解】（1）计算分层厚度。每层厚度 $h_i < 0.4b = 1.6\text{m}$，地下水位以上分两层，各1.2m，地下水位以下按1.6m分层。

（2）计算地基土的自重应力。自重应力从天然地面起算，z 的取值从基础地面算起，具体计算见下表，应力分布如图6-3-7所示。

z/m	0	1.2	2.4	4.0	5.6	7.2
σ_{cz}/kPa	16	35.2	54.4	65.9	77.4	89.0

（3）计算基底压力。

$$G = \gamma_G A d = 20 \times 4 \times 4 \times 1\text{kN} = 320\text{kN}$$

$$p = \frac{F+G}{A} = \frac{1440+320}{4 \times 4}\text{kPa} = 110\text{kPa}$$

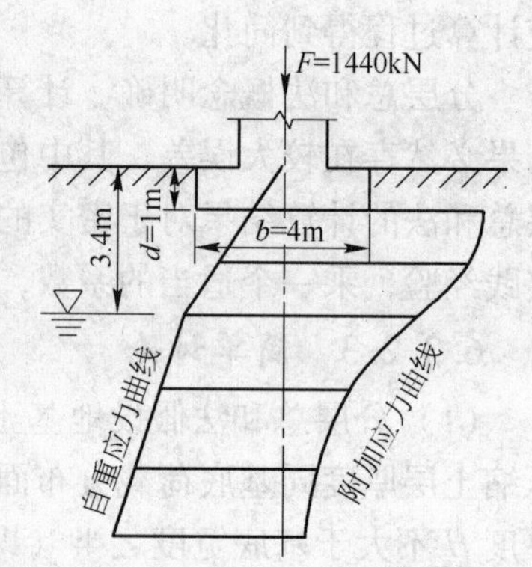

图6-3-7　地基应力分布图

（4）计算基底附加压力。

$$p_0 = p - \overline{\gamma}_0 d = (110 - 16 \times 1)\text{kPa} = 94\text{kPa}$$

（5）计算基础中点下地基中的附加应力。用角点法计算，过基底中点将荷载面分成四个相等的正方形，计算边长 $l = b = 2\text{m}$，$\sigma_z = 4\alpha_c p_0$，α_c 可查表确定，具体计算见下表。

z/m	l/b	z/b	α_c	σ_z/kPa	σ_{cz}/kPa	σ_z/σ_{cz}	z_n/m
0	1	0	0.2500	94.0	16		
1.2	1	0.6	0.2229	83.8	35.2		
2.4	1	1.2	0.1516	57.0	54.4		
4.0	1	2.0	0.0840	31.6	65.9		
5.6	1	2.8	0.0502	18.9	77.4	0.24	
7.2	1	3.6	0.0326	12.3	89.0	0.14	7.2

（6）确定沉降计算深度 z_n。根据 $\sigma_z = 0.2\sigma_{cz}$ 的确定原则，由计算结果，取 $z_n = 7.2\text{m}$。

（7）最终沉降计算。根据 $e-p$ 曲线，计算各层的沉降量，具体计算见下表。

z/m	σ_{cz}/kPa	σ_z/kPa	土层厚度 h/mm	平均自重应力 $\overline{\sigma}_{cz}$/kPa	平均附加应力 $\overline{\sigma}_z$/kPa	$(\overline{\sigma}_z + \overline{\sigma}_{cz})$ /kPa	由 σ_{cz} 查 e_1	由 $\overline{\sigma}_z + \overline{\sigma}_{cz}$ 查 e_2	各土层沉降量 $s_i = \frac{e_1 - e_2}{1+e_1}h_i$/mm
0	16	94.0	1200	25.6	88.9	114.5	0.970	0.937	20.2
1.2	35.2	83.8							
2.4	54.4	57.0	1600	44.8	70.4	115.2	0.960	0.936	14.6
4.0	65.9	31.6	1600	60.2	44.3	104.5	0.954	0.940	11.5
5.6	77.4	18.9	1600	71.7	25.3	97.0	0.948	0.942	5.0
7.2	89.0	12.3	1600	83.2	15.6	98.8	0.944	0.940	3.4

按分层总和法求得基础最终沉降量为

$$s=\sum s_i=54.7\text{mm}$$

6.3.3 应力面积法

应力面积法以分层总和法的思想为基础，也采用侧限试验的压缩性指标，运用地基平均附加应力系数计算地基最终沉降量。但是，该方法确定地基沉降计算深度 z_n 的标准不同于前面介绍的分层总和法。它引入了沉降计算经验系数，使得计算结果比分层总和法更接近于实测值。应力面积法是《建筑地基基础设计规范》（GB 50007—2011）推荐使用的地基最终沉降量计算方法，故习惯上也称为规范法。

6.3.3.1 计算公式

A 基本计算公式的推导

如图 6－3－8 所示，若基底以下 $z_{i-1}\sim z_i$ 深度范围第 i 土层的侧限压缩模量为 E_{si}（可取该层中点处相应于自重应力至自重应力加附加应力段的 E_s 值），则在基础附加应力作用下第 i 分层的压缩量 $\Delta s'_i$ 为

$$\Delta s'_i=\int_{z_{i-1}}^{z_i}\varepsilon_z\mathrm{d}z=\int_{z_{i-1}}^{z_i}\frac{\sigma_z}{E_{si}}\mathrm{d}z=\frac{1}{E_{si}}\int_{z_{i-1}}^{z_i}\sigma_z\mathrm{d}z=\frac{1}{E_{si}}\left(\int_0^{z_i}\sigma_z\mathrm{d}z-\int_0^{z_{i-1}}\sigma_z\mathrm{d}z\right)\tag{6-3-11}$$

式中，$\int_0^{z_i}\sigma_z\mathrm{d}z$ 即为基底中心点以下 0 ～ z_i 深度范围附加应力面积，用 A_i 来表示；$\int_0^{z_{i-1}}\sigma_z\mathrm{d}z$ 即为基底中心点以下 0 ～ z_{i-1} 深度范围附加应力面积，用 A_{i-1} 来表示。则 $\Delta A_i=A_i-A_{i-1}$ 为基底中心以下 $z_{i-1}\sim z_i$ 深度范围附加应力面积。式（6－3－11）可表示为

$$\Delta s'_i=\frac{\Delta A_i}{E_{si}}=\frac{A_i-A_{i-1}}{E_{si}}\tag{6-3-12}$$

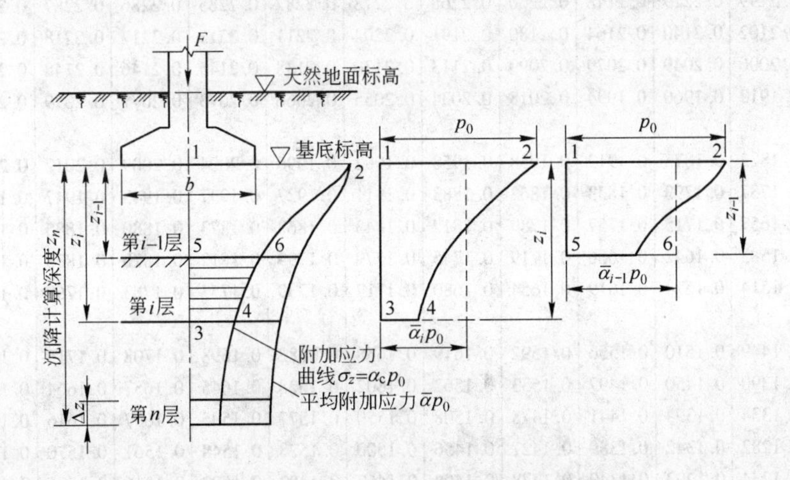

图 6－3－8 应力面积法计算地基最终沉降

为了便于计算，将附加应力面积 A_i 及 A_{i-1} 分别改写成

$$\begin{cases}A_i=(\overline{\alpha}_i p_0)z_i\\A_{i-1}=(\overline{\alpha}_{i-1}p_0)z_{i-1}\end{cases}\tag{6-3-13}$$

则式（6－3－12）可表示为

$$\Delta s_i' = \frac{p_0}{E_{si}}(z_i\overline{\alpha}_i - z_{i-1}\overline{\alpha}_{i-1}) \qquad (6-3-14)$$

这样，基础平均沉降量便可以表示为

$$s' = \sum_{i=1}^{n}\Delta s_i' = \sum_{i=1}^{n}\frac{p_0}{E_{si}}(z_i\overline{\alpha}_i - z_{i-1}\overline{\alpha}_{i-1}) \qquad (6-3-15)$$

式中　n——沉降计算深度范围划分的土层数；

p_0——基底附加压力；

$\overline{\alpha}_i$，$\overline{\alpha}_{i-1}$——平均竖向附加应力系数；

$\overline{\alpha}_i p_0$，$\overline{\alpha}_{i-1}p_0$——分别为将基底中心以下地基中 z_i、z_{i-1} 深度范围的附加应力，按等面积化为相同深度范围内矩形分布时分布应力的大小。

表6－3－2给出了矩形面积上均布荷载角点下平均竖向附加应力系数 $\overline{\alpha}$ 值，有关矩形面积上三角形分布荷载角点下平均竖向附加应力系数 $\overline{\alpha}$ 值这里从略。

表6－3－2　矩形均布荷载角点下平均竖向附加应力系数 $\overline{\alpha}$

z/b	l/b												
	1.0	1.2	1.4	1.6	1.8	2.0	2.4	2.8	3.2	3.6	4.0	5.0	10.0
0.0	0.2500	0.2500	0.2500	0.2500	0.2500	0.2500	0.2500	0.2500	0.2500	0.2500	0.2500	0.2500	0.2500
0.2	0.2496	0.2497	0.2497	0.2498	0.2498	0.2498	0.2498	0.2498	0.2498	0.2498	0.2498	0.2498	0.2498
0.4	0.2474	0.2479	0.2481	0.2483	0.2483	0.2484	0.2485	0.2485	0.2485	0.2485	0.2485	0.2485	0.2485
0.6	0.2423	0.2437	0.2444	0.2448	0.2448	0.2451	0.2452	0.2454	0.2455	0.2455	0.2455	0.2455	0.2456
0.8	0.2346	0.2372	0.2387	0.2395	0.2400	0.2403	0.2407	0.2408	0.2409	0.2409	0.2410	0.2410	0.2410
1.0	0.2252	0.2291	0.2313	0.2326	0.2335	0.2340	0.2346	0.2349	0.2351	0.2352	0.2352	0.2353	0.2353
1.2	0.2149	0.2199	0.2229	0.2248	0.2260	0.2268	0.2278	0.2282	0.2285	0.2286	0.2287	0.2288	0.2289
1.4	0.2043	0.2102	0.2140	0.2164	0.2180	0.2191	0.2204	0.2211	0.2215	0.2217	0.2218	0.2220	0.2221
1.6	0.1939	0.2006	0.2049	0.2079	0.2099	0.2113	0.2130	0.2138	0.2145	0.2146	0.2148	0.2150	0.2152
1.8	0.1840	0.1912	0.1960	0.1994	0.2018	0.2034	0.2055	0.2066	0.2073	0.2077	0.2079	0.2082	0.2084
2.0	0.1746	0.1822	0.1875	0.1912	0.1938	0.1958	0.1982	0.1996	0.2004	0.2009	0.2012	0.2015	0.2018
2.2	0.1659	0.1737	0.1793	0.1833	0.1862	0.1883	0.1911	0.1927	0.1937	0.1943	0.1947	0.1952	0.1955
2.4	0.1578	0.1657	0.1715	0.1757	0.1789	0.1812	0.1843	0.1862	0.1873	0.1880	0.1885	0.1890	0.1895
2.6	0.1503	0.1583	0.1642	0.1686	0.1719	0.1745	0.1779	0.1799	0.1812	0.1820	0.1825	0.1832	0.1838
2.8	0.1433	0.1514	0.1574	0.1619	0.1654	0.1680	0.1717	0.1739	0.1753	0.1763	0.1769	0.1777	0.1784
3.0	0.1369	0.1449	0.1510	0.1556	0.1592	0.1619	0.1658	0.1682	0.1698	0.1708	0.1715	0.1725	0.1733
3.2	0.1310	0.1390	0.1450	0.1497	0.1533	0.1562	0.1602	0.1628	0.1645	0.1657	0.1664	0.1675	0.1685
3.4	0.1256	0.1334	0.1394	0.1441	0.1478	0.1508	0.1550	0.1577	0.1595	0.1607	0.1616	0.1628	0.1639
3.6	0.1205	0.1282	0.1342	0.1389	0.1427	0.1456	0.1500	0.1528	0.1548	0.1561	0.1570	0.1583	0.1595
3.8	0.1158	0.1234	0.1293	0.1340	0.1378	0.1408	0.1452	0.1482	0.1502	0.1516	0.1526	0.1541	0.1554
4.0	0.1114	0.1189	0.1248	0.1294	0.1332	0.1362	0.1408	0.1436	0.1459	0.1474	0.1485	0.1500	0.1516
4.2	0.1073	0.1147	0.1205	0.1251	0.1289	0.1319	0.1365	0.1396	0.1418	0.1434	0.1445	0.1462	0.1479
4.4	0.1035	0.1107	0.1164	0.1210	0.1248	0.1279	0.1325	0.1357	0.1379	0.1396	0.1407	0.1425	0.1444
4.6	0.1000	0.1070	0.1127	0.1172	0.1209	0.1240	0.1287	0.1319	0.1342	0.4359	0.1371	0.1390	0.1410
4.8	0.0967	0.1036	0.1091	0.1136	0.1173	0.1204	0.1250	0.1283	0.1307	0.1324	0.1337	0.1357	0.1379

续表 6-3-2

z/b	l/b												
	1.0	1.2	1.4	1.6	1.8	2.0	2.4	2.8	3.2	3.6	4.0	5.0	10.0
5.0	0.0935	0.1003	0.1057	0.1102	0.1139	0.1169	0.1216	0.1249	0.1273	0.1291	0.1304	0.1325	0.1348
5.2	0.0906	0.0972	0.1026	0.1070	0.1106	0.1136	0.1183	0.1217	0.1241	0.1259	0.1273	0.1295	0.1320
5.4	0.0878	0.0943	0.0996	0.1039	0.1075	0.1105	0.1152	0.1186	0.1211	0.1229	0.1243	0.1265	0.1292
5.6	0.0852	0.0916	0.0968	0.1010	0.1046	0.1076	0.1122	0.1155	0.1181	0.1200	0.1215	0.1238	0.1265
5.8	0.0828	0.0890	0.0941	0.0983	0.1018	0.1047	0.1091	0.1128	0.1153	0.1172	0.1187	0.1211	0.1240
6.0	0.0805	0.0866	0.0916	0.0957	0.0991	0.1021	0.1067	0.1101	0.1126	0.1146	0.1161	0.1185	0.1216
6.2	0.0783	0.0842	0.0891	0.0932	0.0966	0.0995	0.1041	0.1075	0.1101	0.1120	0.1136	0.1161	0.1193
6.4	0.0762	0.0820	0.0869	0.0909	0.0942	0.0971	0.1016	0.1050	0.1076	0.1096	0.1111	0.1137	0.1171
6.6	0.0742	0.0799	0.0847	0.0886	0.0919	0.0948	0.0993	0.1027	0.1053	0.1073	0.1088	0.1114	0.1149
6.8	0.0723	0.0779	0.0826	0.0865	0.0898	0.0926	0.0970	0.1004	0.1030	0.1050	0.1066	0.1092	0.1129
7.0	0.0705	0.0761	0.0806	0.0844	0.0877	0.0904	0.0949	0.0982	0.1008	0.1028	0.1044	0.1071	0.1109
7.2	0.0688	0.0742	0.0787	0.0825	0.0857	0.0884	0.0928	0.0962	0.0987	0.1008	0.1023	0.1051	0.1090
7.4	0.0672	0.0725	0.0769	0.0806	0.0838	0.0865	0.0908	0.0942	0.0967	0.0988	0.1004	0.1031	0.1071
7.6	0.0656	0.0709	0.0752	0.0789	0.0820	0.0846	0.0889	0.0922	0.0948	0.0968	0.0964	0.1012	0.1054
7.8	0.0642	0.0693	0.0736	0.0771	0.0802	0.0828	0.0871	0.0904	0.0929	0.0950	0.0966	0.0994	0.1036
8.0	0.0627	0.0678	0.0720	0.0755	0.0785	0.0811	0.0853	0.0886	0.0912	0.0932	0.0948	0.0976	0.1020
8.2	0.0614	0.0663	0.0705	0.0739	0.0769	0.0795	0.0837	0.0869	0.0894	0.0914	0.0931	0.0959	0.1004
8.4	0.0601	0.0649	0.0690	0.0724	0.0754	0.0779	0.0820	0.0852	0.0878	0.0898	0.0914	0.0943	0.0988
8.6	0.0588	0.0636	0.0676	0.0710	0.0739	0.0764	0.0805	0.0836	0.0862	0.0882	0.0898	0.0927	0.0973
8.8	0.0576	0.0623	0.0663	0.0696	0.0724	0.0749	0.0790	0.0821	0.0846	0.0866	0.0882	0.0912	0.0959
9.2	0.0554	0.0599	0.0637	0.0670	0.0697	0.0721	0.0761	0.0792	0.0817	0.0837	0.0853	0.0882	0.0931
9.6	0.0533	0.0577	0.0614	0.0645	0.0672	0.0696	0.0734	0.0765	0.0789	0.0809	0.0825	0.0855	0.0905
10.0	0.0514	0.0556	0.0592	0.0622	0.0649	0.0672	0.0710	0.0739	0.0763	0.0783	0.0799	0.0829	0.0880
10.4	0.0496	0.0537	0.0572	0.0601	0.0627	0.0649	0.0686	0.0716	0.0739	0.0759	0.0775	0.0804	0.0857
10.8	0.0479	0.0519	0.0553	0.0581	0.0606	0.0628	0.0654	0.0633	0.0717	0.0736	0.0751	0.0781	0.0834
11.2	0.0463	0.0502	0.0535	0.0563	0.0587	0.0609	0.0644	0.0672	0.0695	0.0714	0.0730	0.0759	0.0813
11.6	0.0448	0.0486	0.0518	0.0545	0.0569	0.0590	0.0625	0.0652	0.0675	0.0694	0.0709	0.0738	0.0793
12.0	0.0435	0.0471	0.0502	0.0529	0.0552	0.0573	0.0606	0.0634	0.0656	0.0674	0.0690	0.0719	0.0774
12.8	0.0409	0.0444	0.0474	0.0499	0.0521	0.0541	0.0573	0.0599	0.0621	0.0639	0.0654	0.0682	0.0739
13.6	0.0387	0.0420	0.0448	0.0472	0.0493	0.0512	0.0543	0.0568	0.0589	0.0607	0.0621	0.0649	0.0707
14.4	0.0367	0.0398	0.0425	0.0448	0.0468	0.0486	0.0516	0.0540	0.0561	0.0577	0.0592	0.0619	0.0677
15.2	0.0349	0.0379	0.0404	0.0426	0.0446	0.0463	0.0492	0.0515	0.0535	0.0551	0.0565	0.0592	0.0650
16.0	0.0332	0.0361	0.0385	0.0407	0.0425	0.0442	0.0469	0.0492	0.0511	0.0527	0.0540	0.0567	0.0625
18.0	0.0297	0.0323	0.0345	0.0364	0.0381	0.0396	0.0422	0.0442	0.0460	0.0475	0.0487	0.0512	0.0570
20.0	0.0269	0.0292	0.0312	0.0330	0.0345	0.0359	0.0383	0.0402	0.0418	0.0432	0.0444	0.0468	0.0524

B 沉降计算深度 z_n 的确定

《建筑地基基础设计规范》（GB 50007—2011）用符号 z_n 表示沉降计算深度，并规定 z_n 应符合下列要求：

$$\Delta s'_n \leqslant 0.025 \sum_{i=1}^{n} \Delta s'_i \qquad (6-3-16)$$

式中 $\Delta s'_n$——自计算深度往上 Δz 厚度范围的压缩量（包括考虑相邻荷载的影响），Δz 的取值按表 6－3－3 确定。

表 6－3－3 Δz 值

b/m	$b \leqslant 2$	$2 < b \leqslant 4$	$4 < b \leqslant 8$	$8 < b \leqslant 15$	$15 < b \leqslant 30$	$b > 30$
Δz/m	0.3	0.6	0.8	1.0	1.2	1.5

如确定的沉降计算深度下部仍有较软弱土层时，应继续往下进行计算，同样也应至满足式（6－3－16）为止。

当无相邻荷载影响时，基础宽度在 1～50m 范围内，地基沉降计算深度也可按下列简化公式计算：

$$z_n = b(2.5 - 0.4\ln b) \qquad (6-3-17)$$

式中 b——基础宽度。

在计算深度范围内存在基岩时，z_n 取至基岩表面。

C 沉降计算经验系数 ψ_s

规范规定，按前述公式计算得到的沉降 s' 尚应乘以一个沉降计算经验系数 ψ_s，以提高计算准确度。ψ_s 定义为根据地基沉降观测资料推算的最终沉降量 s_∞ 与由式（6－3－16）计算得到的 s' 之比，一般根据地区沉降观测资料及经验确定，也可按表 6－3－4 查取。

综上所述，规范推荐的地基最终沉降计算公式为

$$s_\infty = \psi_s s' = \psi_s \sum_{i=1}^{n} \frac{p_0}{E_{si}} (z_i \overline{\alpha}_i - z_{i-1} \overline{\alpha}_{i-1}) \qquad (6-3-18)$$

表 6－3－4 沉降计算经验系数 ψ_s

$\overline{E}_s$/MPa	2.5	4.0	7.0	15.0	20.0
基底附加压力 $p_0 \geqslant f_k$	1.4	1.3	1.0	0.4	0.2
$p_0 \leqslant 0.75 f_k$	1.1	1.0	0.7	0.4	0.2

注：f_k 为地基承载力标准值。

表中
$$\overline{E}_s = \frac{\sum A_i}{\sum \dfrac{A_i}{E_{si}}} \qquad (6-3-19)$$

式中 A_i——第 i 层土附加应力面积，$A_i = p_0 (z_i \overline{\alpha}_i - z_{i-1} \overline{\alpha}_{i-1})$。

6.3.3.2 与分层总和法的比较

同分层总和法相比，应力面积法主要有以下三个特点：

（1）由于附加应力沿深度的分布是非线性的，因此如果分层总和法中分层厚度太大，用分层上下层面附加应力的平均值来作为该分层平均附加应力将产生较大的误差；而应力面积法由于采用了精确的“应力面积”的概念，因而可以划分较少的层数，一般可以按

地基土的天然层面划分，使得计算工作得以简化。

（2）地基沉降计算深度 z_n 的确定方法较分层总和法更为合理。

（3）提出了沉降计算经验系数 ψ_s。由于 ψ_s 是从大量的工程实际沉降观测资料中，经数理统计分析得出的，它综合反映了许多因素的影响，如：侧限条件的假设；计算附加应力时对地基土均质的假设与地基土层实际成层的不一致对附加应力分布的影响；不同压缩性的地基土沉降计算值与实测值的差异，等等。因此，应力面积法更接近于实际。

应力面积法也是基于同分层总和法一样的基本假设，由于它具有以上的特点，因此实质上它是一种简化并经修正的分层总和法。

【例6-2】如图6-3-9所示，基础底面尺寸为4.8m×3.2m，埋深为1.5m，传至地面的中心荷载 $F=1800$kN，地基的土层分层及各层土的侧限压缩模量（相应于自重应力至自重应力加附加应力段）如图中所示，试用应力面积法计算基础中点的最终沉降。

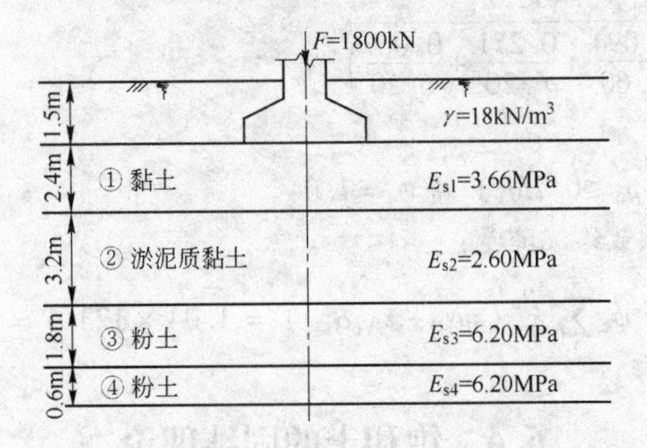

图6-3-9 例6-2图

【解】（1）基底附加应力：

$$p_0=\frac{1800+4.8\times3.2\times1.5\times20}{4.8\times3.2}-18\times1.5=120\text{kPa}$$

（2）利用应力面积法计算地基最终沉降，计算过程见下表：

z /m	l/b	z/b	$\overline{\alpha}$	$z_i\overline{\alpha}_i$	$z_i\overline{\alpha}_i-z_{i-1}\overline{\alpha}_{i-1}$	E_{si} /MPa	Δs_i /mm	$\sum\Delta s_i'$ /mm
0.0	4.8/3.2=1.5	0/1.6=0.0	4×0.2500 =1.0000	0.000				
2.4	1.5	2.4/1.6=1.5	4×0.2108 =0.8432	2.024	2.024	3.66	66.3	66.3
5.6	1.5	5.6/1.6=3.5	4×0.1392 =0.5568	3.118	1.094	2.60	50.5	116.8
7.4	1.5	7.4/1.6 =4.625	4×0.1145 =0.4580	3.389	0.271	6.20	5.3	122.1
8.0	1.5	8.0/1.6=5.0	4×0.1080 =0.4320	3.456	0.067	6.20	1.3≤ 0.025×123.4	123.4

(3) 确定沉降计算深度 z_n。上表中 $z=8\text{m}$ 深度范围内的计算沉降量为 123.4mm，相应于7.4~8.0m 深度范围（按表 6-3-3 往上取 $\Delta z=0.6\text{m}$）土层计算沉降量为 $1.3\leqslant 0.025\times123.4\text{mm}$，满足要求，故沉降计算深度 $z_n=8.0\text{m}$。

(4) 确定 ψ_s：

$$\overline{E}_s=\frac{\sum_1^n A_i}{\sum_1^n \frac{A_i}{E_{si}}}$$

$$=\frac{p_0(z_n\overline{\alpha}_n-0\times\overline{\alpha}_0)}{p_0\left[\frac{(z_1\overline{\alpha}_1-0\times\overline{\alpha}_0)}{E_{s1}}+\frac{(z_2\overline{\alpha}_2-z_1\times\overline{\alpha}_1)}{E_{s2}}+\frac{(z_3\overline{\alpha}_3-z_2\times\overline{\alpha}_2)}{E_{s3}}+\frac{(z_4\overline{\alpha}_4-z_3\times\overline{\alpha}_3)}{E_{s4}}\right]}$$

$$=\frac{p_0\times3.456}{p_0\left(\frac{2.024}{3.66}+\frac{1.094}{2.60}+\frac{0.271}{6.20}+\frac{0.067}{6.20}\right)}$$

$$=3.36\text{MPa}$$

由表 6-3-4（当 $p_0\leqslant0.75f_k$）得 $\psi_s=1.04$。

(5) 计算基础中点最终沉降量：

$$s=\psi_s s'=\psi_s\sum_1^4\frac{p_0}{E_{si}}(z_i\overline{\alpha}_i-z_{i-1}\overline{\alpha}_{i-1})=1.04\times123.4=128.3\text{mm}$$

6.4 饱和土的固结理论

当外荷载作用于透水性较差的地基时，地基中的孔隙水压强会升高。荷载引起的地基应力由土骨架和孔隙水分担，土骨架应力（有效应力）和孔隙水压强之间满足有效应力方程。地基孔隙水压强的升高会引起孔隙水的流动，使升高的孔隙水压强慢慢消散。受荷前，地基中的孔隙水一般处于静止或稳定渗流状态，此时地基中的孔隙水压强称为静孔隙水压强。受荷引起的升高的孔隙水压强，称为超静孔隙水压强，简称超静孔压。随着超静孔压的消散，土体的有效应力逐渐增加，当完全消散后，荷载完全由土骨架承担。这一过程，就是土体的固结。

太沙基曾借助于一个弹簧，以假想的简单渗流固结模型来形象地说明侧限条件下土体的固结，如图 6-4-1 所示。

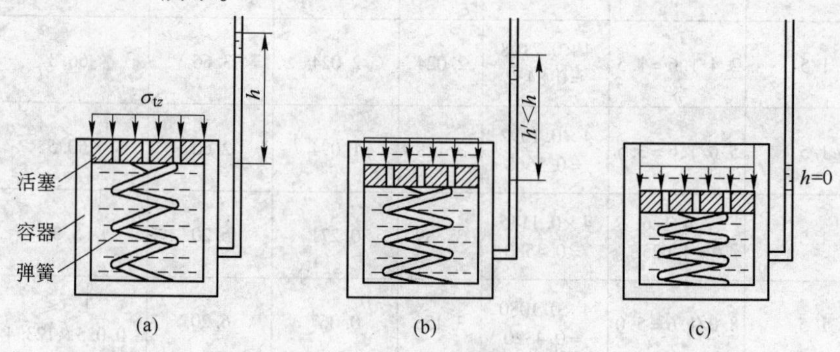

图 6-4-1　饱和土体渗流固结模型

如图所示，在一个装满水的圆筒中，上部安装一个带细孔的活塞，活塞与筒底之间安装一个弹簧，以此模拟饱和土层，弹簧可视为土的骨架，模型中的水相当于土体孔隙中的自由水。由试验可知：

(1) 活塞顶面骤然施加压应力 σ_{tz} 的一瞬间，圆筒中的水尚未从活塞的细孔排出时，σ_{tz} 完全由水承担，弹簧没有变形和受力，即 $t=0$ 时，孔隙水压强 $u=\sigma_{tz}$，有效应力 $\sigma_z=0$。

(2) 经过时间 t 后，因水压力增大，筒中水不断从活塞底部通过细孔，向活塞顶面流出；从而使活塞下降，迫使弹簧收缩而受力。此时，有效应力逐渐增大，孔隙水压力逐渐减小，即 $0<t<+\infty$ 时，$u+\sigma_z=\sigma_{tz}$，$\sigma_z>0$；u 逐渐减小。

(3) 当经历很长时间 t 后，孔隙水压强趋近于0，筒中水停止流出，σ_{tz} 完全作用在弹簧上，这时有效应力等于总应力 σ_{tz}，而孔隙水压强为0，即 $t=\infty$ 时，$u=0$，$\sigma_z=\sigma_{tz}$。

由此可见，饱和土体的渗流固结过程，是土中的孔隙水压强消散、逐渐转移为有效应力的过程。通常，地基土体在自重作用下已经固结结束，但是对于新填土和新近沉积土地基，则有自重作用固结的问题。

6.4.1 一般三维饱和土地基的固结问题

对于干土层或者天然含水量土层的地基，前面两章已经介绍了可以用弹性力学方法，即应用平衡方程、变形协调方程和本构方程求解应力和变形。而对于均质的饱和土地基的固结问题，同样可以联合应用上述方程，只是还需要用到渗流方程。

以有效应力表示的饱和土的平衡微分方程为

$$\begin{cases}\dfrac{\partial\sigma_x}{\partial x}+\dfrac{\partial\tau_{xy}}{\partial y}+\dfrac{\partial\tau_{xz}}{\partial z}+\dfrac{\partial u_w}{\partial x}=0\\[2mm]\dfrac{\partial\tau_{yx}}{\partial x}+\dfrac{\partial\sigma_y}{\partial y}+\dfrac{\partial\tau_{yz}}{\partial z}+\dfrac{\partial u_w}{\partial y}=0\\[2mm]\dfrac{\partial\tau_{zx}}{\partial x}+\dfrac{\partial\tau_{zy}}{\partial y}+\dfrac{\partial\sigma_z}{\partial z}+\dfrac{\partial u_w}{\partial z}=-\gamma'\end{cases}\tag{6-4-1}$$

当自重引起的变形已经完成时，式（6-4-1）中 γ' 取为0，此时方程中的应力为外荷载引起的应力增量。

土体变形协调方程为

$$\begin{cases}\varepsilon_x=\dfrac{\partial u}{\partial x},\ \gamma_{xy}=\dfrac{\partial v}{\partial x}+\dfrac{\partial u}{\partial y}\\[2mm]\varepsilon_y=\dfrac{\partial v}{\partial y},\ \gamma_{yz}=\dfrac{\partial w}{\partial y}+\dfrac{\partial v}{\partial z}\\[2mm]\varepsilon_z=\dfrac{\partial w}{\partial z},\ \gamma_{xz}=\dfrac{\partial w}{\partial x}+\dfrac{\partial u}{\partial z}\end{cases}\tag{6-4-2}$$

应用线性弹性本构关系：

$$\begin{cases}\varepsilon_x=\dfrac{1}{E}[\sigma_x-\mu(\sigma_y+\sigma_z)]\\ \varepsilon_y=\dfrac{1}{E}[\sigma_y-\mu(\sigma_x+\sigma_z)]\\ \varepsilon_z=\dfrac{1}{E}[\sigma_z-\mu(\sigma_y+\sigma_x)]\\ \gamma_x=\dfrac{\tau_{yz}}{G}=\dfrac{\tau_{yz}\cdot 2(1+\mu)}{E}\\ \gamma_y=\dfrac{\tau_{xz}}{G}=\dfrac{\tau_{xz}\cdot 2(1+\mu)}{E}\\ \gamma_z=\dfrac{\tau_{xy}}{G}=\dfrac{\tau_{xy}\cdot 2(1+\mu)}{E}\end{cases} \tag{6-4-3}$$

式中的弹性常数 E、μ、G 在第5章已有说明，分别是弹性模量、泊松比与剪切模量。

用 ε_v 表示土体的体积应变，$\varepsilon_v=\varepsilon_x+\varepsilon_y+\varepsilon_z$。由式（6-4-3）可以导出

$$\begin{cases}\sigma_x=2G\left(\varepsilon_x+\dfrac{\mu}{1-2\mu}\varepsilon_v\right)\\ \sigma_y=2G\left(\varepsilon_y+\dfrac{\mu}{1-2\mu}\varepsilon_v\right)\\ \sigma_z=2G\left(\varepsilon_z+\dfrac{\mu}{1-2\mu}\varepsilon_v\right)\\ \tau_{xy}=G\gamma_z,\ \tau_{yz}=G\gamma_x,\ \tau_{xz}=G\gamma_y\end{cases} \tag{6-4-4}$$

将式（6-4-4）及式（6-4-2）代入平衡方程式（6-4-1）中，得

$$\begin{cases}-\nabla^2 u-\dfrac{\lambda+G}{G}\dfrac{\partial\varepsilon_v}{\partial x}+\dfrac{1}{G}\dfrac{\partial u_w}{\partial x}=0\\ -\nabla^2 v-\dfrac{\lambda+G}{G}\dfrac{\partial\varepsilon_v}{\partial y}+\dfrac{1}{G}\dfrac{\partial u_w}{\partial y}=0\\ -\nabla^2 w-\dfrac{\lambda+G}{G}\dfrac{\partial\varepsilon_v}{\partial z}+\dfrac{1}{G}\dfrac{\partial u_w}{\partial z}=-\gamma'\end{cases} \tag{6-4-5}$$

式中，$\lambda=\dfrac{\mu E}{(1+\mu)(1-2\mu)}$；$G=\dfrac{E}{2(1+\mu)}$；$\nabla^2=\dfrac{\partial^2}{\partial x^2}+\dfrac{\partial^2}{\partial y^2}+\dfrac{\partial^2}{\partial z^2}$。

由第4章饱和土体的渗流方程为

$$\frac{k_x}{\gamma_w}\frac{\partial^2 u_w}{\partial x^2}+\frac{k_y}{\gamma_w}\frac{\partial^2 u_w}{\partial y^2}+\frac{k_z}{\gamma_w}\frac{\partial^2 u_w}{\partial z^2}=-\frac{\partial\varepsilon_v}{\partial t} \tag{6-4-6}$$

解式（6-4-5）和式（6-4-6）组成的方程组，即可求得位移 u、v、w 和孔隙水压力 u_w 4个未知量，进而得到土体应力。这样得到的结果既满足弹性材料的应力应变关系和平衡条件，又满足变形协调条件与水流连续方程。

式（6-4-5）和式（6-4-6）最早由比奥（Biot）在1941年提出，称为比奥固结方程。当然，比奥是从土体的总应力方程出发，应用太沙基的有效应力方程导出的有效应力平衡方程。比奥固结方程也称比奥固结理论，它直接从弹性理论出发，满足土体的平衡条件、弹性应力应变关系和变形协调条件，此外还考虑了水流连续条件。因此，比奥理论是三维固结问题的精确表达式，后面讲到的太沙基单向固结理论可视为比奥固结理论的一

种特殊情况。

在实际固结过程中，虽然外荷载保持不变，但是土体的有效应力不断变化，弹性参数也会不断变化。因比奥固结理论求解复杂，目前只有少数几种情况能获得解析解，而多数情况还需要用数值解法，故它多用于土体结构应力应变分析的有限元法计算。

6.4.2 一维固结问题

一维固结又称单向固结，它假定在荷载作用下土中水的流动和土体的变形仅沿一个方向发生。

6.4.2.1 比奥一维固结问题

将比奥方程用于一维条件，即可求解一维固结问题，也称为比奥一维固结问题。对于一维问题，$\varepsilon_x = \varepsilon_y = 0$，则 $\varepsilon_v = \varepsilon_x + \varepsilon_y + \varepsilon_z = \varepsilon_z$。此时，式（6-4-5）简化为

$$-\nabla^2 w - \frac{\lambda + G}{G}\frac{\partial \varepsilon_z}{\partial z} + \frac{1}{G}\frac{\partial u_w}{\partial z} = -\gamma' \tag{6-4-7}$$

式（6-4-6）简化为

$$\frac{k}{\gamma_w}\frac{\partial^2 u_w}{\partial z^2} = -\frac{\partial \varepsilon_z}{\partial t} \tag{6-4-8}$$

式（6-4-7）和式（6-4-8）即为比奥一维固结方程。

在固结过程中法向总应力和为

$$\Theta_t = \sigma_{tx} + \sigma_{ty} + \sigma_{tz}$$

由胡克定律将体积应变用有效应力表示出来，对于一维问题，有

$$\varepsilon_v = \varepsilon_z = \frac{(1-2\mu)(1+\mu)}{1-\mu}\frac{\Theta}{E} \tag{6-4-9}$$

式中 E——弹性模量；

Θ——法向有效应力的和，对于一维问题，$\Theta = \sigma_z$。

根据有效应力原理，有

$$\Theta = \Theta_t - u_w \tag{6-4-10}$$

将式（6-4-10）代入式（6-4-9），再代入式（6-4-8），得

$$\frac{\partial u_w}{\partial t} - \frac{\partial \Theta_t}{\partial t} = C_v \nabla^2 u_w \tag{6-4-11}$$

式中，$C_v = \dfrac{kE(1-\mu)}{\gamma_w(1-2\mu)(1+\mu)}$。

由式（6-4-11）可见，若令 $\dfrac{\partial \Theta_t}{\partial t} = 0$，即假定固结过程中法向总应力的和不随时间变化，则式（6-4-11）变为

$$\frac{\partial u_w}{\partial t} = C_v \nabla^2 u_w \tag{6-4-12}$$

式（6-4-12）就是太沙基一维固结方程。由此可见，比奥一维固结方程在法向总

应力和 Θ_t 不随时间变化的假定下就成为太沙基的一维固结方程。

6.4.2.2　太沙基单向固结理论

A　基本假设

为了解决沉降与时间的关系问题，太沙基在 1924 年建立了单向固结理论，目前被广泛采用，适用条件为大面积均布荷载，地基中孔隙水主要沿竖向渗流。其基本假设是：

（1）土层是均质完全饱和状态；在固结过程中，土粒和孔隙水是不可压缩的；土的压缩就是孔隙体积的压缩，压缩系数 a 保持常数。

（2）土层仅在竖向产生排水固结；土层的渗透系数 k 为常数；水的渗流服从达西定律；土层的压缩速率取决于自由水的排除速率。

（3）外荷载是一次瞬时施加的，为大面积加荷且沿深度 z 呈均匀分布。

B　固结微分方程的建立

在饱和土体渗透固结过程中，土层内任一点的孔隙水压力 u_w 所满足的微分方程式称为固结微分方程式。

饱和黏性土层厚度为 H，土层上面是透水砂层，下面是不透水的非压缩层，作用于土层顶面的竖向荷载无限广阔分布，如图 6－4－2 所示。在任意深度 z 处，取一微元体进行分析。

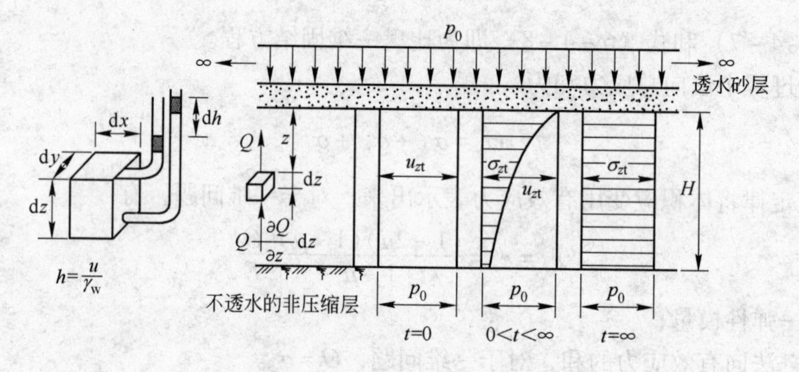

图 6－4－2　饱和土层的固结过程

在黏性土层中距顶面 z 处取一微元体，厚度为 dz，微分单元在渗流方向上的截面积为 dxdy，土体初始孔隙比为 e_1，设在固结过程中的某一时刻 t，从底面流入的流量为 $Q+\dfrac{\partial Q}{\partial z}dz$，则从单元顶面流出的流量为 Q，在 dt 时间内，微分单元被挤出的孔隙水量为

$$\mathrm{d}Q=\left[\left(Q+\frac{\partial Q}{\partial z}\mathrm{d}z\right)-Q\right]\mathrm{d}t=\frac{\partial Q}{\partial z}\mathrm{d}z\mathrm{d}t \tag{a}$$

根据饱和土固结渗流的连续条件，水流量的变化应等于孔隙体积的变化。设渗透固结过程中时间 t 的孔隙比为 e_t，孔隙体积为

$$V_v=n\dot{V}=\frac{e_t}{1+e_t}\mathrm{d}x\mathrm{d}y\mathrm{d}z \tag{b}$$

在 dt 时间内，微分单元的孔隙体积的变化量为

$$dV_v = \frac{\partial V_v}{\partial t}dt = \frac{\partial}{\partial t}\left(\frac{e_t}{1+e_t}dxdydz\right)dt = \frac{1}{1+e_t}\frac{\partial e_t}{\partial t}dxdydzdt \tag{c}$$

由于土体中土粒和水是不可压缩的，故此时间内流经微分单元的水量变化应该等于微分单元孔隙体积的变化量，即

$$dQ = dV_v$$

或

$$\frac{\partial Q}{\partial z}dzdt = \frac{1}{1+e_t}\frac{\partial e_t}{\partial t}dxdydzdt \tag{d}$$

根据渗流满足达西定律的假设，可得

$$Q = vA = kiA = k\frac{\partial h}{\partial z}dxdy = \frac{k}{\gamma_w}\frac{\partial u_w}{\partial z}dxdy \tag{e}$$

式中 A——微分单元在渗流方向上的截面积；

i——水头梯度，$i = \frac{\partial h}{\partial z}$；

h——测压管水头高度；

u_w——孔隙压力，$u_w = \gamma_w h$，即 $h = \frac{u_w}{\gamma_w}$。

于是得

$$\frac{\partial Q}{\partial z}dzdt = \frac{k}{\gamma_w}\frac{\partial^2 u_w}{\partial z^2}dxdydzdt \tag{f}$$

根据压缩曲线和有效应力原理，压缩系数为

$$a = -\frac{de}{dp}$$

有效应力为

$$\sigma_z = \sigma_{tz} - u_w = \sigma - u_w \text{（大面积荷载 } \sigma \text{ 为常量）}$$

所以有

$$de = -ad\sigma_z = -ad(\sigma - u_w) = adu_w = a\frac{\partial u_w}{\partial t}dt$$

即

$$\frac{\partial e_t}{\partial t} = a\frac{\partial u_w}{\partial t} \tag{g}$$

将式（f）和式（g）代入式（d），可得

$$\frac{k}{\gamma_w}\frac{\partial^2 u_w}{\partial z^2}dxdydzdt = \frac{a}{1+e_1}\frac{\partial u_w}{\partial t}dxdydzdt$$

整理后得

$$\frac{\partial u_w}{\partial t} = \frac{k(1+e_1)}{a\gamma_w}\frac{\partial^2 u_w}{\partial z^2}$$

令 $C_v = \frac{k(1+e_1)}{a\gamma_w}$（$C_v$ 称为竖向渗透固结系数）则有

$$\frac{\partial u_w}{\partial t} = C_v\frac{\partial^2 u_w}{\partial z^2} = C_v\nabla^2 u_w \tag{6-4-13}$$

式（6-4-13）即为饱和土单向渗透固结微分方程式。

C 固结微分方程的求解

对于式（6-4-13），可以根据不同的初始条件和边界条件求得它的解。如图6-4-2所示，考虑到饱和土体的渗流固结过程中 u_w、σ_z 的变化与时间 t 的关系，应有

初始条件：

$t=0$，$0\leqslant z\leqslant H$ 时，$u_w=\sigma_{tz}=p_0$，$\sigma_{tz}=0$；

$t=\infty$，$0\leqslant z\leqslant H$ 时，$u_w=0$，$\sigma_z=\sigma_{tz}=p_0$。

边界条件：

$0<t\leqslant\infty$，$z=0$ 时，$u_w=0$，$\sigma_z=\sigma_{tz}=p_0$；

$0<t\leqslant\infty$，$z=H$ 时，土层不透水，$Q=0$，则$\dfrac{\partial u_w}{\partial z}=0$。

将固结微分方程式（6-4-13）与上述初始条件、边界条件一起构成定解问题，用分离变量法可求得微分方程的傅里叶级数解，即任一点的孔隙水压力。

$$u_w(z,t)=\frac{4}{\pi}\sigma_z\sum_{m=1}^{\infty}\frac{1}{m}e^{-\frac{m^2\pi^2}{4}T_v}\sin\frac{m\pi}{2H}z \tag{6-4-14}$$

式中 m——正奇数，$m=1$，3，5，…；

e——自然对数的底；

T_v——时间因素，量纲为1，$T_v=\dfrac{C_v}{H^2}t$，t 是时间，单位为年；

H——压缩土层的透水面至不透水面的排水距离，cm；当土层双面排水时，H 取土层厚度的一半。

6.4.3 孔隙水压力系数

在计算外荷载作用下土体的变形和稳定时，如果总应力比较明确，那么只要知道土体内的孔隙水压强，就可以知道有效应力。也就是说，此时需要知道外荷载作用下的孔隙水压强值，比较简单的办法是用孔隙水压力系数估算。所谓孔隙水压力系数，就是土体在不排水、不排气的条件下，由外荷载引起的孔隙水压强增量与总应力增量的比值，或者说是单位总应力增量引起的孔隙水压强增量。孔隙水压力系数也简称为孔压系数。

6.4.3.1 侧限应力状态的孔压系数

除了前面讲到的自重应力属于侧限应力状态外，如果地面上作用有较大面积连续均布荷载，而土层厚度又相对较薄时，在土层中引起的附加应力 σ_{tz} 也可以看成是侧限应力状态。这时，由于外荷载 p 在土层中引起的附加应力 σ_{tz} 将沿深度均匀分布，即在 z 轴上任意深度处各点的 σ_{tz} 均等于 p；而且在同一深度 z 处的水平面上各点的竖向附加应力 σ_{tz} 也都等于 p，水平方向附加应力也均相等。显然，这种应力条件下土体侧向不会发生变形，属于侧限状态。

为了求出这种荷载条件下，土层中各点在任意时刻的孔隙水压强 u 和有效应力 σ_z，需要首先知道 $t=0$ 时的初始孔隙水压强 u_0。知道了 u_0 以后即可根据一维渗流固结理论求出任意时刻 t 的 u 和 σ_z。下面介绍一个常用的渗流固结模型，用以模拟饱和土体受到连续均布荷载后，在土中所产生的孔隙压强 u_0 以及 u 和 σ_z 随时间 t 的变换规律。图6-4-1

为太沙基最早提出的渗压模型。圆筒象征侧限条件；弹簧模拟当成弹性体的土骨架；筒中水模拟骨架四周的孔隙水；活塞上的小孔则代表土的渗透性，用以模拟排水条件。

当活塞板上未加荷载时，圆筒一侧的测压管中水位将与筒中静水位齐平。这时代表土体受外荷载前的情况，土中各点的孔隙水压强值完全由静水压强确定，而且由于任何深度处总水头都相等，土中没有渗流发生。

当活塞板上加上外荷载的瞬间，即 $t=0$ 时（见图6-4-1（a）），容器内的水来不及排出，相当于活塞上小孔被堵死的不排水状态。水是不可压缩的流体，故模型内体积变化 $\Delta V=0$，活塞不能向下移动，弹簧不受力，外荷载全部由水承担，测压管中水位将升高 h。它代表这时土中引起高于静水位的初始超静水压强 $u_0=\sigma_{tz}=\gamma_w h$，而作用于土骨架上的有效应力 $\sigma_z=0$。

当 $t>0$ 后（见图6-4-1（b）），由于活塞上下有水头差 h，导致渗流发生。水从活塞小孔中不断排出，容器内水量减少，活塞向下移动，代表土骨架的弹簧逐渐受力，分担部分作用于活塞上的荷载。与此同时，容器内水压强逐渐减小，测压管水位逐渐降低。这一过程持续发展，直至超静水压强全部消散至 $u=0$，测压管水位重新降至与容器内静水位齐平时（见图6-4-1（c）），全部外荷载都转移给弹簧承担，此时活塞稳定到某一位置，渗流停止。这一过程代表饱和土体中的超静水压强逐渐消散而转移到土骨架上，骨架的有效应力逐渐增加，孔隙水压强的减小值等于有效应力的增加值。最后，土中水的超静水压强 $u=0$，而土骨架的有效应力 $\sigma_z=\sigma_{tz}$，土体的渗流固结过程结束，简称土体已经固结。

由上述渗流固结过程，可得如下几点认识：

（1）整个渗流固结过程中 u 和 σ_z 都是在随时间而不断变化着的，即 $u=f(t)$，$\sigma_z=f(t)$。渗流固结过程的物理实质就是土中两种不同应力形态的转化过程。

（2）这里的 u 是指超静水压强。所谓超静水压强，其是由外荷载引起的，是指超出静水位以上的那部分孔隙水压强。它在固结过程中随时间不断变化，固结终了时应等于零。饱和土层中任意时刻的总孔隙水压强应是静孔隙水压强与超静水孔隙水压强之和。

（3）侧限条件下 $t=0$ 时，饱和土体的初始孔隙水压强 u_0 数值上就等于施加的外荷载强度 σ_{tz}（总应力），习惯上用增量表示，写成 $\Delta u=\Delta\sigma_{tz}$。若用孔压系数表示加压瞬间或不排水的条件下，饱和土体的孔隙水压强增量与总应力增量之比，则侧限条件下的孔压系数为 $\dfrac{\Delta u}{\Delta\sigma_{tz}}=1$。

6.4.3.2 轴对称（三轴）应力状态下的孔压系数

在三维应力中，最简单的应力状态是轴对称应力状态。对于轴对称的固结沉降问题，以三轴应力状态为例简要介绍。圆柱状土体受到周围均等应力的作用，这样的受力状态称为三轴应力状态。三轴试验是土力学最重要的试验方法之一。

在直角坐标系中，作用于三轴土样上的应力状态如图6-4-3所示。其中 $\sigma_1>\sigma_2=\sigma_3$。如果写成应力矩阵，则为

$$\begin{bmatrix}\sigma_1 & 0 & 0\\ 0 & \sigma_2 & 0\\ 0 & 0 & \sigma_3\end{bmatrix}=\begin{bmatrix}\sigma_3 & 0 & 0\\ 0 & \sigma_3 & 0\\ 0 & 0 & \sigma_3\end{bmatrix}+\begin{bmatrix}\sigma_1-\sigma_3 & 0 & 0\\ 0 & 0 & 0\\ 0 & 0 & 0\end{bmatrix} \tag{6-4-15}$$

等式右侧的第一项表示土样上三个方向受相同的主应力压缩，称为等向压缩应力状态，或球应力状态；第二项称为偏差应力状态。当求外加荷载在土体中所引起的超静水压强时，土体中的应力是在自重应力的基础上增加一个附加应力，常用增量的形式表示，如图6－4－4所示。图中将轴对称三维应力增量 $\Delta\sigma_1$ 和 $\Delta\sigma_3$ 分解成等向压应力增量 $\Delta\sigma_3$ 和偏差应力增量（$\Delta\sigma_1-\Delta\sigma_3$）。这两种应力增量在加荷的瞬间在土样内所引起的初始孔隙水压力增量，可以分别计算如下。

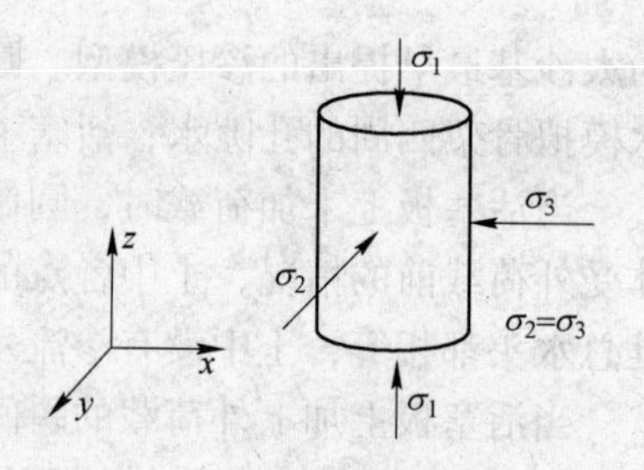

图6－4－3　圆柱体均质饱和土样三轴受力示意图

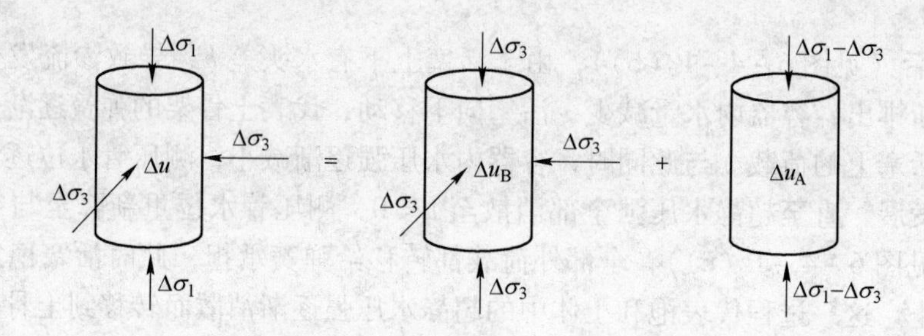

图6－4－4　圆柱体均质饱和土样三轴应力状态下的孔隙压力

A　等向压缩应力状态——孔压系数 B

考察如图6－4－4所示的圆柱体均质饱和土样。假设试样在前期应力作用下变形已经完成。现在不排水条件下施加围压增量 $\Delta\sigma_3$，根据以土骨架有效应力表示的平衡方程，可以得到试样的土骨架有效应力为

$$\Delta\sigma_z+\Delta u_B=C_1 \tag{6-4-16}$$

$$\Delta\sigma_r+\Delta u_B=C_2 \tag{6-4-17}$$

式中 C_1，C_2 为常数。结合边界条件可以得到

$$\Delta\sigma_z=\Delta\sigma_r=\Delta\sigma \tag{6-4-18}$$

$$\Delta\sigma+\Delta u_B=\Delta\sigma_3 \tag{6-4-19}$$

式中　Δu_B——孔隙水压强增量；

$\Delta\sigma$——土骨架有效应力增量；

$\Delta\sigma_3$——边界上施加的围压增量。

忽略土颗粒本身的体积应变，可以得到 $\Delta\sigma_3$ 作用下的土体应变为

$$\Delta\varepsilon_z=\Delta\varepsilon_r=\frac{1-2\mu}{E}(\Delta\sigma_3-\Delta u_B) \tag{6-4-20}$$

体积应变为

$$\Delta\varepsilon_v=\Delta\varepsilon_1+\Delta\varepsilon_2+\Delta\varepsilon_3=3\Delta\varepsilon_r=\frac{3(1-2\mu)}{E}(\Delta\sigma_3-\Delta u_B) \tag{6-4-21}$$

式中　$\Delta\varepsilon_z$，$\Delta\varepsilon_r$——轴向及径向应变增量；

$\Delta\sigma_3$，Δu_B——施加的围压增量及孔隙水压强增量；

E，μ——土的弹性模量和泊松比。

试样体积改变量为

$$\Delta V = \Delta\varepsilon_v V \tag{6-4-22}$$

孔隙水体在孔隙水压强增加 Δu_B 时的体积压缩量为

$$\Delta V_w = nV\frac{\Delta u_B}{K_w} = nVC_w\Delta u_B \tag{6-4-23}$$

式中 ΔV_w——孔隙水体积压缩量；
K_w——孔隙水的弹性模量；
C_w——孔隙水的体积压缩系数；
V——试样体积；
n——孔隙率。

对于完全饱和土样，忽略土骨架颗粒的体积变形时，在不排水也不排气的条件下，试样的体积变化必等于孔隙水的体积变化，即

$$\Delta V = \Delta V_w$$

亦即

$$\Delta\varepsilon_v = C_w n\Delta u_B \tag{6-4-24}$$

故

$$(C_s + nC_w)\Delta u_B = C_s\Delta\sigma_3 \tag{6-4-25}$$

式中，$C_s = \dfrac{3(1-2\mu)}{E}$为土的体积压缩系数。

令

$$B = \frac{\Delta u_B}{\Delta\sigma_3} = \frac{1}{1 + n\dfrac{C_w}{C_s}} \tag{6-4-26}$$

称 B 为均匀围压条件下土的孔隙水压力系数，它表示单位围压增量引起的孔隙水压强增量。于是有

$$\Delta u_B = B\Delta\sigma_3 \tag{6-4-27}$$

因为无气水在一般的压力下基本上可以认为是不可压缩的，所以当土体完全饱和并且不含气时，孔隙水的体积压缩系数 C_w 远小于土骨架的体积压缩系数，于是 B 近似等于 1。

由同样的推导过程可以发现，对于干土，孔隙中全部为空气，B 近似等于 0；对于部分饱和土，B 值介于 0 ~ 1 之间。所以 B 值可用作反应土体饱和程度的指标。

B 偏差应力状态——孔压系数 A

当土样（体积 V_0）在不排水、不排气的条件下受到轴向偏差应力（$\Delta\sigma_1 - \Delta\sigma_3$）作用后，土中将相应产生孔隙压应力 Δu_A（见图 6-4-4），则轴向和径向有效应力增量分别为（$\Delta\sigma_1 - \Delta\sigma_3$）$-\Delta u_A$ 和 $0 - \Delta u_A = -\Delta u_A$。在有效应力作用下，根据广义胡克定律，轴向骨架线应变 ε_1 和径向线应变 ε_2、ε_3 应分别为

$$\varepsilon_1 = \frac{(\Delta\sigma_1 - \Delta\sigma_3) - \Delta u_A}{E} - 2\mu\frac{-\Delta u_A}{E} \tag{6-4-28}$$

$$\varepsilon_2 = \varepsilon_3 = \frac{-\Delta u_A}{E} - \mu\frac{(\Delta\sigma_1 - \Delta\sigma_3) - \Delta u_A}{E} - \mu\frac{-\Delta u_A}{E} \tag{6-4-29}$$

将式（6－4－28）和式（6－4－29）代入式（6－4－21），整理可得土骨架的体积应变 ε_v 为

$$\varepsilon_v = \frac{1-2\mu}{E}[(\Delta\sigma_1-\Delta\sigma_3)-3\Delta u_A] = \frac{C_s}{3}[(\Delta\sigma_1-\Delta\sigma_3)-3\Delta u_A]$$

$$= C_s\left[\frac{1}{3}(\Delta\sigma_1-\Delta\sigma_3)-\Delta u_A\right] \tag{6-4-30}$$

则 V_0 土体的骨架体积压缩量 $\Delta V_s=\varepsilon_v V_0$，即

$$\Delta V_s = C_s\left[\frac{1}{3}(\Delta\sigma_1-\Delta\sigma_3)-\Delta u_A\right]V_0 \tag{6-4-31}$$

同理，孔隙压应力增量 Δu_A 将引起孔隙流体体积减小，其体积变化量为

$$\Delta V_v = C_f\Delta u_A n V_0 \tag{6-4-32}$$

$\Delta V_s=\Delta V_v$，即

$$C_s\left[\frac{1}{3}(\Delta\sigma_1-\Delta\sigma_3)-\Delta u_A\right]V_0 = C_f\Delta u_A n V_0 \tag{6-4-33}$$

$$\Delta u_A = \frac{1}{1+n\dfrac{C_f}{C_s}}\left[\frac{1}{3}(\Delta\sigma_1-\Delta\sigma_3)\right] \tag{6-4-34}$$

$$\Delta u_A = B\frac{1}{3}(\Delta\sigma_1-\Delta\sigma_3) \tag{6-4-35}$$

值得注意的是，上式是把土体当成弹性体而得出的。弹性体的一个重要特点是剪应力只通过引起受力体形变化而引起体积变化。土则不一样，在受剪后，其体积要发生膨胀或收缩，称为剪胀性。当土体剪缩时，产生正的超孔隙水压力；当土体剪胀时，产生负的超孔隙水压力。

因此，式（6－4－35）中，偏差应力（$\Delta\sigma_1-\Delta\sigma_3$）前面的系数 1/3 只适用于弹性体，而不符合实际土体的情况。经过研究，英国学者斯开普敦（A. W. Skempton）首先引入了一个经验系数 A 来替代 1/3，并将式（6－4－35）改写为如下形式：

$$\Delta u_A = BA(\Delta\sigma_1-\Delta\sigma_3) \tag{6-4-36}$$

式中　A——孔压系数。

对于饱和土，因为 $B=1$，故

$$\Delta u_A = A(\Delta\sigma_1-\Delta\sigma_3) \tag{6-4-37}$$

$$A = \frac{\Delta u_A}{\Delta\sigma_1-\Delta\sigma_3} \tag{6-4-38}$$

所以，孔压系数 A 是饱和土体在单位偏差应力增量（$\Delta\sigma_1-\Delta\sigma_3$）作用下产生的孔隙水压强增量，可用来反映土体剪切过程中的胀缩特性，是土的一个很重要的力学指标。

孔压系数 A 值的大小，对于弹性体是常量，$A=1/3$；对于土体则不是常量。它取决于偏差应力增量（$\Delta\sigma_1-\Delta\sigma_3$）所引起的体积变化，其变化范围很大，主要与土的类型、状态、过去所受的应力历史和应力状况以及加载过程中所产生的应变量等因素有关，在试验过程中 A 值是变化的。孔隙水压力系数 A、B 测定的方法在第 8 章中有详细介绍。一般而言，如果 $A<1/3$，属于剪胀土，如密实砂和超固结黏性土等；如果 $A>1/3$，则属于剪缩土，如较松的砂和正常固结黏性土等。

这样，土样受图 6-4-4 所示的轴对称三维应力增量所引起的孔隙水压强增量 Δu 即为等向压缩应力状态所引起的孔压增量 Δu_B 与偏差应力状态所引起的孔压增量 Δu_A 之和，即

$$\Delta u = \Delta u_B + \Delta u_A = B\Delta\sigma_3 + AB(\Delta\sigma_1 - \Delta\sigma_3) \tag{6-4-39}$$

或

$$\Delta u = B[\Delta\sigma_3 + A(\Delta\sigma_1 - \Delta\sigma_3)] \tag{6-4-40}$$

式（6-4-40）称为 Skempton 公式。因此，只要知道了土体中任一点的大小主应力变化，就可以根据在三轴不排水试验中测出的孔压系数 A、B，利用式（6-4-40）计算出相应的初始孔隙压力。

如果不是轴对称三维应力状态，而是一般三维应力状态，则主应力增量为 $\sigma_1 > \sigma_2 > \sigma_3$。在这种情况下，亨开尔（Henkel）等提出了一个确定饱和土孔隙压力的修正公式：

$$\Delta u = \frac{1}{3}(\Delta\sigma_1 + \Delta\sigma_2 + \Delta\sigma_3) + \frac{a}{3}\sqrt{(\Delta\sigma_1 - \Delta\sigma_2)^2 + (\Delta\sigma_2 - \Delta\sigma_3)^2 + (\Delta\sigma_3 - \Delta\sigma_1)^2} \tag{6-4-41}$$

式中 a——亨开尔孔压系数。

一般认为，采用式（6-4-41）定义的孔压系数 a 除了能反映中主应力影响外，更能反映剪应力所产生的孔隙压力变化的本质，因而具有更普遍的适用性。

6.4.4 地基沉降与时间关系计算

6.4.4.1 固结度及应用

固结度是指在某一固结应力作用下，经某一时间 t 后，土体固结过程完成的程度或孔隙水压强消散的程度，通常用 U 表示。对于土层任一深度 z 处经时间 t 后的固结度，可用式（6-4-42）表示：

$$U = \frac{\sigma}{\sigma_t} = \frac{\sigma_t - u_w}{\sigma_t} = 1 - \frac{u_w}{\sigma_t} \tag{6-4-42}$$

式中 σ_t——在外荷载的作用下，土体中某点的总应力，kPa；

σ——土体中该点的有效应力，kPa；

u_w——土体中该点的超静孔隙水压强，kPa。

但实际工程中，土层平均固结度显得更为重要。当土层为均质时，地基在固结过程中任一时刻 t 时的固结变形量 S_{ct} 与地基的最终固结变形量 S_c 之比称为地基在 t 时刻的平均固结度，即

$$U = \frac{S_{ct}}{S_c} = 1 - \frac{\int_0^H u_w(z,t)\,dz}{\int_0^H \sigma_t(z)\,dz} \tag{6-4-43}$$

式中 $\int_0^H u_w(z,t)\,dz, \int_0^H \sigma_t(z)\,dz$—— 土层在外荷作用下 t 时刻孔隙水压强面积与固结应力的面积。

在地基的固结应力、土层性质和排水条件已定的前提下，U 仅是时间 t 的函数。对于附加应力呈矩形分布的饱和黏土的单向固结情形，将式（6-4-14）代入式（6-4-43）得到

$$U=1-\frac{8}{\pi^2}\left[e^{-\frac{\pi^2}{4}T_v}+\frac{1}{9}e^{-\frac{9\pi^2}{4}T_v}+\frac{1}{25}e^{-\frac{25\pi^2}{4}T_v}+\cdots\right]$$
$$=1-\frac{8}{\pi^2}\sum_{m=1}^{\infty}\frac{1}{m^2}e^{-\frac{m^2\pi^2}{4}T_v}\quad (m=1,3,5,7,\cdots) \qquad (6-4-44)$$

从式（6－4－44）可看出，土层的平均固结程度 U 是时间因数 T_v 的单值函数，它与所加的固结应力的大小无关，但与土层中固结应力的分布有关。对于单面排水，各种直线型附加应力分布的土层平均固结程度与时间因数的关系，理论上均可采用上述方法求得。

典型直线型附加应力分布如图 6－4－5 所示，共包含“0”型、“1”型、“2”型、“0－1”型、“0－2”型 5 种，并用透水面的附加应力 p_1 与不透水面的附加应力 p_2 之比 α 表示附加应力的分布形态，即 $\alpha=\frac{p_1}{p_2}$，对于上述 5 种情况的 α 值各不相同。

情况 1（“0”型）：薄压缩层地基，或处于大面积均布荷载作用下。

情况 2（“1”型）：土层在自重应力作用下的固结。

情况 3（“2”型）：基础底面积较小，传至压缩层底面的附加应力接近零。

情况 4（“0－1”型）：在自重应力作用下尚未固结的土层上作用有基础传来的荷载。

情况 5（“0－2”型）：基础底面积较小，传至压缩层底面的附加应力不接近零。

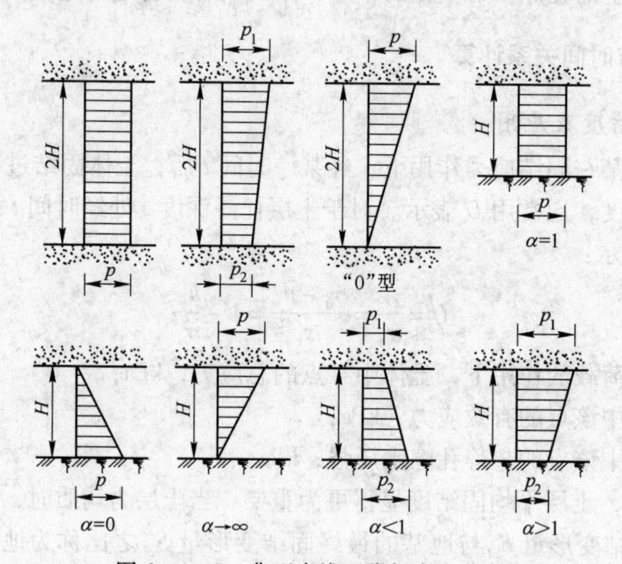

图 6－4－5　典型直线型附加应力分布

由式（6－4－44）可得到单面排水情况下，土层中任一时刻 t 的固结度 U_t 的近似值为

$$U_t=1-\frac{\left(\frac{\pi}{2}\alpha-\alpha+1\right)}{1+\alpha}\frac{32}{\pi^3}e^{-\frac{\pi^2}{4}T_v} \qquad (6-4-45)$$

α 取 1，即“0”型，附加应力分布图为矩形，代入式（6－4－45）可得

$$U_0=1-\frac{8}{\pi^2}e^{-\frac{\pi^2}{4}T_v} \qquad (6-4-46)$$

$$U_1=1-\frac{32}{\pi^3}e^{-\frac{\pi^2}{4}T_v} \qquad (6-4-47)$$

不同α值时的固结度均可按式（6－4－45）来求，也可利用式（6－4－46）及式（6－4－47）求得的U_0和U_1，按下式来计算：

$$U_\alpha=\frac{2\alpha U_0+(1-\alpha)U_1}{1+\alpha} \tag{6-4-48}$$

为了方便查用，表6－4－1给出了不同的$\alpha=\dfrac{p_1}{p_2}$下的U_t-T_v关系。

表6－4－1　单面排水、不同$\alpha=\dfrac{p_1}{p_2}$下U_t-T_v关系

α \ U_t	T_v	0.0	0.1	0.2	0.3	0.4	0.5	0.6	0.7	0.8	0.9	1.0
0.0	“1”型	0.0	0.049	0.100	0.154	0.217	0.290	0.380	0.500	0.660	0.950	∞
0.2	“0－1”型	0.0	0.027	0.073	0.126	0.186	0.26	0.35	0.46	0.63	0.92	∞
0.4		0.0	0.016	0.056	0.106	0.164	0.24	0.33	0.44	0.60	0.90	∞
0.6		0.0	0.012	0.042	0.092	0.148	0.22	0.31	0.42	0.58	0.88	∞
0.8		0.0	0.010	0.036	0.079	0.134	0.20	0.29	0.41	0.57	0.86	∞
1.0	“0”型	0.0	0.008	0.031	0.071	0.126	0.20	0.29	0.40	0.57	0.85	∞
1.5	“0－2”型	0.0	0.008	0.024	0.058	0.107	0.17	0.26	0.38	0.54	0.83	∞
2.0		0.0	0.006	0.019	0.050	0.095	0.16	0.24	0.36	0.52	0.81	∞
3.0		0.0	0.005	0.016	0.041	0.082	0.14	0.22	0.34	0.50	0.79	∞
4.0		0.0	0.004	0.014	0.040	0.080	0.13	0.21	0.33	0.49	0.78	∞
5.0		0.0	0.004	0.013	0.034	0.069	0.12	0.20	0.32	0.48	0.77	∞
7.0		0.0	0.003	0.012	0.030	0.065	0.12	0.19	0.31	0.47	0.76	∞
10.0		0.0	0.003	0.011	0.028	0.060	0.11	0.18	0.30	0.46	0.75	∞
20.0		0.0	0.003	0.010	0.026	0.060	0.11	0.17	0.29	0.45	0.74	∞
∞	“2”型	0.0	0.002	0.009	0.024	0.048	0.09	0.16	0.23	0.44	0.73	∞

为了便于实际应用，将上述“0”型、“1”型、“2”型的平均固结程度与时间因数绘制成如图6－4－6所示的$U-T_v$关系曲线，图中（0）、（1）、（2）分别对应于“0”型、“1”型、“2”型情形。

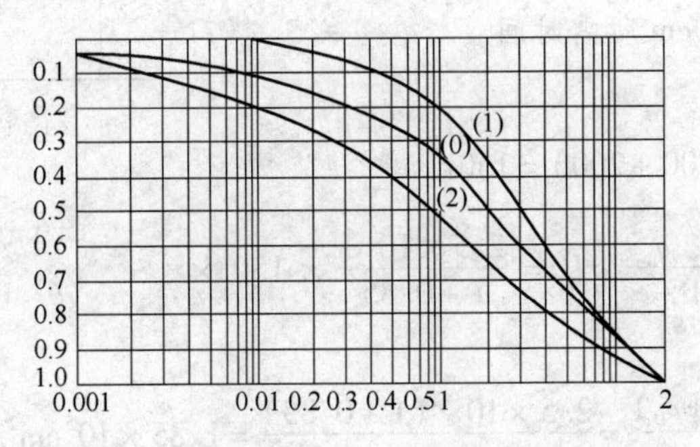

图6－4－6　平均固结度U与时间因数T_v的关系曲线

从固结度的计算公式可以看出，固结度是时间因数的函数，时间因数 T_v 越大，固结度 U_t 越大，土层的沉降越接近于最终沉降量。从时间因数 $T_v=\frac{C_v t}{H^2}=\frac{k(1+e_1)}{a\gamma_w}\frac{t}{H^2}$的各个因子可清楚地分析出固结度与这些因子的关系：

（1）渗透系数 k 越大，越易固结，因为孔隙水易排出。

（2）$\frac{1+e_1}{a}=E_s$ 越大，即土的压缩性越小，越易固结，因为土骨架发生较小的压缩变形即能分担较大的外荷载，因此孔隙体积无需变化太大（不需挤较多的水）。

（3）时间 t 越长，固结越充分。

（4）渗流路径 H 越大，孔隙水越难排出土层，越难固结。

6.4.4.2　根据上述公式及土层中的固结应力、排水条件可解决的两类问题

（1）已知土层的最终沉降量 s，求某时刻历时 t 的沉降 s_t。

由地基资料的渗透系数 k，压缩系数 a，初始孔隙比 e_1，土层厚度 H 和所经历的时间 t，按式 $C_v=\frac{k(1+e_0)}{a\gamma_w}$，$T_v=\frac{C_v}{H^2}t$ 求得 T_v 后，再求出最终沉降量 s_∞，然后利用图 6-4-6 中的曲线查出或按相应公式计算相应的固结度 U_t，再根据 $U_t=\frac{s_t}{s_\infty}$求得 s_t。

（2）已知土层的最终沉降量 s，求土层达到某一沉降 s_t 时，所需的时间 t。

根据已知的最终沉降量和要达到的某一沉降量，可算出平均固结度 U_t，再通过图 6-4-6 得到相应的时间因子 T_v，最后由式 $T_v=\frac{C_v}{H^2}t$ 可求得所需的时间 t。

计算固结度问题时需注意，由于对于单面排水及双面排水情形，采用同一计算公式，故压缩土层厚度 H 指透水面至不透水面的排水距离，对于单向排水，H 为土层厚度；对于双面排水，H 为土层厚度的一半。而计算地基最终固结沉降采用压缩土层的实际厚度，即总厚度。只不过要达到相同的固结度，单面排水和双面排水所需的时间不同。

【例 6-3】某饱和黏土层，厚 10m，在外荷载作用下产生的附加应力沿土层深度分布简化为如图 6-4-7 所示，下为不透水层。已知初始孔隙比 $e_0=0.85$，压缩系数 $a=2.5\times10^{-4}\text{m}^2/\text{kN}$，渗透系数 $k=2.5\text{cm/a}$。求：

（1）加荷 1 年后的沉降量；

（2）土层沉降 15.0cm 所需时间。

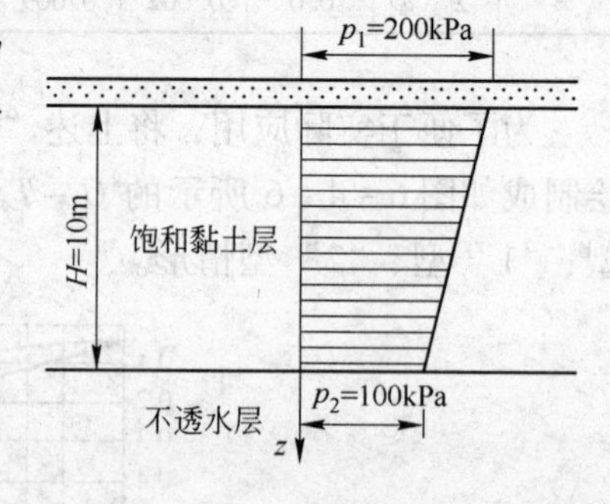

图 6-4-7　例题 6-3 图

【解】（1）$s_t=U_t s$

固结应力 $\sigma_z=\frac{1}{2}(100+200)=150\text{kPa}$

最终沉降量 $s=\frac{a}{1+e_0}\sigma H=\frac{2.5\times10^{-4}}{1+0.85}\times150\times1000=20.27\text{cm}$

固结系数 $C_v=\frac{k(1+e_0)}{a\gamma_w}=\frac{2.5\times10^{-2}(1+0.85)}{10\times2.5\times10^{-4}}=1.85\times10^5\text{cm}^2/\text{a}$

时间因数 $T_v=\frac{C_v}{H^2}t=\frac{1.85\times10^5}{1000^2}\times1=0.185$

$\alpha=\frac{p_1}{p_2}=\frac{200}{100}=2$

$U_0=1-\frac{8}{\pi^2}e^{-\frac{\pi^2}{4}T_v}=1-\frac{8}{\pi^2}e^{-\frac{\pi^2}{4}\times0.185}=48.649\%$

$U_1=1-\frac{32}{\pi^3}e^{-\frac{\pi^2}{4}T_v}=1-\frac{32}{\pi^3}e^{-\frac{\pi^2}{4}\times0.185}=34.618\%$

$U_{02}=\frac{2\alpha U_0+(1-\alpha)U_1}{1+\alpha}=\frac{2\times2\times48.649\%+(1-2)\times34.618\%}{1+2}=53.33\%$

$s_t=U_{02}s=53.33\%\times20.27=10.81\text{cm}$

(2) $s_t=15.0\text{cm}$

$U_{02}=\frac{s_t}{s}=\frac{15.0}{20.27}=74.0\%$

因为 $U_{02}=\frac{2\alpha U_0+(1-\alpha)U_1}{1+\alpha}=\frac{2\alpha\left(1-\frac{8}{\pi^2}e^{-\frac{\pi^2}{4}T_v}\right)+(1-\alpha)\left(1-\frac{32}{\pi^3}e^{-\frac{\pi^2}{4}T_v}\right)}{1+\alpha}$

所以 $e^{-\frac{\pi^2}{4}T_v}=\frac{(1+\alpha)(1-U_{02})}{\frac{8}{\pi^2}\cdot2\alpha+\frac{32}{\pi^3}(1-\alpha)}=\frac{(1+\alpha)\times2\times(1-74\%)}{\frac{8}{\pi^2}\times2\times2+\frac{32}{\pi^3}\times(1-2)}=0.352905$

故 $T_v=-\frac{4}{\pi^2}\ln0.352905=0.4221$

即 $t=\frac{T_vH^2}{C_v}=\frac{0.4221\times1000^2}{1.85\times10^5}\approx2.282$ 年

【例6-4】某饱和黏土层，在三种不同排水条件下进行固结，如图6-4-8所示，设三种情况下的饱和黏土层的 e_0、C_v、a 均相同。求：

(1) 要达到相同的固结度，试计算三种情况下所需的固结时间 t_a、t_b、t_c 之比值；

(2) 试确定三种情况下地基最终沉降量 s_a、s_b、s_c 之比值。

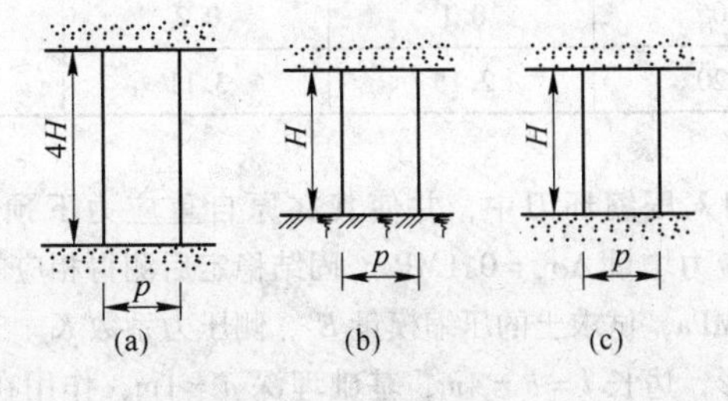

图6-4-8 例6-4图

【解】(1) 上述三种情况均属于“0”型，其平均固结度为

$$U=1-\frac{8}{\pi^2}\left(e^{-\frac{\pi^2}{4}T_v}+\frac{1}{9}e^{-\frac{9\pi^2}{4}T_v}+\frac{1}{25}e^{-\frac{25\pi^2}{4}T_v}+\cdots\right)$$

因此，要达到相同固结度 U_t，时间因数均相同，由于三者 C_v 相同，故有

$$\frac{t_a}{\left(\frac{4H}{2}\right)^2}=\frac{t_b}{H^2}=\frac{t_c}{\left(\frac{H}{2}\right)^2}$$

所以 $t_a : t_b : t_c = 16 : 4 : 1$。

（2）地基的最终沉降量为

$$s=\frac{e_0-e_1}{1+e_0}H=\frac{a\Delta p}{1+e_0}H$$

对上述三种情况，由于地基中附加应力均为 p，三者的 e_0、a 均相同，故有

$$s_a : s_b : s_c = (p\cdot 4H) : (p\cdot H) : (p\cdot H) = 4 : 1 : 1$$

思考题

1. 引起土体沉降的主要原因及类型是什么？
2. 压缩系数与压缩模量之间有什么关系？
3. 如何利用压缩系数和压缩模量这两个指标来评价土的压缩性高低？
4. 应力历史对土的沉降有何影响，如何考虑？
5. 分层总和法和应力面积法的基本思想是什么，它们在计算过程中有什么异同？
6. 太沙基一维固结理论的基本假设是什么，土层在固结过程中孔隙水压强和有效应力是如何转换的，它们之间有什么关系？
7. 太沙基一维固结理论与比奥固结理论有什么区别和联系？

复习题

6-1　一饱和黏土试样，初始高度 $H_0=2\text{cm}$，初始孔隙比 $e_0=1.12$，放在侧限压缩仪中按表 6-1 所示级数加载，并测得各级荷载作用下变形稳定后试样相对于初始高度的压缩量 S 如表 6-1 所示。

（1）计算 e_i 并在 $e-p$ 坐标上绘出压缩曲线；

（2）确定压缩系数 a_{1-2}，并判别该土压缩性高低；

（3）确定压缩模量 E_{s1-2}。

表 6-1　复习题 6-1 表

p/MPa	0.05	0.1	0.2	0.3	0.4
S/mm	1.20	2.15	3.11	3.62	3.98

6-2　把一个原状黏土试样切入压缩环刀中，并使其在原自重应力下预压稳定，测得试样高度为 1.99cm，然后施加竖向应力增量 $\Delta\sigma_z=0.1\text{MPa}$，固结稳定后测得相应的竖向变形 $S=1.25\text{mm}$，侧向应力增量 $\Delta\sigma_x=0.048\text{MPa}$，试求土的压缩模量 E_s、侧压力系数 K_0、变形模量 E 和泊松比 μ。

6-3　某柱下独立基础为正方形，边长 $l=b=4\text{m}$，基础埋深 $d=1\text{m}$，作用在基础顶面的轴心荷载 $F=1500\text{kPa}$。地基为粉质黏土，土的天然重度 $\gamma=16.5\text{kN/m}^3$。地下水位深度为 3.5m，水下土的饱和重度 $\gamma=18.5\text{kN/m}^3$。地基土的天然孔隙比 $e_1=0.95$，地下水位以上土的压缩系数为 $a_1=0.30\text{MPa}^{-1}$，地下水位以下土的压缩系数为 $a_2=0.25\text{MPa}^{-1}$，地基土承载力特征值 $f_{ak}=96\text{kPa}$。试采用传统单向压缩分层总和法计算该基础沉降量。

6-4　如习题 6-3 中条件，试用应力面积法计算该基础的沉降量。

6-5　有一黏土层，厚度 4m，层顶和层底各有一排水砂层，地下水位在黏土层的顶面。取土进行室内固

结试验，试样固结度达到 80% 时所需时间为 7min。若在黏土层顶面瞬时施加无限均布荷载 $p=100\text{kPa}$，则黏土层固结度达到 80% 时，需要多少天？

6-6 如图 6-1 所示，厚度为 8m 的黏土层，上下层面均为排水砂层，已知黏土层孔隙比 $e_0=0.8$，压缩系数 $a=0.25\text{MPa}^{-1}$，渗透系数 $k=6.3\times10^{-8}\text{cm/s}$，地表瞬时施加一无限分布均布荷载 $p=180\text{kPa}$。试求：(1) 加荷半年后地基的沉降；(2) 黏土层达到 50% 固结度所需的时间。

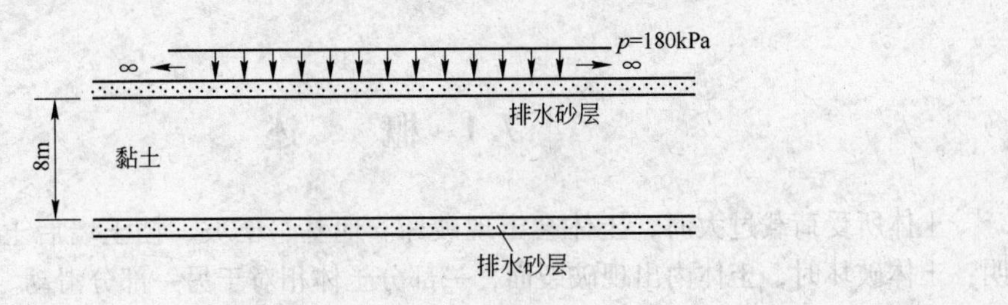

图 6-1 复习题 6-6 图

7　土的强度理论

7.1　概　　述

土体所受荷载过大时，土体会出现破坏。地基、土坡、挡土墙后土体的破坏实例表明：土体破坏时，土体内出现破裂面，一部分土体相对于另一部分滑动。这种破坏形式称为剪切破坏，如图 7－1－1 所示。土体抵抗剪切破坏的极限能力，用其所能承担的最大剪应力表示，称为土的抗剪强度，以符号 τ_f表示。由于土的强度问题主要是土的抗剪强度问题，因此，为了从理论上确定地基承载力、评价地基或边坡的稳定性以及计算作用在挡土墙上的土压力，需要首先研究土的抗剪强度。抗剪强度是土的重要力学性质之一。

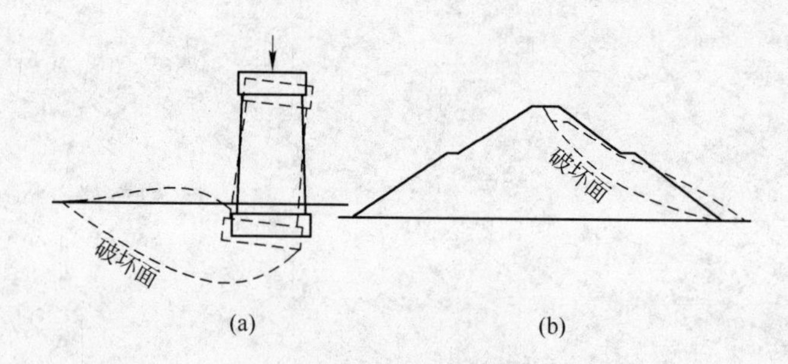

图 7－1－1　土体的破坏形式

土是矿物颗粒的松散集合体，其颗粒本身的强度远远大于颗粒之间的连结强度。所以在常见压力范围内，土的抗剪强度由颗粒之间的连结强度所决定。颗粒之间的连结，有不同的构成机理：砂土、砾石等无黏性土颗粒之间的连结主要靠摩擦力及咬合力，颗粒互相位于周围颗粒所形成的凹槽中，对剪切破坏形成抵抗能力；黏性土的土颗粒之间的连结主要由颗粒，包括所吸引的阳离子及结合水之间的引力所构成。

无黏性土颗粒之间的摩擦力与咬合力直接与剪破面上的法向有效应力相联系，表现为抗剪强度随有效应力的增大而增大。对黏性土，颗粒间的引力随颗粒间距离的减小而增大。所以表现为土越密实抗剪强度越大。由侧限压缩试验结果可知，土的密实程度（用孔隙比 e 表示）与有效应力相联系，同时与应力历史有关。因而黏性土的抗剪强度也间接地与有效应力相联系，表现为抗剪强度随有效应力的增大而增大。抗剪强度与有效应力的关系，也随应力历史的不同而不同。

本章主要介绍莫尔应力圆表示土中一点的应力状态，土的抗剪强度的库仑公式，土体的极限平衡条件，即土的强度理论——莫尔－库仑强度理论。抗剪强度的试验测定以及抗剪强度指标的规律在第 8 章介绍。本章重点为土的极限平衡条件。

7.2 莫尔应力圆表示一点的应力状态

首先需规定应力的正负。由于在土力学中多数遇到的是压应力，故规定法向应力以压为正，剪切应力以使微小单元逆时针转动为正。对图 7－2－1（a）所示土中一点的微小单元，在已知单元体受力 σ_z、σ_x、$\tau_{xz}=\tau_{zx}$ 的条件下，如何确定与水平面成 α 角的斜面上的应力 σ、τ，这一问题在材料力学中已经研究过，即由平衡条件可以解出斜面上的应力 σ、τ。另外，材料力学还给出了图解法，即作出如图 7－2－1（b）所示的应力圆，也可求出斜面上的应力 σ、τ。具体作图方法如下：

图 7－2－1（a）中水平面上剪应力顺时针为负，即 $-\tau_{zx}$，法向应力为压应力，即 $+\sigma_z$；作图时在图 7－2－1（b）所示的横轴上确定 σ_z，在 σ_z 处向下量取 τ_{zx} 得 A 点，则 A 点代表单元体水平面 A 的应力。再考虑图 7－2－1（a）中的右侧竖直面，剪应力逆时针为正，即 $+\tau_{xz}$，法向应力为压应力，即 $+\sigma_x$；作图时在图 7－2－1（b）所示的横轴上确定 σ_x，在 σ_x 处向上量取 τ_{xz} 得 B 点，则 B 点代表（a）图单元体竖直面 B 的应力。连 AB 两点交横轴上于 O_2 点，以 O_2 为圆心，$O_2A=O_2B$ 为半径作圆，即得莫尔应力圆。

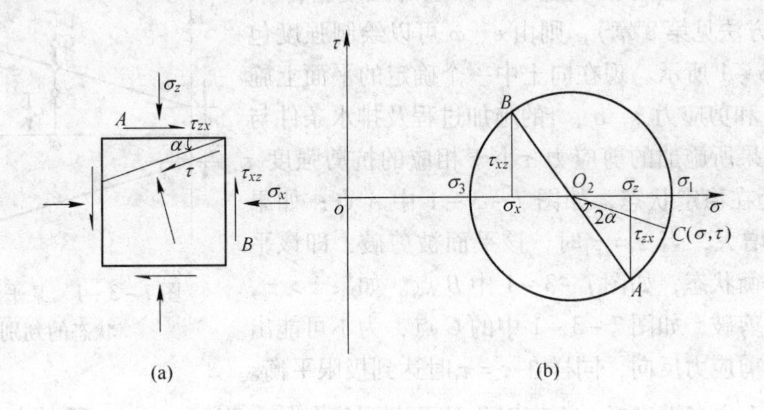

图 7－2－1　土中一点的应力状态

在图 7－2－1（a）中，从单元体水平面 A 逆时针旋转 α 角得一斜面，相应地在图 7－2－1（b）中从半径 O_2A 逆时针旋转 2α，得 C 点，C 点的坐标值（σ，τ）即为图 7－2－1（a）中该斜面上的应力 σ、τ。这样，利用一个莫尔应力圆就可以表示土中一点（具有无数个截面）的应力状态。在土力学中，有多处应用莫尔应力圆这一工具分析土中一点的应力状态，对此要学会直接应用莫尔应力圆，而不必去重复它的推导过程。

如果在图 7－2－1（a）的微小单元上，剪应力 $\tau_{xz}=0$，则此时为主应力状态。这时，大主应力 $\sigma_1=\sigma_z$，小主应力 $\sigma_3=\sigma_x$。由已知主应力绘应力圆，则更为简便，只需在横轴上定出 σ_1、σ_3，作一圆，使圆心在 $\dfrac{\sigma_1+\sigma_3}{2}$ 处，半径为 $\dfrac{\sigma_1-\sigma_3}{2}$ 即可，如图 7－2－1（b）所示。

7.3　土的抗剪强度的库仑定律

直剪试验研究表明，滑裂面上的抗剪强度与法向应力成正比，且基本符合直线规律，抗剪强度 τ_f 可表示为

$$\tau_f = \sigma\tan\varphi + c \tag{7-3-1}$$

式（7-3-1）即为抗剪强度定律，也称为库仑定律（1776）。c、φ 统称为土的抗剪强度指标，可采用不同试验方法确定，其中 c 为黏聚力，为强度包线的截距；φ 为内摩擦角，为强度包线的斜率；σ 为滑裂面上的正应力。

由于土体抗剪强度机理的复杂性，故不能给 c、φ 赋予明确的物理意义，而只能把 c、φ 看成是描述强度包线的两个数学参数，即不能说式（7-3-1）中的 $\sigma\tan\varphi$ 是由摩擦力构成，c 是由黏聚力构成，但可以在数值上把抗剪强度分为两部分，即 $\sigma\tan\varphi$ 与 c。

由式（7-3-1）可知，土体的抗剪强度并非定值，而是随着法向应力 σ 的变化而变化，这一点使土与其他固体材料，如钢材、混凝土等材料强度存在很大区别。不仅如此，强度指标也随着试验设备、试验方法的变化而变化，即对同一种土也并非定值。

如果通过某种试验方法确定了一种土的强度指标 c、φ（具体试验方法见第 8 章），则由 c、φ 可以绘制强度包线，如图 7-3-1 所示。现在向土中一个确定的平面上施加法向应力 σ 和剪应力 τ，σ、τ的施加过程及排水条件与试验一致。如果所施加的剪应力 τ小于相应的抗剪强度 τ_f，则该平面处在稳定状态，如图 7-3-1 中 A 点；如果剪应力 τ继续增大，当 $\tau = \tau_f$时，该平面被剪破，即该平面处在极限平衡状态，如图 7-3-1 中 B 点。如果 $\tau > \tau_f$，则该平面早已剪破，如图 7-3-1 中的 C 点，为不可能出现状态。如果剪应力反向，同样在 $\tau = \tau_f$时达到极限平衡。

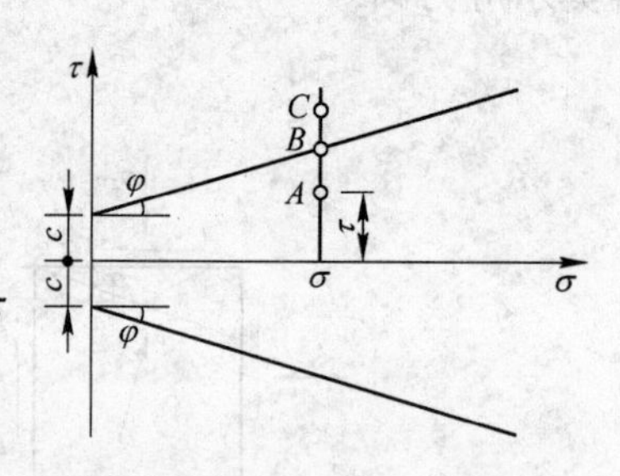

图 7-3-1　某平面应力状态的判别

所以图 7-3-1 中在横坐标上下有对称的两条强度包线。当（σ，τ）所对应的点落在两条强度包线之间时，该平面处在稳定状态，落在强度包线上时，则处在极限平衡状态。把抗剪强度表达式 $\tau_f = \sigma\tan\varphi + c$ 代入极限平衡条件 $\tau = \tau_f$得

$$\tau = \tau_f = \sigma\tan\varphi + c \tag{7-3-2}$$

当某一平面上的应力 σ、τ满足式（7-3-2）时，该平面就处在极限平衡状态。式（7-3-2）也称为土体一点的极限平衡条件，当然这只是极限平衡条件的表达式之一，需已知土体一点某平面的应力状态时才能应用该表达式。

上述是针对一个确定的平面研究极限平衡状态，而如果从条形基础下的地基内切取一个微小单元，其原有应力与附加应力叠加后如图 7-2-1（a）所示，这种情况下如何判断该点是否剪破呢？因为过该点可以作无数个截面，故不可能用式（7-3-2）一一去判断这无数个截面。这时采用莫尔应力圆表达一点的应力状态就很方便。那么，一点的极限平衡条件如何建立呢？请继续学习下一节的内容。

7.4　土体一点的极限平衡条件

如图7－4－1（a）所示，土体单元上承受着主应力σ_1、σ_2和σ_3（$\sigma_1>\sigma_2>\sigma_3$）。如果要求判断该单元体是否剪破，只需把$\sigma_1$、$\sigma_3$所作出的应力圆与强度包线的相对位置进行比较便可作出判断。如果应力圆落在上下两条强度包线之间，如图7－4－1（b）中的A圆，则该单元体处在稳定状态，因为过该点的任何截面上的剪应力τ都小于相应的抗剪强度τ_f。如果应力圆与强度包线相切，如图7－4－1（b）中的B圆，则切点D、D'所对应的截面上$\tau=\tau_f$，表明该点已经破坏，这时该单元处在极限平衡状态，B圆称为极限应力圆。单元体内达到极限平衡状态的两组截面即为剪破面，单元体上剪破面与水平面的夹角α_f，即剪破面与最大主应力面的夹角可由应力圆与单元体的对应关系确定：

$$\alpha_f=\frac{1}{2}(90°+\varphi)=45°+\frac{\varphi}{2} \tag{7－4－1a}$$

同理，单元体上剪破面与竖直面的夹角，即剪破面与最小主应力面的夹角为

$$\alpha_f=\frac{1}{2}(90°-\varphi)=45°-\frac{\varphi}{2} \tag{7－4－1b}$$

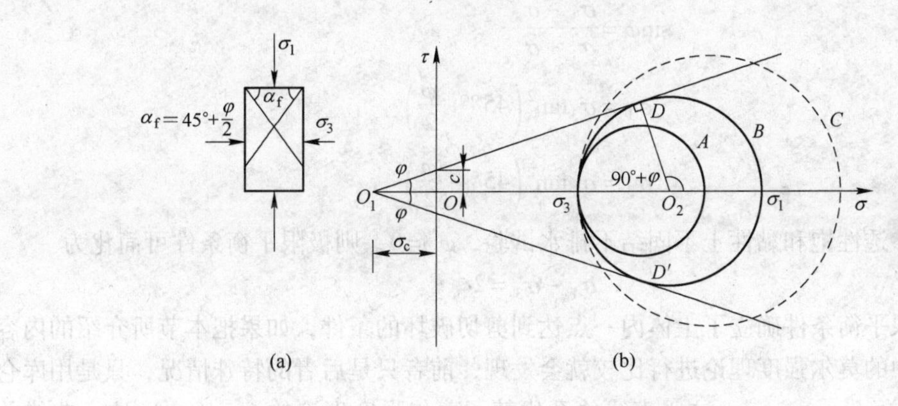

图7－4－1　土中一点应力状态的判别

至于图7－4－1（b）中的C圆与强度包线相割，说明此时单元体早已剪破，因而是该单元体无力承受的应力状态。

由上面的分析可知，处于复杂受力状态的单元体，达到极限平衡状态的条件是对应的应力圆与强度包线相切。把这一几何关系用代数式表达出来就是极限平衡条件的数学表达式。

根据图7－4－1（b）中的B圆，在$\triangle O_1O_2D$中，有

$$\sin\varphi=\frac{DO_2}{O_1O_2}=\frac{\dfrac{\sigma_1-\sigma_3}{2}}{\sigma_c+\dfrac{\sigma_1+\sigma_3}{2}}=\frac{\sigma_1-\sigma_3}{2\sigma_c+\sigma_1+\sigma_3} \tag{7－4－2}$$

式中，$\sigma_c=\dfrac{c}{\tan\varphi}$。

式（7－4－2）即为一点的极限平衡条件的一种数学表达形式，当主应力 σ_1、σ_3 与强度指标 c、φ 满足该式时，土体即处于极限平衡状态。

如从式（7－4－2）中解出 σ_1，即

$$\sigma_1=\sigma_3\frac{1+\sin\varphi}{1-\sin\varphi}+2c\frac{\cos\varphi}{1+\sin\varphi}$$

经三角函数关系转换可得

$$\sigma_1=\sigma_3\tan^2\left(45°+\frac{\varphi}{2}\right)+2c\tan\left(45°+\frac{\varphi}{2}\right) \quad (7-4-3)$$

如果从式（7－4－2）中解出 σ_3，进行类似的推导可得到

$$\sigma_3=\sigma_1\tan^2\left(45°-\frac{\varphi}{2}\right)-2c\tan\left(45°-\frac{\varphi}{2}\right) \quad (7-4-4)$$

综上所述，式（7－4－2）、式（7－4－3）和式（7－4－4）是极限平衡条件的三种不同数学表达形式，都表示应力圆与强度包线相切时，即达到极限平衡状态时，强度指标 c、φ 与应力状态 σ_1、σ_3 之间的关系。

如果土的黏聚力 $c=0$，则式（7－4－2）、式（7－4－3）和式（7－4－4）可分别简化为

$$\sin\varphi=\frac{\sigma_1-\sigma_3}{\sigma_1+\sigma_3}$$

$$\sigma_1=\sigma_3\tan^2\left(45°+\frac{\varphi}{2}\right)$$

$$\sigma_3=\sigma_1\tan^2\left(45°-\frac{\varphi}{2}\right)$$

对于低渗透性饱和黏性土不固结不排水试验，$\varphi_u=0$，则极限平衡条件可简化为

$$\sigma_1-\sigma_3=2c_u$$

上述极限平衡条件确立了土体内一点达到剪切破坏的条件，如果把本节所介绍的内容与材料力学中的莫尔强度理论进行比较就会发现，前者只是后者的特殊情况，只是用库仑定律的表达式 $\tau_f=\sigma\tan\varphi+c$ 这一直线关系代替了莫尔强度理论的 $\tau_f=f(\sigma)$ 这一曲线关系。所以土力学中这一强度理论被称为莫尔－库仑强度理论。它是土力学中最常用的强度理论。

【例 7－1】一土体单元，承受主应力 $\sigma_1=450$kPa，$\sigma_3=180$kPa。已知土体强度指标 $\varphi=26°$，$c=20$kPa。试判断该土体单元是否剪破？

【解】如果用图解法，可以画出应力圆及强度包线，看是否相切便可作出判断。现用极限平衡条件的代数表达式判断。

方法 1：用式（7－4－2）判断

由已知条件可得
$$\sigma_c=\frac{c}{\tan\varphi}=\frac{20}{\tan26°}=41\text{kPa}$$

将 σ_c 及 σ_1、σ_3 代入式（7－4－2），求出一个满足极限平衡条件的 φ 角，记为 φ_k：

$$\sin\varphi_k=\frac{\sigma_1-\sigma_3}{2\sigma_c+\sigma_1+\sigma_3}=\frac{450-180}{2\times41+450+180}=0.379$$

$$\varphi_k=22.28°$$

φ_k 表示过 O_1 点与应力圆相切的直线与横轴的夹角，如图7-4-2（a）所示。$\varphi_k = 22.28° < \varphi = 26°$，说明该土体单元处在稳定状态。

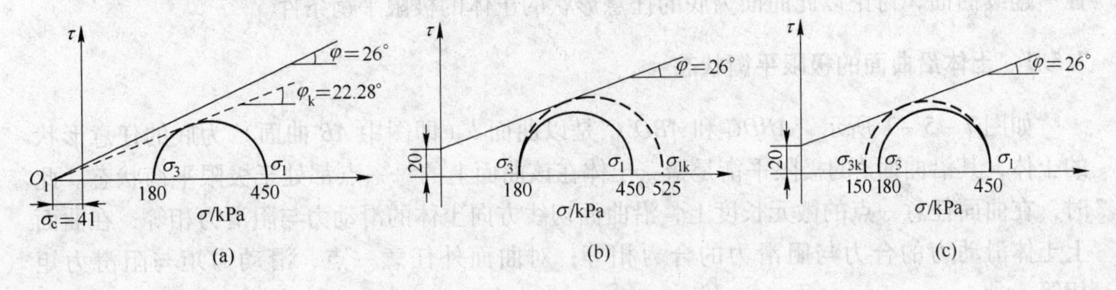

图7-4-2 例7-1图

方法2：用式（7-4-3）判断

将已知条件 c、φ、σ_3 代入式（7-4-3），求出一个满足极限平衡条件的 σ_1，记为 σ_{1k}：

$$\sigma_{1k} = \sigma_3 \tan^2\left(45° + \frac{\varphi}{2}\right) + 2c\tan\left(45° + \frac{\varphi}{2}\right)$$

$$= 180\tan^2\left(45° + \frac{26°}{2}\right) + 2 \times 20\tan\left(45° + \frac{26°}{2}\right) = 525\text{kPa}$$

因为 $\sigma_{1k} = 525\text{kPa} > \sigma_1 = 450\text{kPa}$

所以该土体单元处在稳定状态，如图7-4-2（b）所示。

方法3：用式（7-4-4）判断

将已知条件 c、φ、σ_1 代入式（7-4-4），求出一个满足极限平衡条件的 σ_3，记为 σ_{3k}：

$$\sigma_{3k} = \sigma_1 \tan^2\left(45° - \frac{\varphi}{2}\right) - 2c\tan\left(45° - \frac{\varphi}{2}\right)$$

$$= 450 \times \tan^2\left(45° - \frac{26°}{2}\right) - 2 \times 20\tan\left(45° - \frac{26°}{2}\right) = 150\text{kPa}$$

因为 $\sigma_{3k} = 150\text{kPa} < \sigma_3 = 180\text{kPa}$

所以该单元处在稳定状态，如图7-4-2（c）所示。

【问题讨论】

已知土体的抗剪强度指标和一点的主应力状态，则该点破坏与否的评价方法包括图解法和代数分析法，两类方法均依赖于库仑包线与莫尔应力圆之间的几何关系，采用图解法时必须规范绘图。采用代数分析法时也需要绘制如图7-4-2所示的辅助图，以利于进行判断和评价。

7.5 土体沿曲面的极限平衡状态与条件

由土体一点的极限平衡条件，可以判断土体在某一点是否出现破坏，但是当破坏点的分布不完全集中时，就不容易判断出土体破坏区的扩展方向和是否会发生整体破坏。为此，需要研究土体局部和整体的极限平衡条件。下面以平面问题为例，设 l 为土体内部的任一连续曲面，讨论以此曲面为底的任意形状的土体的极限平衡条件。

7.5.1 土体沿曲面的极限平衡状态

如图 7－5－1 所示，$ABDC$ 和 $ABD'C'$是以曲面 l（即图中 AB 曲面）为底的任意形状的土体，其沿曲面 l 的极限平衡是指：土体在该曲面上的每一点都处于极限平衡状态。此时，在曲面任意一点的微元长度上，沿曲面切线方向土体的滑动力与阻滑力相等；在曲面上土体滑动力的合力与阻滑力的合力相等；对曲面外任意一点，滑动力矩与阻滑力矩相等。

土体内一点的剪应力与其相应方向上微元长度的乘积称为剪切力，也叫滑动力；抗剪强度与该方向上微元长度的乘积称为抗剪力，也叫阻滑力。滑动力和阻滑力都是力，为矢量。滑动力沿着剪应力的方向，阻滑力的方向与之相反。

如果土体在曲面每一点都处于极限平衡状态，则可用公式表示为

$$\tau_i = \tau_{fi} \tag{7-5-1}$$

此时，曲面每一点微元长度上土体的滑动力与阻滑力相等，即

$$\boldsymbol{T}_i = \boldsymbol{T}_{fi} \tag{7-5-2}$$

曲面 l 上土体滑动力的合力与阻滑力的合力相等，对于曲面外任意一点滑动力矩与阻滑力矩的合力矩也相等，用公式表示为

$$\sum_{i=1}^{m} \boldsymbol{T}_i - \sum_{i=1}^{m} \boldsymbol{T}_{fi} = 0 \qquad \sum_{i=1}^{m} \boldsymbol{M}_{T_i} - \sum_{i=1}^{m} \boldsymbol{M}_{T_{fi}} = 0 \tag{7-5-3}$$

式中，i 表示曲面上任意一点；$\boldsymbol{T}_i = \tau_i \Delta \boldsymbol{l}_i$，$\boldsymbol{T}_{fi} = \tau_{fi} \Delta \boldsymbol{l}_i$ 分别是曲面上一点土体微元长度上的滑动力和阻滑力；τ_i和 τ_{fi}是土体的剪应力和抗剪强度；m 代表曲面上土体微元的数量。

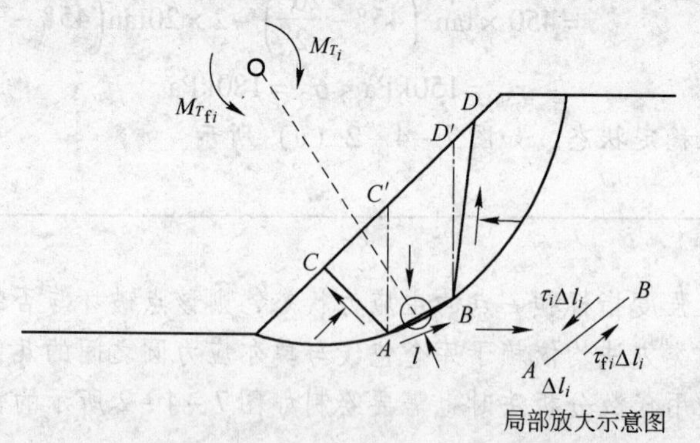

图 7－5－1 曲面上任意微元体沿切线方向力和力矩的平衡

7.5.2 土体沿曲面的极限平衡条件

土体沿曲面的极限平衡条件也就是曲面上土体的极限平衡条件。土体沿曲面 l 达到极限平衡的充分必要条件为

$$\int_l \tau \mathrm{d}l = \int_l \tau_{\mathrm{f}} \mathrm{d}l \tag{7-5-4}$$

式中，l 可以是贯通的整体曲面，也可以是不贯通的土体内部的局部曲面。

以平面问题为例证明如下：

如果曲面上任意一点的土体微元体都处于极限平衡状态，即式（7－5－1）成立，那么有

$$\tau_i \Delta \boldsymbol{l}_i - \tau_{\mathrm{f}i} \Delta \boldsymbol{l}_i = 0 \tag{7-5-5}$$

即

$$(\tau_i \Delta l_i - \tau_{\mathrm{f}i} \Delta l_i) \boldsymbol{l}_i = 0 \tag{7-5-6}$$

式中 Δl_i——考察的点沿剪应力方向的微元长度；

$\boldsymbol{l}_i$——该点沿该方向的单位方向向量。

若要式（7－5－6）成立，必须有

$$\tau_i \Delta l_i - \tau_{\mathrm{f}i} \Delta l_i = 0 \tag{7-5-7}$$

则必然有

$$\sum_{i=1}^{m} \tau_i \Delta l_i - \sum_{i=1}^{m} \tau_{\mathrm{f}i} \Delta l_i = 0 \tag{7-5-8}$$

由此进一步可得式（7－5－4）。

反过来，如果式（7－5－4）成立，则有

$$\sum_{i=1}^{m} (\tau_i - \tau_{\mathrm{f}i}) \Delta l_i = 0 \tag{7-5-9}$$

因为对于土体每一点都必有

$$\tau_i \leqslant \tau_{\mathrm{f}i} \tag{7-5-10}$$

且 $\Delta l_i > 0$

所以，若要式（7－5－9）成立，必须有

$$\tau_i \Delta l_i - \tau_{\mathrm{f}i} \Delta l_i = 0 \tag{7-5-11}$$

由此即得到式（7－5－1），于是有式（7－5－2）和式（7－5－3），亦即沿曲面每一点土体微元长度上的滑动力和阻滑力相等。

综上所述，若土体沿整体或局部曲面 l 达到极限平衡，则式（7－5－4）成立；反之，若式（7－5－4）成立，则土体沿整体或局部曲面 l 达到极限平衡。也就是说，土体沿曲面 l 达到极限平衡的充分必要条件为

$$\frac{\int_l \tau_{\mathrm{f}} \mathrm{d}l}{\int_l \tau \mathrm{d}l} = 1 \tag{7-5-12}$$

以上证明归纳如图 7－5－2 所示。

土体稳定分析安全系数的定义要用到土体沿曲面的极限平衡条件，具体请参看本书第 11 章。

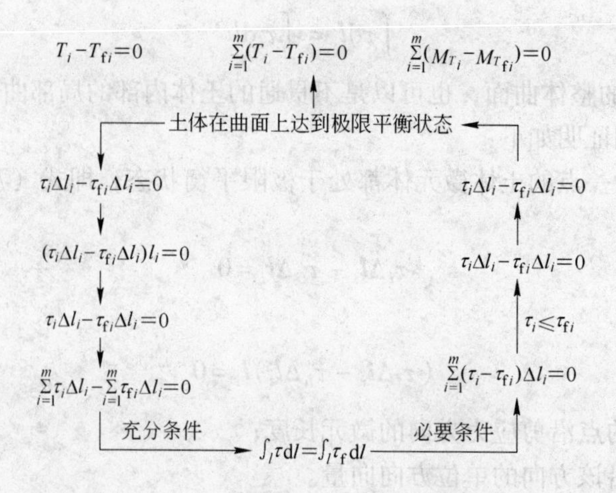

图 7－5－2　极限平衡的充分必要条件说明

思考题

1. 土的强度与固体材料（如钢材、混凝土）的强度比较，有什么不同，为什么？试说明土的抗剪强度的来源。
2. 土体破坏多属剪切破坏，因此土中破坏面应发生在最大剪应力所在的面上，此话对否，为什么？（区别 $\varphi=0$，$\varphi\neq0$ 两种情况说明）
3. 如何利用土的极限平衡条件判别土体破坏与否？
4. 何谓莫尔－库仑强度理论，如何以代数式表达？
5. 土体沿曲面 l 达到极限平衡的充分必要条件是什么？试对该条件的充分必要性进行证明。

复习题

7－1　建筑物下地基土某点的应力为：$\sigma_z=250\text{kPa}$，$\sigma_x=100\text{kPa}$ 和 $\tau_{xz}=40\text{kPa}$。并知土的 $\varphi=30°$、$c=0$。问该点是否剪破？

7－2　对砂土试样进行直剪试验，在水平面法向应力 250kPa 作用下，测得剪破时的剪应力 $\tau_f=100\text{kPa}$，试用应力圆确定剪切面上一点的大、小主应力 σ_1、σ_3 值，并在单元体上绘出相对剪破面 σ_1、σ_3 的作用方向。

8　土力学试验

8.1　概　　述

土力学试验在土力学的发展过程中发挥了重要作用。土的特殊性，使得这门学科很大程度上依赖于实践，包括室内试验和现场试验以及工程经验积累。不仅岩土工程的设计、施工、运行及监测离不开土力学试验提供的指标和数据，土力学理论的建立和发展也离不开土力学试验。土力学试验是确定各种理论和工程设计参数的基本手段。由于土的多样性和复杂性，目前土力学理论还不能完善地解决所有的复杂工程问题，采取原位测试与室内试验相结合，离心模型试验与数值计算相结合，原型观测与理论分析相结合的研究方法，是解决岩土工程问题的有效手段。

本章主要介绍土的基本物理性质试验、击实试验、渗透试验、侧限压缩试验、抗剪强度试验以及现场平板载荷试验，侧重介绍室内土工试验和部分现场原位试验，为进行土力学计算提供必要的指标和参数，为实际工程设计提供重要依据。应掌握各种试验方法、试验原理和试验结果的应用。首先介绍土的基本物理性质试验，包括颗粒分析试验、基本物理性质指标试验和土的物理状态指标试验，除了进行土的工程分类以外，还可以为土中应力计算和土体力学性质评价提供依据，重点掌握试验方法及其应用。其后介绍土的击实试验，试验结果为填土的施工质量评价提供支持，重点掌握击实试验结果的规律和应用。接下来介绍土体的三大力学性质的试验，其中渗透试验，为渗流计算提供必要的参数，重点掌握试验方法和试验结果的一般规律；侧限压缩试验为变形与固结计算提供依据，重点掌握侧限压缩试验的条件、特点和应用；抗剪强度试验是进行地基承载力确定、挡土墙土压力计算和土坡稳定分析的重要基础，侧重掌握各种试验方法的关系、试验结果的规律。最后介绍现场平板载荷试验，它是确定地基承载力的重要途径，也是了解地基破坏规律的重要手段。

8.2　土的基本物理性质试验

如前所述,土是由固相、液相和气相组成的松散颗粒集合体。固相部分即为土粒,由矿物颗粒或有机质组成。颗粒之间有许多孔隙,而孔隙可为液体(相)、气体(相)或二者共同所填充。这些组成部分的相互作用和数量上的比例关系,将决定土的物理力学性质。

土的固相是土的主体，决定着土的性质，是一种土区别于另一种土的重要依据。土力学中习惯上把土分为黏性土与无黏性土两大类，就是根据固体颗粒的大小与矿物成分来区分的。这两类土的变形性质、强度性质、渗透性质都具有极明显的差别，学习中应特别注意加以区分，实际工程应用中应注意区别对待。本节首先介绍确定土的固相的颗粒大小和级配的颗粒级配分析试验，然后介绍土的基本物理性质指标的试验确定方法，最后介绍物理状态指标的各种试验方法。

8.2.1 颗粒分析试验

为了确定土的颗粒级配，实验室采用颗粒分析试验将各粒组区分开。在土工试验中，最常用的颗粒分析试验方法有筛分法和密度计法（又称比重计法或水分法）两种。

8.2.1.1 筛分法试验

筛分法适用于粒径大于0.075mm的土粒。试验采用一套孔径不同的标准筛，使用时将其由上到下按照由粗到细的顺序排列好。标准筛分为粗筛和细筛两类，其中粗筛的孔径分别为60mm、40mm、20mm、10mm、5mm、2mm，细筛的孔径分别为2.0mm、1.0mm、0.5mm、0.25mm、0.1mm、0.075mm。

对于无黏性土，可将一定数量（取样数量取决于土中最大颗粒粒径的大小）的干土样先过2mm细筛，分别称出筛上和筛下土的质量，然后将2mm筛上土样放在粗筛的顶层，将2mm筛下土样放在细筛的顶层，分别盖上盖子在摇筛机上摇10~15min后，各筛上将留存土颗粒，依次称出留在各筛上的土粒质量，就可以算出这些土粒质量占总土粒质量的百分数。摇筛机和标准筛如图8-2-1所示。2mm筛上和筛下土样的质量小于总质量的10%时，可分别省略粗筛和细筛的筛分试验过程。

图8-2-1 摇筛机和标准筛

对于含黏粒的砂砾土，需要先用2mm筛进行碾散、水洗、过筛，将2mm以上颗粒烘干后进行粗筛的筛分；再将过2mm筛的悬液用0.075mm的筛同样操作，将0.075mm以上土样烘干后再采用细筛进行筛分。

8.2.1.2 密度计法试验

密度计法适用于粒径小于0.075mm的土粒。根据大小不同的土粒在水中下沉的速度各不相同，大颗粒下沉快而小颗粒下沉慢，由Stokes定理：球状的细颗粒在水中下沉速度与粒径的平方成正比，试验中通过测量水中不同时间的溶液密度，可以计算小于某一粒径的土粒质量占总土质量的百分数。具体方法简述如下：

取小于0.075mm的干土粒30g倒入三角烧杯中，注入适量的水并浸泡24h，放入砂浴上煮沸约1h，冷却后将土水一起全部倒入1000mL量筒内，并注纯水至1000mL，用搅拌器在量筒中沿整个悬液深度上下搅拌约1min，往复约30次，取出搅拌器后立即放入密度计同时开动秒表，分别测量1min、5min、30min、120min和1440min时密度计的读数和相应水温。获得不同时刻溶液的密度和温度。再进行相应计算获得粒径和小于某粒径土粒占30g的百分数。

若土中同时含有粒径大于和小于0.075mm的土粒时，则需采用筛分法和密度计法两种方法联合试验。若小于0.075mm的干土粒含量小于10%，则不需要进行密度计法试验。

由颗粒分析试验结果，可以绘制土的颗粒级配曲线，绘制方法及应用见本书第1章1.3节。

8.2.2　土的基本物理性质指标试验

土的物理性质指标共有9个，其中有3个基本指标需要通过试验测定，分别为天然密度、土粒比重和含水量，统称为基本物理性质指标或直接测定指标。其余6个指标则可根据这3个基本指标换算得出，统称为换算指标。第2章已经给出了这些指标各自的定义。下面着重介绍基本物理性质指标的试验确定方法。

8.2.2.1　天然密度ρ试验

在实验室，通常用“环刀法”测定原状土样的天然密度ρ。“环刀法”就是用质量固定为m_1、容积固定为V的刚性环刀，切取与环刀容积相同的原状土样，在天平上称环刀和土样的质量M，可得土样质量$m=M-m_1$，土样质量除以容积即可算得土样的天然密度ρ，并可由重力加速度计算天然重度γ。测定时需进行2次平行试验，其平均差值不得大于0.03g/cm^3，取其算术平均值。

天然密度也可采用蜡封法进行测定。在现场还可以采用灌水法和灌砂法测定现场土的体积，从而确定天然密度。

8.2.2.2　土粒比重（土粒相对密度）G_s试验

土粒比重常用“比重瓶法”测定。“比重瓶法”的试验原理是通过确定浮力进而确定土粒的体积V_s。试验方法为：将称好质量m_s的干土颗粒放入比重瓶中（一般干土颗粒需过5mm筛），瓶内加水并煮沸使颗粒充分分散，在瓶内加满水，冷却后称出固定体积瓶内水和土粒的全部质量m_2，洗净比重瓶，再灌满纯净水，称同体积瓶内水的质量m_1，由排开同体积水的重量即为浮力的原理获得土颗粒的体积$V_s=m_1+m_s-m_2$。比重试验中需量测试验中的水温t。土粒比重由下式计算：

$$G_s=\frac{m_s}{m_1+m_s-m_2}G_{wt} \tag{8-2-1}$$

式中　G_{wt}——t℃时纯水的比重（可查物理手册），准确至0.001。

测定时需进行两次平行试验，其平均差值不得大于0.02，取其算术平均值。

8.2.2.3　含水量（含水率）w试验

土的含水量通常用“烘干法”测定。“烘干法”就是取出代表性天然土样放入铝盒内称出湿土质量m_1，然后将打开盖的铝盒放入烘箱中加热，保持温度在105～110℃范围内，将土样烘到恒量后称得干土质量m_s，由于烘干而失去的质量m_1-m_s，即为土中水的质量m_w，于是可由m_w/m_s计算含水量。测定时需进行两次平行试验，其平均差值按含水量的大小控制在0.5～2.0之间，取其算术平均值。对于含有机质超过10%的土，烘箱温度需控制在65～70℃。

8.2.3　土的物理状态指标试验

土的物理性质主要是指土的轻重、干湿、软硬和松密程度，其中土体的松密和软硬等物理状态对工程性质具有十分重要的影响。对于无黏性土，其密实程度即松密状态是评定力学性质的重要依据；对于黏性土，其软硬程度即稠度状态则是评定力学性质的重要依据。显然，较密实、较硬的土具有较高的强度和较低的压缩性。

8.2.3.1 砂土的密实度试验

相对密实度的定义在第 2 章已经给出，确定相对密实度需要的最大孔隙比 e_{max} 或最小干密度 ρ_{dmin} 和最小孔隙比 e_{min} 或最大干密度 ρ_{dmax} 可由实验室试验确定，这些试验合称为砂土的相对密实度试验。

最大孔隙比或最小干密度试验需制备最疏松状态的土样。将固定干质量的砂土采用底端头可控制流量的长颈漏斗轻轻撒入玻璃量筒内，用量筒量测最松状态砂样的最大体积，另外用手掌或橡皮板堵住量筒口，将量筒倒转，然后缓慢地转回原来位置也可以获得比较松散状态的砂样，如此反复几次，记录下体积的最大值。利用上述两种方法测得的较大体积值计算最小干密度，再由土粒比重可计算得到最大孔隙比。

最小孔隙比或最大干密度试验需制备最密实状态的土样。在固定容积的钢容器内分三层装入干土样，每层联合采用敲击和捶击的方法制备土样至体积不变的最密实状态，称量容器内干土的最大质量，计算最大干密度。再根据土粒比重计算相应的最小孔隙比。容器的容积与最大颗粒的尺寸有关。

最大和最小干密度，均需进行两次平行试验测定，其平均差值不得超过 $0.03\mathrm{g/cm^3}$，取其算术平均值。

用相对密实度评价砂土松密状态，可综合地反映土粒级配、土粒形状和结构等因素影响。但对于易扰动的砂土，其天然状态的孔隙比 e 并不易确定，而且按规程方法在室内测定 e_{max} 和 e_{min} 时人为误差也较大，所以工程部门较多采用原位测试方法来判定砂土的松密状态。国内很多规范推荐采用标准贯入试验（SPT）的锤击数 N 作为评价砂土密实度的重要指标，目前已经得到了广泛的应用。

标准贯入试验是一种广泛应用的现场试验方法，采用63.5kg 重的穿心锤，以76cm 的固定落距锤击管状探头，先击入土中 15cm 时不计锤击数，再击入 30cm 所需的锤击数计为标贯击数 N，然后采用第 2 章表 2-3-3 由标贯击数评价砂土的密实度。显然，锤击数 N 越大则土体越密实。标准贯入试验也可以用于评价黏性土的软硬程度。在有地区经验的情况下，标贯击数已在工程中得到非常广泛的应用，并可用于地基承载力、强度指标、变形参数的确定，此外工程中还常采用该项参数评价土体的液化势。

8.2.3.2 黏性土的界限含水量试验

黏性土从液态过渡到可塑态、从可塑态过渡到半固态是一个渐变的过程，很难找到一个突变的界限。因而要测定液限 w_L 和塑限 w_P，就要规定标准试验方法。目前，国家标准《土工试验方法标准》（GB/T 50123—1999）等各种规程多推荐采用光电式液、塑限联合测定仪联合测定液限 w_L 和塑限 w_P，试验设备如图 8-2-2 所示。另外也可以采用搓条法确定塑限，同时采用圆锥液限仪测定液限。但后者试验结果更加依赖于试验者的经验，这里只介绍液、塑限联合测定法。

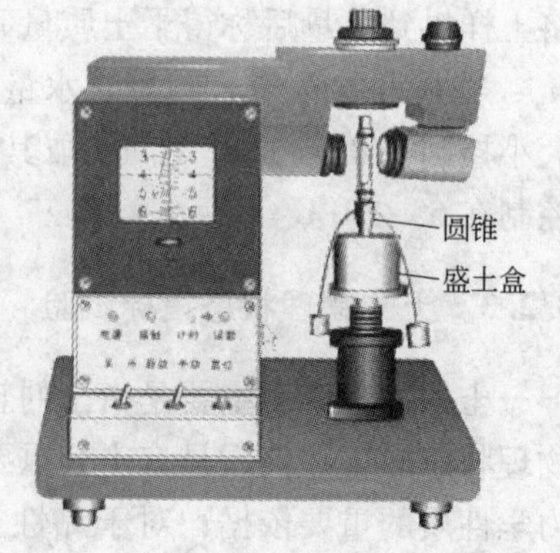

图 8-2-2　液、塑限联合测定仪

液、塑限联合测定法的具体试验过程为：取某含水量的适量土样调至均匀后压实装入盛土盒内，表面抹平，采用液、塑限联合测定仪测定此时圆锥自由落体落入土中的深度，并取适量土样测定此时的含水量 w，依次调配不同含水量的土样进行类似试验，得到 3 ~4 组不同含水量及所对应的圆锥入土深度的数据，将数据点绘在双对数坐标系中，如图 8 -2 -3A、B 线所示，各点连线基本过一条直线，由规定的圆锥入土深度即可确定液限 w_L 和塑限 w_P。

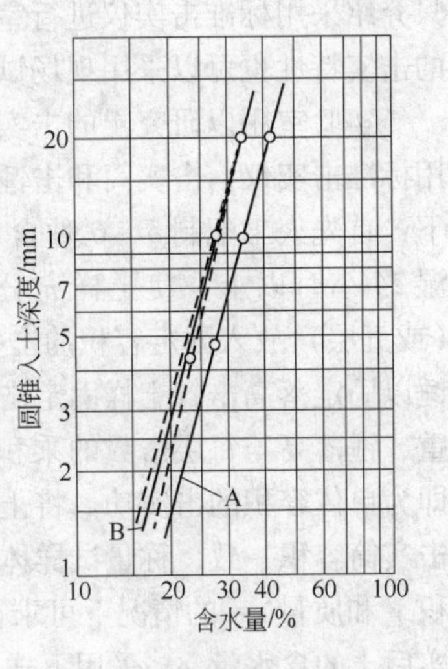

图 8 -2 -3　圆锥入土深度与含水量关系曲线

由联合测定仪测定液限 w_L 和塑限 w_P 时，采用 76g 的圆锥在土样中的下沉深度为 2mm 确定塑限，下落深度为 17mm 确定液限，该液限为土体的真实液限，即土体处于该含水量时不排水强度极小（接近零）。同时沿用至今的还存在一个 10mm 液限，该液限非土体真实液限，而是某些规范中专门进行黏性土和粉土分类定名时所特别采用的液限，规范中对其已特别加以说明，应注意两个液限的差别。

根据液限和塑限可以确定塑性指数和液性指数，其定义见第 2 章。由于黏性土的可塑性是与黏粒表面引力有关的一个现象，因此，黏粒含量越多，土的比表面积越大，塑性指数就越大；同时，亲水性大的矿物（如蒙脱石）的含量增加，塑性指数也就相应地增大。所以，塑性指数能综合地反映土的矿物成分和颗粒大小的影响。塑性指数常作为黏性土和粉土工程分类的重要依据。可见，要进行细粒土的分类定名，需要进行液、塑限试验。

土的天然含水量在一定程度上说明了土的软硬与干湿状况，对于同一种细粒土，含水量越大土体越软。但是，仅有含水量的绝对数值却不能说明不同土体处在什么状态。例如，有几个含水量相同的土样，若它们的塑限、液限不同，则这些土样所处的稠度状态就可能不同。因此黏性土的稠度状态需要一个表征土的天然含水量与界限含水量之间相对关系的指标，即液性指数 I_L 来加以判定。细粒土的软硬程度直接影响其变形与强度特性，可见，评价细粒土的软硬程度也需要进行液、塑限试验。

【问题讨论】

相对密实度和标准贯入锤击数是评价砂土等粗粒土密实度的重要物理状态参数，决定粗粒土的工程力学特性；液、塑限以及塑性指数和液性指数是评价细粒土软硬程度与细粒含量的重要物理状态参数，不仅决定细粒土的工程力学特性，而且是进行细粒土工程分类定名的重要依据。而获得这些参数的有效途径就是通过试验。

8.3 击实试验

人们很早就知道用土作建筑材料，并认识到土的密度和土的工程特性之间的关系。合理施工的填方（填筑起来的土体）如路堤、土坝、回填土地基等都需要压实；疏松软弱的地基也可用压实方法加以改善；某些建筑物（如挡土墙、地下室）周围的回填土，也要经过压实。所以就有必要研究在外加的击实功作用下土的密度变化的特性，这就是土的击实性。研究土的击实性的目的，是研究如何用最小的功把土击实到所要求的密度，这里只介绍采用标准击实仪进行室内击实试验的原理、方法和结果。土的击实特性也可以采用现场试验来确定。

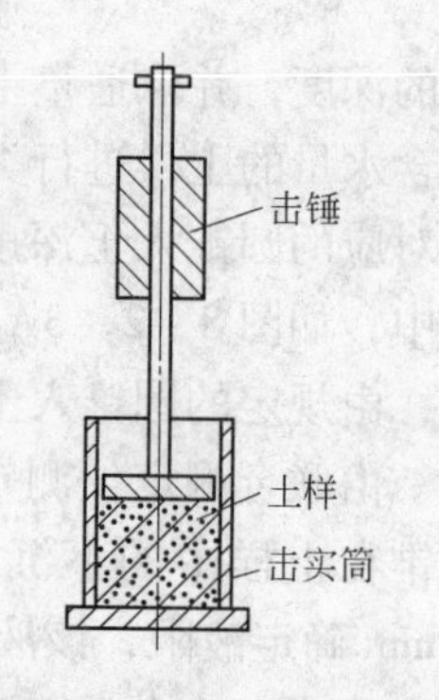

图 8-3-1 击实仪示意图

实验室用以研究土的击实性的试验称为标准击实试验，试验采用标准击实仪，击实筒和击锤如图 8-3-1 所示。具体试验方法如下：首先人工配制 5~6 种含水量相差 2% 左右的适量土样，并保湿 24 小时以上，使土样充分湿润。将某一含水量的试样分三层（或五层）放入固定容积的击实筒内。每放一层，用固定质量的击锤以固定落高击打土样固定击数，这样对每层土所作的击实功为锤重、锤落高与每层击数的乘积，乘以分层数再除以击实筒的容积，即为单位容积的击实功。将土击实至满筒后，削平两端，使试样与击实筒容积一致，称量试样体与击实筒的质量 M，在已知击实筒容积 V 和质量 m_1 的情况下可求得试样的密度 $\rho=(M-m_1)/V$。再将部分土样取出，测定击实后土的含水量 w，采用下式便可算出试样的干密度为

$$\rho_d=\frac{\rho}{1+w} \tag{8-3-1}$$

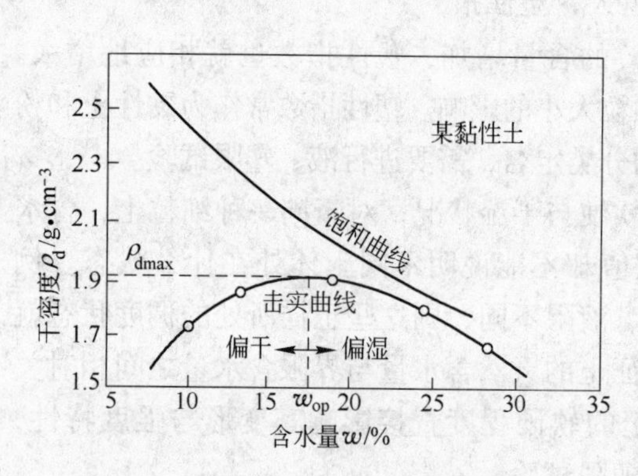

图 8-3-2 击实曲线与饱和曲线

以同样方法对所有配置不同初始（试验前）含水量的土料进行击实试验，于是每一土样都可得出相应的击实后含水量 w 与干密度 ρ_d。将 5 组以上试验数据绘入图 8-3-2 中，连接这些数据点就可获得反映该试验土料击实特性的曲线，即击实曲线（又称干密度-含水量曲线）。

由图 8-3-2 可见，一般土的击实曲线具有峰值，峰值所对应的含水量称为最优含水量 w_{op}，对应的干密度称为最大干密度 ρ_{dmax}。该峰值表明：当土样含水量达到最优含水量时，可以被击实到最密实状态。一般黏性土的最优含水量接近该土的塑限。

填土在现场碾压后的干密度 ρ_d 与实验室击实试验测得的最大干密度 ρ_{dmax} 之比称为压实系数，记为 λ_c：

$$\lambda_c=\frac{\rho_d}{\rho_{dmax}} \tag{8-3-2}$$

压实系数是控制现场填土碾压施工质量的重要指标，压实填土地基常控制压实系数在 0.91~0.98 范围内，控制数值越高，碾压控制标准越高，填土的力学性质越好。

8.4 渗透试验

8.4.1 渗透规律的试验研究

图 8-4-1 为一常水头渗透试验装置示意图。试样高度为 L，试样横截面积为 F，均

为常量。水向上通过试样渗流。因为上下游水面高差不因由下至上的渗流而变化，所以称为常水头渗透试验。如果把基准面 0－0 选在试样底端 A 点处，则 A 点的总水头为 H_A，B 点的总水头为 H_B，总水头差为 $H_A - H_B$。假定水流只在通过试样时才有能量损失，则水力坡降 i 为总水头差比渗径，即

$$i = \frac{H_A - H_B}{L} \tag{8-4-1}$$

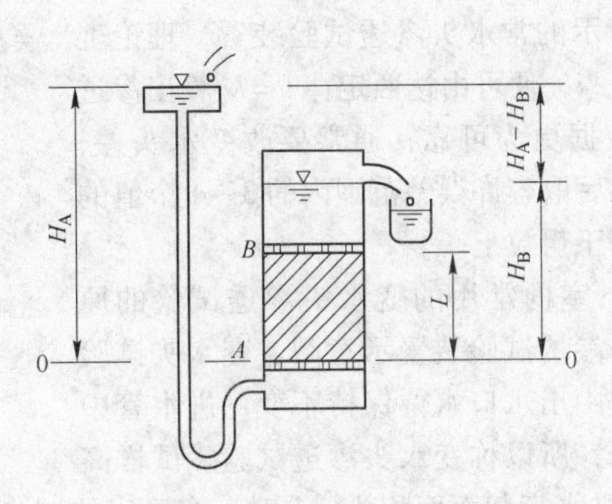

图 8－4－1　常水头渗透试验装置示意图

试验时，只要测得 t 时段内流出水量 Q（体积单位），便可由下式算得渗透速度为

$$v = \frac{Q}{Ft} \tag{8-4-2}$$

应该指出的是，由此算得的渗透速度 v 是相对于试样全截面 F 的平均流速，而不是水质点在土的孔隙中的真实流速，显然，平均流速小于真实流速。至此，得到一对数据（v，i），对第一个给定 H_A 值，把这对试验数据记为（v_1，i_1）。然后改变 H_A 值，即改变总水头差重新试验，可得（v_2，i_2），…。

以渗透速度 v 为纵坐标，水力坡降 i 为横坐标，把所得的一组试验数据点绘在上面。则对大多数土可得到一条通过原点的直线，如图 8－4－2 所示，该直线的方程为

$$v = ki \tag{8-4-3}$$

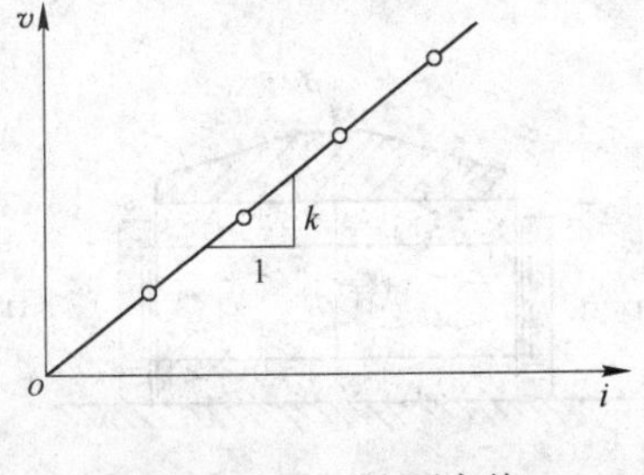

图 8－4－2　达西定律

式（8－4－3）就是达西定律（1856），它表明土的渗透速度 v 正比于水力坡降 i。比例系数 k 称为渗透系数，单位为 cm/s 或 m/d。

渗透系数是一个表征土的渗透性质的重要力学指标。其物理意义为单位水力坡降的渗透速度，k 值大的土体透水性强，可以用作排水材料，k 值小的土体透水性弱，可用作挡水、防渗材料。

8.4.2　渗透系数的试验测定

土的渗透系数可通过室内试验测定，也可以通过现场实验测定。室内试验简便易行，

但由于土的不均匀性，常难以获得有代表性的土样。而现场试验则能反映较大尺度土体的渗透性，但不如室内试验简便。并且室内试验可测定加载后渗透系数随孔隙比的变化情况。所以，即使有了现场试验资料，室内试验也是需要的。常用的室内试验装置可分为常水头与变水头两种，但都是在认为达西定律适用于被测土体的前提下，推导出求渗透系数的公式。对图 8-4-1 所示的常水头渗透试验装置，理论上只要通过试验求得一对 v、i，便可由达西定律 $v=ki$ 算出渗透系数 k。但是为使试验数据更为可靠，通常要改变水头差，测出多个渗透系数值，然后取容许误差范围内的 3~4 个值的平均值。常水头试验适用于粗粒土。

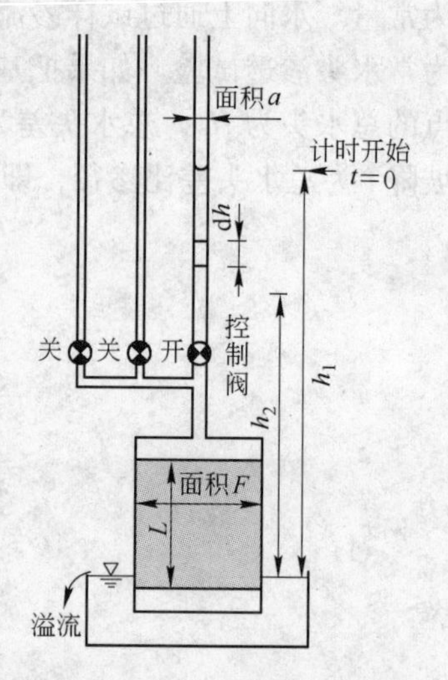

图 8-4-3　变水头渗透试验装置示意图

下面再简单介绍一下室内常用的变水头渗透试验的原理。图 8-4-3 为变水头渗透试验装置示意图。变水头试验适用于细粒土。试验过程中出水口水位保持不变，进水管中水位随渗透过程不断下降，所以称变水头渗透试验。试样高度为 L、截面面积为 F，进水管截面面积为 a，对一个确定的试验装置，a、L、F 保持不变。试验开始时，$t=t_1$，试样两端水头差为 h_1，结束时，$t=t_2$，水头差为 h_2，则可由下式计算渗透系数：

$$k=2.3\frac{aL}{F(t_2-t_1)}\lg\frac{h_1}{h_2} \tag{8-4-4}$$

渗透试验中需测量水温，获得的渗透系数需统一修正为温度 20℃时的数值。

8.5　侧限压缩试验

侧限压缩仪也称为侧限固结仪。图 8-5-1 为侧限压缩仪主要部分示意图，图中试样尺寸为高 $H=2\text{cm}$，面积 $F=30\text{cm}^2$，试样上下放置透水石允许试样上下界面排水，因此是双面排水条件。试样在环刀和外侧刚性护环的约束下，处于无侧向变形（即侧限）条件，只能在荷载作用下产生竖向压缩变形，故侧限压缩试验也称单向压缩试验，它是土力学中最基本的力学试验之一。由于试样的应力状态总是 $\sigma_3/\sigma_1=K_0$，所以不会发生破坏。针对饱和土进行的试验称为固结试验。

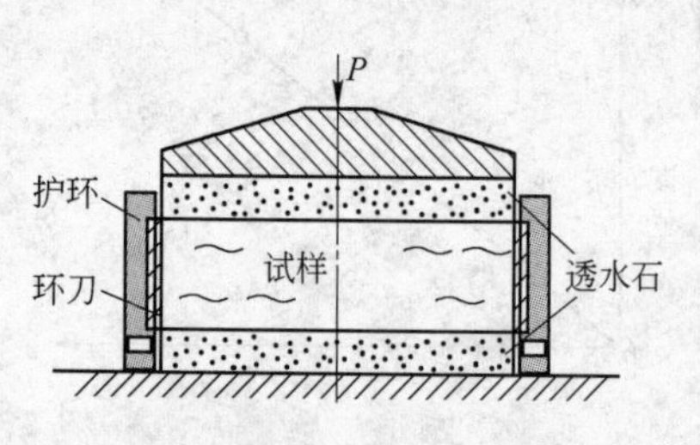

图 8-5-1　侧限压缩仪主要部分示意图

侧限压缩试验的具体试验过程为：用环刀制备好土样，并将土样和环刀一起装入图 8-5-1 所示试验容器内；对试样施加第一级竖向荷载 p_1（通过向试样顶部施加竖向力 P_1，则 $p_1=P_1/F$），等待变形稳定以后测读竖向变形量 S_1；再施加第二级荷载 p_2，变形稳定以后测读竖向变形量 S_2；依次施加 4 级或 4 级以上的荷载测读相应的累积竖向变形量。荷载一般分级成倍施加，4 级一般依次为 50kPa、100kPa、200kPa、400kPa。

如果试样为室内制备的含水量大于液限的饱和黏性土，则其加载前的应力为$\sigma = \sigma' = u = 0$。加载后，其孔隙水压力与有效应力存在相互转化的过程，即渗透固结过程。对于4级依次加到50kPa、100kPa、200kPa、400kPa的荷载，则竖向荷载p、竖向变形量S、试样内一点的孔隙水压力u随时间的变化过程如图8-5-2所示。对常规侧限压缩试验所用2cm高的黏性土试样，每级荷载约需24h变形才能稳定，每小时变形量小于0.005mm即认为变形稳定。

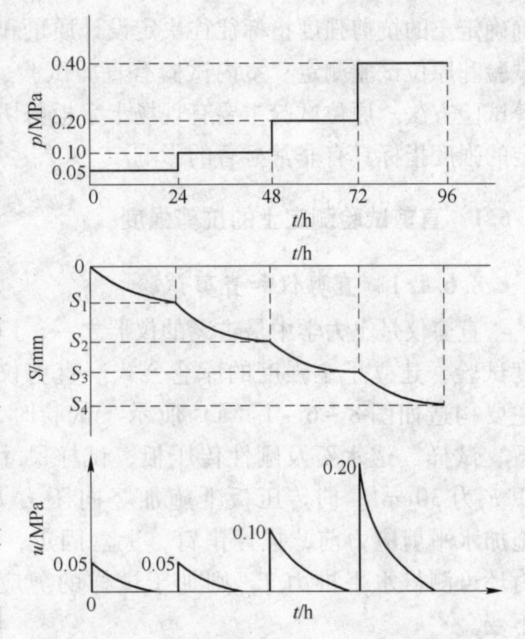

图8-5-2　固结过程中应力及变形的变化

根据试验结果可以绘制侧限压缩试验的$e-p$曲线或$e-\lg p$曲线，并确定土的压缩性指标，详见本书第6章6.2节。

在某一级加荷条件下，还可以通过量测试样竖向变形量S与时间的关系获得该级荷载条件下的固结系数C_v。实际工程中常采用时间平方根法获得，具体方法如下：对某一级压力，以试样的变形为纵坐标，时间平方根为横坐标，绘制变形量S与时间平方根$\sqrt{t}$关系曲线，如图8-5-3所示，延长曲线开始段直线，交纵坐标于d_s，d_s为理论零点，过d_s作另一直线，令其横坐标为前一直线横坐标的1.15倍，则后一直线与$S-\sqrt{t}$曲线交点所对应的时间即为试样固结度达90%时所需的时间t_{90}(s)，该级压力下的固结系数应按下式计算：

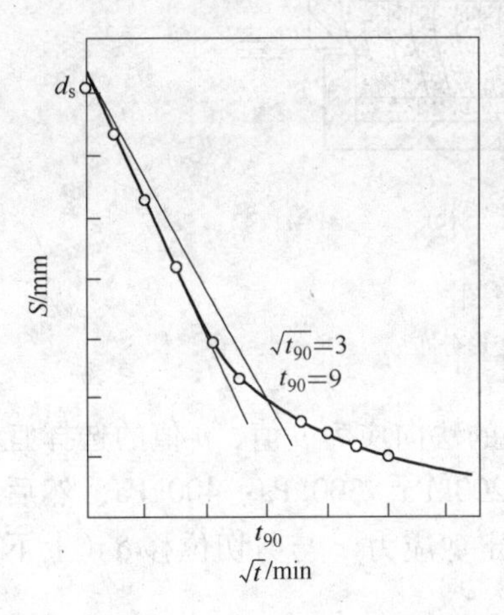

图8-5-3　时间平方根法求t_{90}

$$C_v = \frac{0.848\,\bar{h}^2}{t_{90}} \qquad (8-5-1)$$

式中　C_v——固结系数，cm^2/s；

$\bar{h}$——最大排水距离，等于某级压力下试样的初始和终了高度的平均值之半，cm，$\bar{h} = \frac{h_1 + h_2}{4}$。

8.6　抗剪强度试验

地基承受基础以及上部建筑物的所有荷载，在此荷载作用下，地基中的应力状态必然发生改变。一方面附加应力引起地基内土体变形，导致建筑物沉降，这一问题已在第6章阐述；另一方面，当土中一点的某一面上的剪应力等于该点地基土的抗剪强度时，该点就达到极限平衡，发生剪切破坏，这一问题已在第7章阐述。抗剪强度是土的重要力学性质之一，与土体稳定性相关的所有计算分析，抗剪强度指标都是其中最重要的参数。能否正确确定土的抗剪强度指标往往决定设计质量和工程成败。土的抗剪强度指标主要依赖室内试验和原位试验测定。室内试验有直剪试验、三轴剪切（压缩）试验、无侧限压缩试验等试验方法。原位试验主要有现场十字板剪切试验。采用的仪器设备种类和试验方法对确定的强度指标具有非常显著的影响。

8.6.1 直剪试验测定土的抗剪强度

8.6.1.1 直剪仪和直剪试验

直剪仪是土力学中最古老的仪器之一，1776 年法国军事工程师库仑用它进行土的强度试验，建立了土强度的库仑公式。直剪仪的试验设备和原理比较简单，操作简便，主要构造如图 8-6-1（a）所示。试验时，将上下盒对正并用销钉固定，放入透水石、试样、透水石及刚性传压板，试样尺寸与侧限压缩试验一样，高为 2cm，截面面积 F 为 30cm^2。向传压板上施加竖向压力 P，则试样水平面所受法向应力 $p=P/F$。施加水平剪应力前，拔掉销钉，上盒固定，向下盒施加水平推力，与上盒相接触的量力环可测得水平推力 T，则加于试样的剪应力为 $\tau=T/F$。试验过程中竖向压力保持不变。

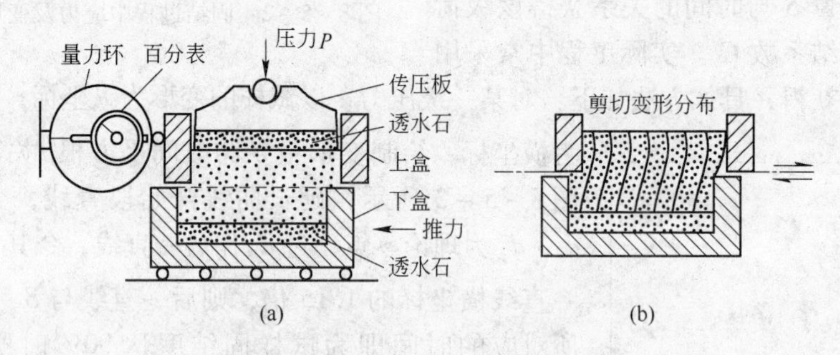

图 8-6-1 直剪仪主要部分示意图
（a）直剪仪示意图；（b）试样中的剪切变形分布

一组试验通常需采用 4 个试样，对每个试样施加不同的法向应力 p 值，p 值的选择宜考虑工程实际应力变化范围，一般工程，常用 100kPa、200kPa、300kPa、400kPa，然后对每一个试样以固定的剪切速率逐渐增加剪应力 τ，并测定剪应力 τ 与剪切位移 δ（上下盒的相对水平位移）的关系，如图 8-6-2（a）所示。

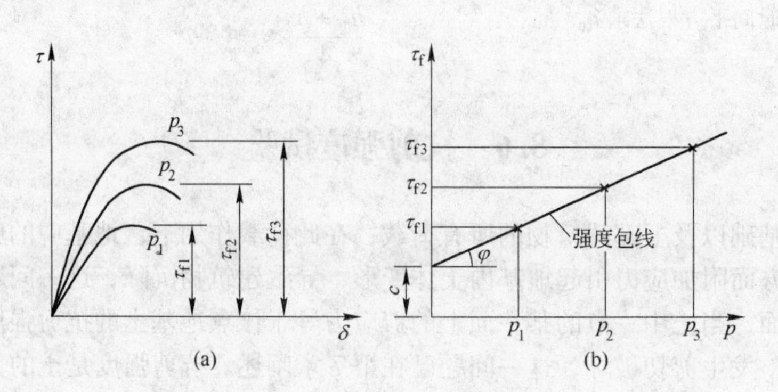

图 8-6-2 $\tau-\delta$ 曲线及抗剪强度包线

取图 8-6-2（a）各 $\tau-\delta$ 关系曲线的峰值作为抗剪强度 τ_f，如无峰值则取剪切位移 $\delta=4$mm 时的剪应力作为抗剪强度。这样每剪破一个试样便得到一对数据（p，τ_f），剪破 4 个试样则得 4 对数据。把这一组数据点绘在 τ_f-p 坐标上，如图 8-6-2（b）所示，各试验点基本成直线关系，此线称为抗剪强度包线。强度包线与横轴的夹角 φ 称为内摩擦角，在纵轴上的截距 c 称为黏聚力，单位为 kPa。这样，抗剪强度 τ_f 便可表示为

$$\tau_f = p\tan\varphi + c \qquad (8-6-1)$$

式中 c，φ——土的抗剪强度指标。

直剪仪的主要缺点是破坏面固定为水平面为人为规定，此外由于设备条件限制不能严格控制试验中的排水条件，不能量测孔隙水压力；其次，由于剪切过程中试样水平接触面积在改变，如图 8-6-1（b）所示，剪破面上应力应变分布不均匀。但直剪仪结构简单，便于操作，所以长期以来一直是工程单位测定抗剪强度的主要仪器。另外采用直剪仪可以专门进行不同材料之间的摩擦强度的测定。

8.6.1.2 砂土的抗剪强度特性

A 砂土抗剪强度的表达式

在天然砂土地基上建造建筑物时，随着荷载的增加，土中应力几乎立即由土骨架承担。在实验室用直剪仪进行砂土的剪切试验时，由于直剪仪不密封，即使在饱和条件下施加竖向荷载 p 后，土中应力也几乎立即由土骨架承担。由于在剪切过程中孔隙水也能自由排出或吸入，所以荷载 p 一直由土骨架承担，是剪破面上的法向有效应力。因而，所测得的强度包线表示的是剪破面上的法向有效应力与抗剪强度的关系。

试验结果表明，砂土的强度包线基本通过原点，即 $c\approx0$，这样，砂土的抗剪强度便可表示为

$$\tau_f = \sigma'\tan\varphi \qquad (8-6-2)$$

式中 σ'——剪破面上的法向有效应力。

砂土的内摩擦角 φ 与颗粒大小、级配及密实度等因素有关，一般试验获得的中砂、粗砂、砾砂 $\varphi=32°\sim40°$，粉砂、细砂 $\varphi=28°\sim36°$。密实度较大的可取上限值，反之应取低值。一般讲，砂土抗剪强度比较大，也比较稳定。因此，工程上常用砂土作为置换软弱黏性土的材料，以改善地基性质。

B 应力路径

在二维应力问题中，应力的变化过程可以用若干个应力圆表示。例如土试样先受围压 σ_3 作用，这时的应力圆表示为图 8-6-3（a）中的一个点 C_0。然后在试样的竖直方向分级增加偏差应力（$\sigma_1-\sigma_3$），每一级偏差应力可以绘出一个直径为（$\sigma_1-\sigma_3$）的应力圆。但是这种用若干个应力圆表示应力变化过程的方法显然很不方便，特别是出现应力不是单调增加，而是有时增加、有时减小的情况，用应力圆来表示应力变化过程，不但不方便，而且极易发生混乱。

应力变化过程的较为简易的表示方法是选择土体中某一个特定面上的应力变化来表示土单元体的应力变化。因为该面的应力在应力圆上表示为一个点，因此这个面上的应力变化过程即可用该点在应力坐标上的移动轨迹来表示。这个应力点的移动轨迹就称为应力路径。

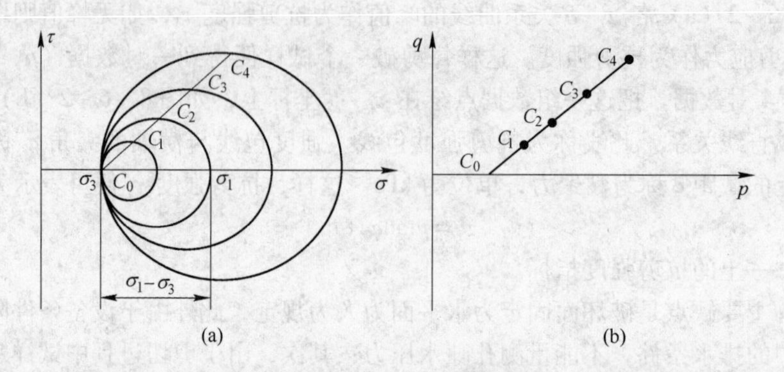

图 8-6-3 应力路径概念

通常选择与应力面成45°的斜面作为代表面最方便，因为每个应力圆都可以用应力圆的圆心位置 $p=\frac{1}{2}(\sigma_1+\sigma_3)$ 和应力圆半径 $q=\frac{1}{2}(\sigma_1-\sigma_3)$ 唯一确定，即表示该斜面的应力的 C 点同时也代表该单元的应力状态。因而 C 点的变化轨迹 C_1、C_2、…、C_n 就代表试样或单元土体的应力路径，如图 8-6-3（b）所示。当然也可以选用其他面，例如土体的破裂面为代表面，但不如45°斜面方便。因此在绘制试样或单元土体的应力路径时，常把 $\sigma-\tau$ 应力坐标改换成 $p-q$ 坐标。$p-q$ 坐标上某一点的横坐标 p 提供该点所代表的应力圆的圆心位置 $\frac{1}{2}(\sigma_1+\sigma_3)$，而纵坐标 q 则表示该应力圆的半径 $\frac{1}{2}(\sigma_1-\sigma_3)$。

如前所述，土体中的应力可以用总应力 σ 表示，也可以用有效应力 σ' 表示。表示总应力变化的轨迹就是总应力路径，表示有效应力变化的轨迹则是有效应力路径。按有效应力计算的 p' 和 q' 与按照总应力计算的 p 和 q 有如下的关系，因为 $\sigma'_3=\sigma_3-u$，$\sigma'_1=\sigma_1-u$，故

$$p'=\frac{1}{2}(\sigma'_1+\sigma'_3)=\frac{1}{2}(\sigma_1-u+\sigma_3-u)$$

$$=\frac{1}{2}(\sigma_1+\sigma_3)-u=p-u \tag{8-6-3}$$

$$q'=\frac{1}{2}(\sigma'_1-\sigma'_3)=\frac{1}{2}(\sigma_1-u-\sigma_3+u)=\frac{1}{2}(\sigma_1-\sigma_3)=q \tag{8-6-4}$$

即单元土体在应力发展过程中的任一阶段，用有效应力表示的应力圆与用总应力表示的应力圆大小相等，但圆心位置相差一个孔隙水压力值，如图 8-6-4 所示。也就是说，通过单元土体的任意平面，用总应力表示的法向应力 σ_n 比用有效应力表示的 σ'_n 差值也是孔

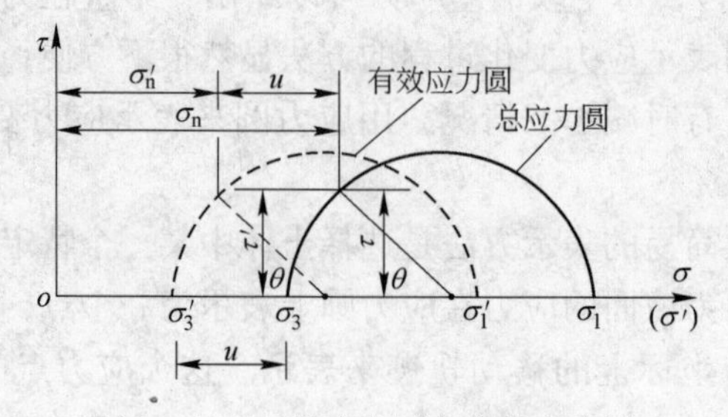

图 8-6-4 总应力圆与有效应力圆

隙水压力值 u。而剪应力则不需要区分以总应力表示还是以有效应力表示，因为水不能承受剪应力，剪应力只能由土骨架承受，所以水压力的大小不会影响土骨架所受的剪应力值。

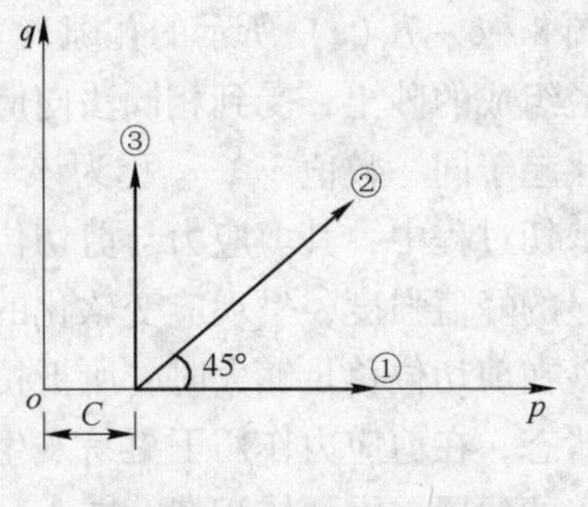

图 8-6-5 应力路径

下面简要介绍一下没有孔隙水压力时几种典型的加载应力路径。因为 $u_w=0$，所以 $\sigma=\sigma'$。为讨论方便，让试样先在某一围压 σ_3 作用下固结稳定。这时，$p=\sigma_3=C$，C 为常量，然后按下列几种典型的应力路径加载，如图 8-6-5 所示。

(1) 增加围压 σ_3。这时的应力增量为 $\Delta\sigma_1=\Delta\sigma_2=\Delta\sigma_3$，且不断增加。在图 8-6-5 的 $p-q$ 坐标系上，表示为应力路径①，其特点是 p 不断增加，q 始终等于零，试样中只有压应力而无剪应力。应力圆恒是一个半径为零的圆点，其位置在 p 轴上移动。

(2) 增加偏差应力 $(\sigma_1-\sigma_3)$。这时 σ_3 不变，周围应力增量 $\Delta\sigma_3=0$，但 σ_1 不断增加。p 的增加可表示为 $\Delta p=\dfrac{1}{2}\Delta\sigma_1$，$q$ 的增加可表示为 $\Delta q=\dfrac{1}{2}\Delta\sigma_1$。因此应力路径是 45° 的斜线，如图 8-6-5 中直线②所示，应力圆的变化如图 8-6-3 (a) 所示。

(3) 增加 σ_1 相应减小 σ_3。当试件上 σ_1 的增加等于 σ_3 的减小，即 $\Delta\sigma_1=-\Delta\sigma_3$ 时，p 的增量 $\Delta p=\dfrac{1}{2}(\Delta\sigma_1+\Delta\sigma_3)=0$，而 q 的增量 $\Delta q=\dfrac{1}{2}(\Delta\sigma_1-\Delta\sigma_3)=\Delta\sigma_1$。显然这种情况的应力路径是 $p=C$ 的竖直向上发展的直线，如图 8-6-5 中的直线③所示。应力圆的变化是圆心位置不动而半径不断增大。

【例 8-1】若土的泊松比 $\mu=0.3$，求侧限压缩条件加载时土体中的应力路径。

【解】根据本章分析，侧限压缩条件加载时，水平向应力增量 $\Delta\sigma_3$ 与竖直向应力增量 $\Delta\sigma_1$ 之比为侧压力系数 K_0，则

$$K_0=\frac{\Delta\sigma_3}{\Delta\sigma_1}=\frac{\mu}{1-\mu}=\frac{0.3}{1-0.3}=0.429$$

$$\Delta\sigma_3=0.429\Delta\sigma_1$$

又

$$\Delta p=\frac{1}{2}(\Delta\sigma_1+\Delta\sigma_3)=0.715\Delta\sigma_1$$

$$\Delta q=\frac{1}{2}(\Delta\sigma_1-\Delta\sigma_3)=0.286\Delta\sigma_1$$

则

$$\frac{\Delta q}{\Delta p}=\frac{0.286\Delta\sigma_1}{0.715\Delta\sigma_1}=0.4$$

即在 $p-q$ 坐标系上的应力路径是通过原点，斜率为 0.4 的直线，如图 8-6-6 所示。

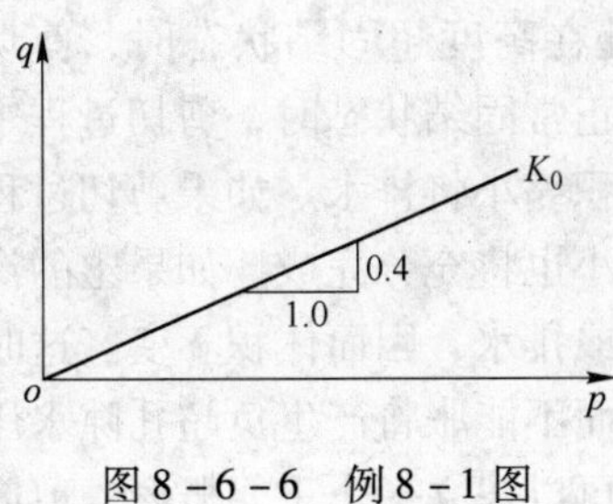

图 8-6-6 例 8-1 图

C 砂土的剪胀（剪缩）性与临界孔隙比

剪切过程中土体的另一个重要性质是剪胀（剪缩）性。在直剪试验条件下，砂土能够自由排水和吸水，因而，松砂在剪切过程中排水导致体积减小，称为剪缩；而密实砂土在剪切过程中吸水导致体积膨胀，称为剪胀，

图8-6-7（a）所示的孔隙比 e 与剪切位移 δ 的关系即表明了这样的现象。对于同一颗粒组成的砂土，受到相同法向应力作用情况下，当剪切位移足够大时，松砂与密砂的孔隙比趋于同一数值 e_{cr}，e_{cr} 称为该砂土在这一法向应力作用下的临界孔隙比。松砂与密砂在剪切过程中，其剪应力与剪切位移的关系也不同，如图8-6-7（b）所示。密砂具有明显的峰值强度，呈现应变软化的趋势，而松砂并无峰值，呈现应变硬化的趋势，密砂与松砂在剪切位移足够大时，所抵抗的剪应力趋于一致。这是由于松砂处于一种不稳定的结构状态，在剪应力作用下更易发生剪变形，在颗粒产生相对位移的过程中，颗粒要趋于更稳定的位置，因而体积持续减小，剪应力持续增大。而密实砂土颗粒间相互咬合在一起已经处于相对稳定的结构状态，剪切过程中颗粒需要从周围颗粒所形成的凹槽中滚出，对剪应力有较大的抵抗力，达到峰值强度以后，伴随着体积的膨胀，剪应力降低，剪破面形成后，在剪破面上下某一范围内的土颗粒连续滚动，所抵抗的剪应力及孔隙比趋于稳定。

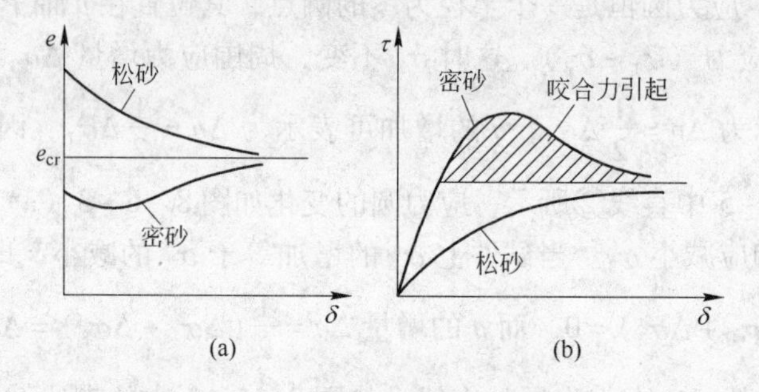

图8-6-7 砂土的剪胀（剪缩）性

8.6.1.3 黏性土的抗剪强度特性

A 影响黏性土抗剪强度的主要因素

黏性土抗剪强度的构成机理与砂土不同，黏粒之间靠颗粒间的引力，包括它所吸引的阳离子及结合水间的引力形成连结强度，所以土越密实强度越高。密实度是影响黏性土抗剪强度的主要因素。

黏性土的密实程度又与不同的应力历史与法向有效应力相联系。设想，由同一稀软淤泥切取三个试样，一个施加垂直荷载 p 后立即较快地施加剪应力剪破；另一个施加垂直荷载 p 后固结稳定，再较快地施加剪应力剪破；第三个施加比 p 大的垂直荷载固结稳定以后再卸荷到 p，待膨胀完成后再较快地施加剪应力剪破，可以推断尽管施加剪应力的方式相同，但三个试样的抗剪强度必然各不相同。因此，施加剪应力之前试样所受的有效应力及应力历史是影响土的抗剪强度的另一个主要因素。

黏性土同样具有剪胀（剪缩）性，研究表明：当试样处在高度超固结状态时，剪切过程中试样体积将有膨胀的趋势，当试样处在轻度超固结或正常固结状态时，剪切过程中试样体积有缩小的趋势。饱和黏性土，体积膨胀将吸水，体积缩小将排水。如果剪切过程进行得很慢，使吸水或排水能够充分完成，则体积膨胀或缩小也将充分完成。如果土的渗透性很低且剪切进行得很快，则剪切过程中基本上不能吸水或排水，因而体积不变。这时剪胀或剪缩的趋势将转而产生超孔隙水压力。有剪胀的趋势而不能胀将产生负超孔隙水压力，有剪缩的趋势而不能缩则产生正超孔隙水压力。这样，可以建立一个重要概念，剪应力也能产生超孔隙水压力，条件是：土具有剪胀（剪缩）性，而且剪切过程中不排水。

根据黏性土的抗剪强度与密实程度有关以及黏性土的剪胀（剪缩）性可以推断，如果把两个相同的低渗透性试样，在同一垂直荷载下固结稳定，一个在不排水条件下剪破——剪切进行得很快，试样体积不变；一个在排水条件下剪破——剪切进行得很慢，产生剪胀或剪缩变形，则与不排水条件下的抗剪强度相比，必然会有较大的差别。因此，剪切过程中的排水条件是影响土的抗剪强度的又一个主要因素。

综上所述，试样在剪切之前的有效应力及其应力历史，以及剪切过程中的排水条件是影响黏性土抗剪强度的主要因素。受这些因素的影响，才使黏性土具有不同于砂土的直剪试验方法及试验结果。

B 三种试验方法

把剪前的应力状态与剪切中的排水条件组合起来，工程中采用如下三种试验方法对黏性土进行直接剪切试验。

a 快剪（记为q）

切取若干个（通常为4个）试样，分别放在直剪仪中，试样和上下透水石之间放塑料片。对各试样施加不同垂直荷载 p，比如100kPa、200kPa、300kPa、400kPa。加 p 后，立即较快地施加剪应力，控制在3～5min内剪破。把所测得的抗剪强度 τ_f 对应各自的 p 值点绘在 $\tau_f - p$ 坐标系上，于是得到快剪强度包线及快剪强度指标 c_q、φ_q。

加荷载 p 后立即剪切，目的在于使试样不产生固结（或膨胀）；剪切过程控制在3～5min内，目的在于使试样在剪切过程中不排水（或吸水）。由于直剪仪不能密封，尽管进行快剪试验时试样上下都加塑料片阻碍排水，但从塑料片与上下盒的缝隙中以及上下盒之间的剪切缝中都可能有一定程度的排水，只有对于低渗透性黏性土（渗透系数 $k<10^{-6}$ cm/s），这种排水作用才不至于对试验结果造成显著影响。

b 固结快剪（记为cq）

切取若干个（通常为4个）试样，放在直剪仪中，试样和上下透水石之间放滤纸。对各试样施加不同的垂直荷载 p，比如100kPa、200kPa、300kPa、400kPa。加 p 后，待试样固结稳定，通常等待24h，再较快地施加剪应力，控制在3～5min内剪破。把所测得的抗剪强度 τ_f 对应各自的 p 值点绘在 $\tau_f - p$ 坐标系上，于是得到固结快剪强度包线及固结快剪强度指标 c_{cq}、φ_{cq}。

固结快剪试验中，加 p 后等待24h，目的是给予充分的时间使试样固结稳定。而剪切时较快地施加剪应力，目的在于使试样不排水（或吸水）。由于直剪仪不能密封，所以剪切过程尽管只有3～5min，仍有少量排水（或吸水），对试验结果也有一定影响。

c 慢剪（记为s）

切样、装样及施加垂直荷载同固结快剪，之后也要待试样在垂直荷载 p 作用下固结稳定后再开始剪切。与固结快剪的差别在于：慢剪施加剪应力要很慢。《土工试验方法标准》（GB/T 50123—1999）建议，达到破坏所经历的时间 t_f 可按下式估算：

$$t_f = 50t_{50} \quad (8-6-5)$$

式中，t_{50} 为侧限压缩试验中，同样试样固结度达到50%所需的时间。如果某试样 t_{50} 为8min，则慢剪施加剪应力至破坏的过程应经过400min，即持续剪切6个多小时。把所测得的抗剪强度 τ_f 对应各自的 p 值点绘在 $\tau_f - p$ 坐标系上，于是得到慢剪强度包线及慢剪强

度指标 c_s、φ_s。

慢剪试验中，缓慢施加剪应力的目的在于使试样能充分排水（或吸水），不产生超孔隙水压力。慢剪试验可适用于各类黏性土。

下面将较详细地讨论三种试验方法所得强度指标的规律性。

C　固结快剪试验指标

a　正常固结情况

自然条件下，在水中刚刚沉积下来的黏性土很稀软，随着沉积的进行，它上面的荷载越来越大，因而越来越密实，强度越来越高。在实验室，为模拟这一过程，说明固结快剪的意义，人工制备一块含水量超过液限的低渗透性饱和黏性土，用它切取5个试样。分别装入直剪仪，并向各试样施加荷载 p，比如：$p_0=0$，$p_1=100\text{kPa}$，$p_2=200\text{kPa}$，$p_3=300\text{kPa}$，$p_4=400\text{kPa}$，当荷载较大时宜分级缓慢施加，以免试样挤出。等待足够的时间使其固结稳定。这样，在施加剪应力之前，各试样的密实程度必然各不相同。各试样剪前孔隙比可在压缩曲线主支上查得，如图8－6－8所示。第一个试样，$p_0=0$，未加荷载，因而剪前孔隙比仍保持制备后的状态，含水量大于流限，其固结快剪的抗剪强度接近零。随施加荷载 p 的加大，剪前的初始孔隙比逐渐减小，试样依次变密实，试样的抗剪强度必然一个比一个大，由试验结果可得到一条通过原点的强度包线，如图8－6－8所示，于是得到 $c_{cq}\approx 0$，φ_{cq} 值随土质而不同，可从十几度到20°以上。这条强度包线与压缩曲线主支相对应，所以也称剪切主支。

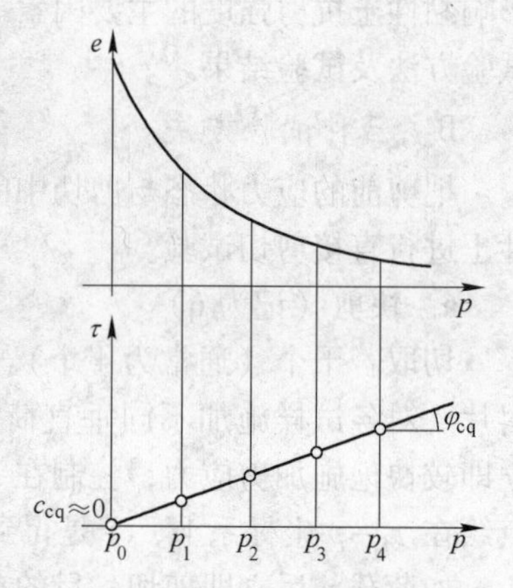

图8－6－8　固结快剪强度包线

在上述固结快剪试验中，每个试样在剪前相对于荷载 p 都处在正常固结状态。因此，所得强度包线反映了正常固结土的强度特性。正常固结土承受剪应力时，有剪缩的趋势，但由于剪切过程短，对低渗透性土基本上可认为是不排水的。所以剪缩的趋势转而产生正超孔隙水压力。超孔隙水压力随剪应力的增加而增加。这样，垂直荷载 p 只是在固结稳定后施加剪应力之前是由土骨架承担。随着剪应力逐渐增加，超孔隙水压力也逐渐增加，而荷载 p 保持不变，试样剪破面上的有效应力则逐渐减小。从有效应力的观点，荷载 p 是试样承受剪应力之前的有效固结应力，称为剪前的有效固结应力。所得固结快剪强度包线表示在不排水条件下施加剪应力时，土的抗剪强度与剪前有效固结应力的关系。符号 p 应当用 σ_c' 代替。于是用固结快剪指标表示抗剪强度时，应为

$$\tau_f=\sigma_c'\tan\varphi_{cq}+c_{cq}\tag{8-6-6}$$

式中　σ_c'——施加剪应力之前剪破面上的有效应力，简称剪前的有效固结应力。

b　原状饱和黏性土的固结快剪

从天然土层中取出的原状土，无论它在天然条件下相对于自重应力处在正常固结状态、超固结状态或是欠固结状态，都存在一个历史最大的有效应力——先期固结压力 p_c。用具有某一 p_c 值的土进行固结快剪试验时，若加给试样的荷载 p 大于 p_c，则试样将进一步压密，剪前试样相对于 p 处在正常固结状态，其孔隙比在对应的压缩曲线主支上，剪破后将得到一条基本通过原点的强度包线 CD，如图8－6－9所示，称为正常固结段。若加

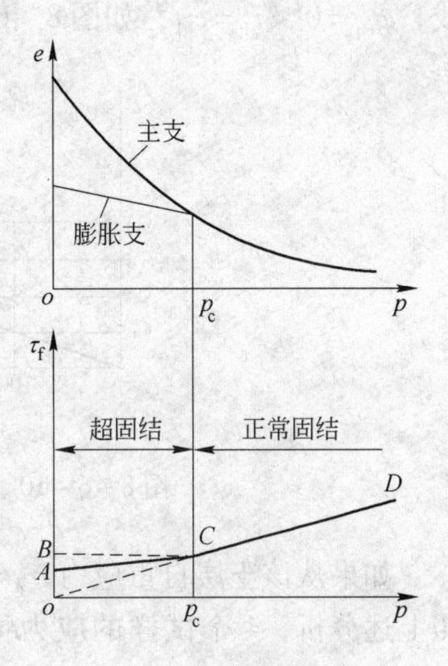

图 8-6-9 原状饱和黏性土的固结快剪强度包线

给试样的荷载 p 小于 p_c，经过 24h 固结，剪前试样处在卸荷膨胀的状态，即超固结状态，超固结比 $OCR = p_c/p$，其孔隙比在对应的膨胀再压缩支上。剪破后将得到一条通过 C 点但不通过 o 点的强度包线 AC，如图 8-6-9 所示，称为超固结段。AC 低于水平线 BC 的部分，是由于卸荷膨胀引起的强度降低。不同的 p_c 值，将有不同的超固结段强度包线。

由于强度包线由两段组成，所以强度指标也应区分开。正常固结段与超固结段分别使用各自的 c_{cq}、φ_{cq}。究竟使用哪一组强度指标，要由工程实际应力变化范围来确定。当工程实际应力变化范围处在该土的超固结段时，要使用具有相同 p_c 值的超固结段的 c_{cq}、φ_{cq}。抗剪强度仍用式（8-6-6）表达，σ'_c 仍表示剪前的有效固结应力。

在实验室测定固结快剪强度指标时，操作人员往往不注意该试样的先期固结压力 p_c 值，只是按常规施加荷载 p，例如 100kPa、200kPa、300kPa、400kPa，如果试样的 p_c 值很大，比如大于 400kPa，则试验测得的强度包线将是超固结段。如果试样的 p_c 值较小，比如小于 100kPa，则试验测得的强度包线将是正常固结段。有时 p_c 值介于所加 p 值范围之内，这时强度包线将为折线，选取哪一段，应考虑工程实际应力变化范围。但这种情况常被试验人员认为是"试验误差使试验点分散"，而人为画一条照顾每一个试验点的强度包线，导致这样给出的指标不够理想。

以上通过重塑饱和黏性土及原状饱和黏性土讨论了固结快剪指标的规律性。对非饱和土，其孔隙（水、气）压力的产生及消散比饱和土复杂，但固结快剪 c_{cq}、φ_{cq} 的规律与前述大致相同。

D 快剪试验指标

设有一均质正常固结的低渗透性饱和黏性土层，深度 z_1 处，自重应力 $\sigma_c = p_c = 100\text{kPa}$。现从该处取出一筒原状土，进行快剪试验。切取 4 个试样分别施加垂直荷载 p 为 100kPa、200kPa、300kPa、400kPa。下面用渗透固结的概念对 4 个试样的应力情况进行简化分析。

当试样从天然土层中取出后，试样边界上原来所承受的静水压力及有效应力都卸除了。卸除静水压力不改变试样的有效应力，而卸除有效应力（$\sigma_c = 100\text{kPa}$）将使试样产生膨胀的趋势，这种膨胀的趋势使各试样产生负的超孔隙水压力（$u = -100\text{kPa}$）。负的超孔隙水压力限制了膨胀的发生，保持有效应力的存在。对第 1 个试样（$p = 100\text{kPa}$），所加荷载恰好消除试样中负的超孔隙水压力，而有效应力仍保持原有值 $\sigma' = \sigma_c = 100\text{kPa}$。对第 2 试样（$p = 200\text{kPa}$），加载后除消除了负超孔隙水压力外，还产生正超孔隙水压力（$u = 100\text{kPa}$），有效应力仍为 $\sigma' = \sigma_c = 100\text{kPa}$。同理，第 3 个试样（$p = 300\text{kPa}$），$u = 200\text{kPa}$，有效应力 $\sigma' = \sigma_c = 100\text{kPa}$ 不变；第 4 个试样（$p = 400\text{kPa}$），$u = 300\text{kPa}$，有效应力 $\sigma' = \sigma_c = 100\text{kPa}$ 不变。也就是说，4 个试样的有效应力及应力历史是相同的，有效应力都等于土体天然条件下的有效固结应力，如果试样严格不排水，各试样的密实程度也是相同的，它们应具有相同的抗剪强度。所以快剪试验结果的抗剪强度包线应为一条水平线，$\varphi_{cq}=0$、$\tau_f=c_{q1}$，如图 8-6-10 所示。

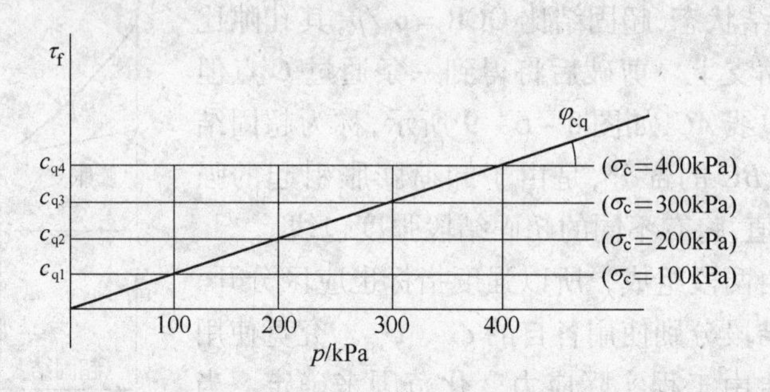

图 8-6-10　正常固结土快剪与固结快剪强度指标的关系

如果从该土层自重应力 $\sigma_c=200\text{kPa}$ 的 z_2 深处另取一筒原状土做同样的快剪试验，参照上述分析，4 个试样的应力情况分别为：$p=100\text{kPa}$ 时，$u=-100\text{kPa}$，$\sigma'=200\text{kPa}$；$p=200\text{kPa}$ 时，$u=0$，$\sigma'=200\text{kPa}$；$p=300\text{kPa}$ 时，$u=100\text{kPa}$，$\sigma'=200\text{kPa}$；$p=400\text{kPa}$ 时，$u=200\text{kPa}$，$\sigma'=200\text{kPa}$。4 个试样的有效应力和应力历史相同，也具有相同的抗剪强度，强度包线为一水平线，但由于其有效应力增大，因此位置高于前者，得到 $\varphi_q=0$、$\tau_f=c_{q2}$，如图 8-6-10 所示。

如果从 $\sigma_c=300\text{kPa}$、$\sigma_c=400\text{kPa}$ 的深处取土做快剪试验，则得到图 8-6-10 中的 $\tau_f=c_{q3}$ 及 $\tau_f=c_{q4}$ 两条强度包线。

a　快剪与固结快剪强度指标的关系

在上面 16 个试样中，如图 8-6-10 所示，如果把 p 与 σ_c 相等的 4 个点连起来，恰好得到一条固结快剪强度包线的主支（正常固结段），只不过“固结”不是在仪器中进行，而是在天然土层中进行。过固结快剪强度包线上的每一点都通过一条快剪强度包线。固结快剪的各试样是用不同荷载固结，然后在不排水条件下施加剪应力至剪破得到的强度包线；而快剪的各试样则是在同一荷载作用下预固结，然后在剪前施加不同的荷载 p，但不使试样产生新的固结，立即在不排水条件下施加剪应力至剪破得到的强度包线。如果这一预固结荷载是天然土层中的有效应力，则快剪强度也称为天然强度。也可以说，天然强度是试样保持天然密实状态，在不排水条件下剪破所得到的强度。由图 8-6-10 可以把正常固结土层中某点的天然强度表示为

$$\tau_{f0}=\sigma_c\tan\varphi_{cq} \tag{8-6-7}$$

式中　τ_{f0}——天然强度；

其余符号意义同前。

b　超固结土快剪与固结快剪强度指标的关系

若某一低渗透性饱和黏性土层，历史上曾受到 p_c 的作用，此时如果在不排水条件下施加剪应力至剪破，其强度为主支上一点 A，如图 8-6-11 所示。后来卸荷至 σ_c，其不排水强度将沿相应的超固

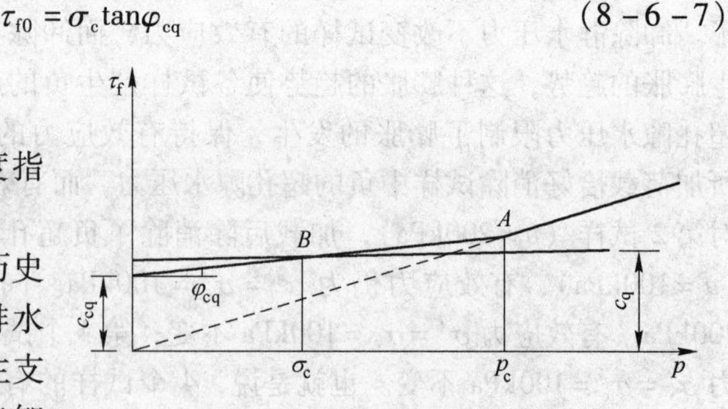

图 8-6-11　超固结土快剪与固结快剪强度指标的关系

结段降低至 B 点。如果这时从土层中取出一筒原状土样做快剪试验，必然得到一条通过 B 点的水平包线，$\varphi_q=0$、$\tau_f=c_q$，如图 8-6-11 所示。所以固结快剪强度包线超固结段上的每一点也通过一条快剪强度包线，超固结土的天然强度也可用固结快剪指标表示为

$$\tau_{f0}=\sigma_c\tan\varphi_{cq}+c_{cq} \tag{8-6-8}$$

式中　φ_{cq}，c_{cq}——相应超固结段的固结快剪指标。

c　直剪快剪 $\varphi_q\neq0$ 的原因

上面通过低渗透性饱和黏性土说明了快剪强度指标的特点。但应说明，由于直剪仪不能密封，即使对低渗透性黏性土，试验结果也常有较小的 φ_q 值。比如，软黏土常可测得 3°~5°的 φ_q 值。对渗透系数 $k\geqslant10^{-6}$ cm/s 的黏性土，《土工试验方法标准》（GB/T 50123—1999）规定，不宜用直剪仪做快剪试验。因为试验过程中排水影响较大，有时可得到 20°以上的 φ_q 值，这样的试验结果意义不明确。

对非饱和黏性土，由于加载后气体立即压缩或部分排出，土体变密，强度增加，快剪测得 $\varphi_q\neq0$，这是正常的。

E　慢剪试验指标

慢剪与固结快剪的差别在于：慢剪在施加剪应力的过程中要充分排水，完成剪胀（剪缩）变形，不产生超孔隙水压力。如果把图 8-6-8 中做固结快剪的各试样固结稳定后，在排水条件下施加剪应力，即缓慢施加剪应力，由于剪前试样相对于 p 处在正常固结状态，所以剪切中将产生剪缩变形。试样进一步压密，所发挥出的抗剪强度必然高于固结快剪，如图 8-6-12 所示。第一个试样荷载 $p=0$，剪前仍保持制备后的稀软状态，抗剪强度接近零。所以得到一条基本通过原点的强度包线，$c_s\approx0$，φ_s 的常见值为 30°左右。

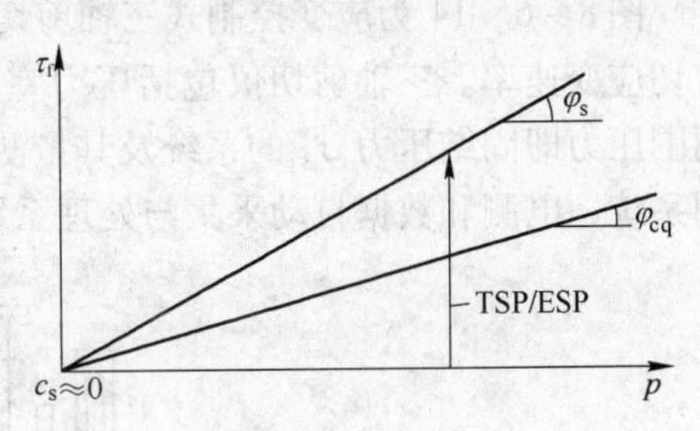

图 8-6-12　正常固结土慢剪与固结快剪强度指标的关系

慢剪过程中不产生超孔隙水压力。荷载 p 在剪切过程中一直由土骨架承担，随着剪应力的增加，剪破面上的应力 p、τ 所对应的点垂直上升，所以，垂直于横轴的直线既是有效应力路径（ESP）也是总应力路径（TSP），如图 8-6-12 所示。

由于荷载 p 在剪切过程中一直由土骨架承担，因此可以把 p 用符号 σ'_f 表示，σ'_f 为剪破时剪破面上的有效应力。所得慢剪强度包线表示的就是土的抗剪强度与剪破时剪破面上法向有效应力的关系，于是抗剪强度可表示为

$$\tau_f=\sigma'_f\tan\varphi_s+c_s \tag{8-6-9}$$

如果试样在天然土层中的先期固结压力为 p_c，试验时所加荷载 $p>p_c$，则所得慢剪强度包线为正常固结段，如图 8-6-13 所示。若 $p<p_c$，则为超固结段。在超固结段，慢剪与固结快剪强度指标间的关系为：$c_s<c_{cq}$、$\varphi_s>\varphi_{cq}$。两条强度包线有一交点。交点左侧，慢剪强度低，这是因为交

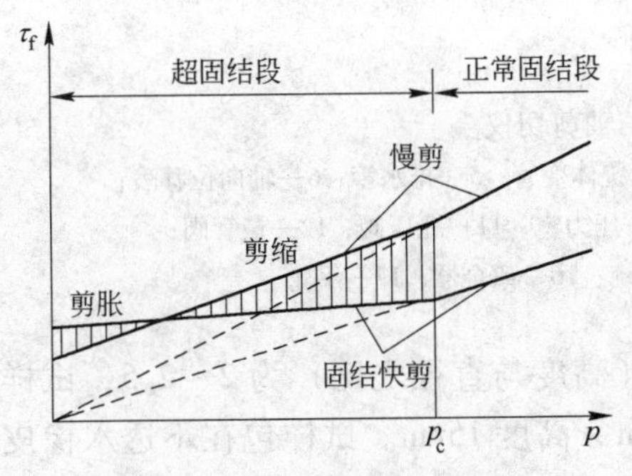

图 8-6-13　超固结土慢剪与固结快剪强度指标的关系

点左侧为高度超固结，剪胀变形使慢剪强度低于固结快剪强度。交点右侧，慢剪强度高，这是因为交点右侧为轻度超固结或正常固结，剪缩变形使慢剪强度高于固结快剪强度。

【问题讨论】

上面介绍了三种直剪试验方法所得黏性土抗剪强度指标的规律，这些规律可通过图8-6-8～图8-6-13表示。理解这些规律对正确确定土在各种条件下的抗剪强度，合理选择强度指标是很有用处的。但一般规律不能代替具体试验结果，由于影响土的抗剪强度的因素十分复杂，因而具体试验结果会在一定程度上偏离一般规律。

8.6.2　三轴剪切试验测定土的抗剪强度

8.6.2.1　三轴剪切仪

三轴剪切仪也称三轴压缩仪，与直剪仪比较，其主要优点是能严格控制排水条件并可以量测试样的孔隙水压力。它除可测定强度指标 c、φ 以外，还可测定土的变形指标（如 E、μ）等，还能够进行土的应力应变关系特性研究。目前三轴剪切仪的应用正日趋普及。

图8-6-14为应变控制式三轴剪切仪的主要组成部分。应变控制式是指试验中控制剪切应变速率。三轴剪切仪包括压力室、孔隙水压力量测系统、施加轴向压力 P 和施加周围压力即固结压力 σ_3 的系统及其量测系统。目前，较先进的三轴仪还配备有自动化控制系统、电测和数据自动采集与处理系统等。

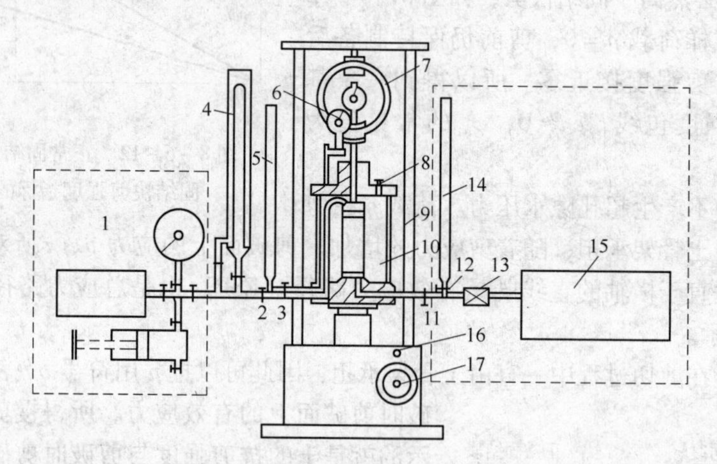

图8-6-14　应变控制式三轴剪切仪

1—周围压力系统；2—周围压力阀；3—排水阀；4—反压系统体变管；5—排水管；6—轴向位移表；7—量力环；8—压力室排气孔；9—轴向加压框架；10—压力室；11—孔压阀；12—量管阀；13—孔压传感器；14—量管；15—孔压量测系统；16—离合器；17—手轮

三轴剪切试验的试样为圆柱形，常用的高径比（高度与直径之比）为2～2.5，试样尺寸一般采用直径3.91cm×高度8cm或直径6.18cm×高度15cm。试样包在不透水橡皮膜内。橡皮膜下端绑扎在底座上，上端绑扎在试样帽上。试样内的孔隙水与压力室内的流体（通常用水）完全隔开。孔隙水通过试样下端的透水石与孔隙水压力量测系统连通，或者通过上端透水石与排水管连通。

8.6.2.2 三轴剪切试验

试样用橡皮膜绑扎好以后，安装压力室并在压力室内灌满水，向封闭好的压力室内施加围压 σ_3，使试样承受各向均等压力 σ_3，如图 8-6-15（a）所示。保持围压不变的条件下，通过抬升下底座施加轴向压力 P，使试样承受偏应力 $(\sigma_1-\sigma_3)=\dfrac{P}{F}$（$F$ 为试样横截面积），于是试样所承受的大主应力 $\sigma_1=\sigma_3+\dfrac{P}{F}$。$\sigma_3$ 值常用压力表量测，P 值用活塞上面的量力环（或压力传感器）量测。对于饱和试样的排水量用排水体积量管（或体变传感器）量测。试样的竖向应变 ε_a，通过用百分表（或位移传感器）量测活塞竖向位移算得。孔隙水压力目前多采用孔隙水压力传感器直接量测。

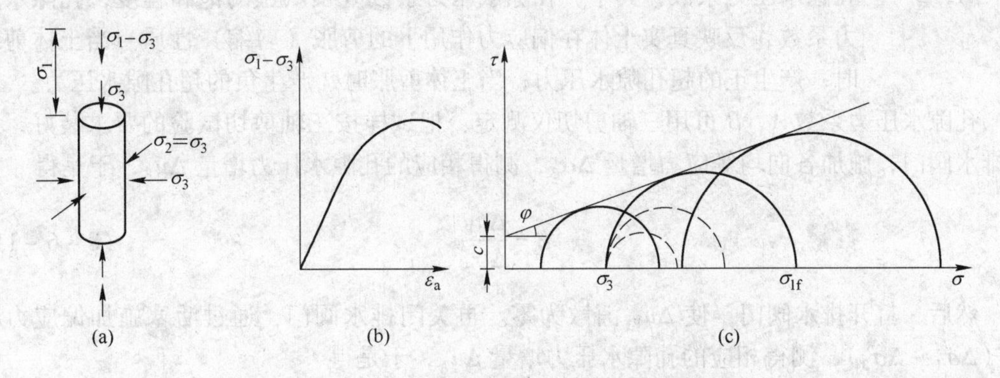

图 8-6-15 三轴剪切试验确定强度指标的原理

试验时，在压力室内充满水后先通过水向试样施加各向均等压力 σ_3，并保持不变。这时在应力坐标系中试样的应力圆仅为一点。然后逐渐施加竖向压力，即向试样施加偏应力 $(\sigma_1-\sigma_3)$，随着轴向应变的变化，如图 8-6-15（b）所示。应力圆随之逐渐扩大，如图 8-6-15（c）中所示虚线圆。由试验过程中 $(\sigma_1-\sigma_3)-\varepsilon_a$ 的关系曲线（见图 8-6-15（b）），选其峰值为破坏点，若无峰值时选竖向应变 $\varepsilon_a=15\%$ 时为破坏点，得到剪破时的偏应力 $(\sigma_1-\sigma_3)_f$ 及大主应力 $\sigma_{1f}=(\sigma_1-\sigma_3)_f+\sigma_3$。用 σ_3、σ_{1f} 作应力圆即获得一个极限应力圆。通常一组试验用 3～4 个试样，每个试样的 σ_3 值不同，这样，一组试验可得到 3～4 个极限应力圆。根据极限平衡条件可知，极限应力圆必与强度包线相切。作各极限应力圆的公切线即为强度包线，如图 8-6-15（c）所示，从而得到 c、φ 值。这就是三轴剪切试验的过程和原理。

8.6.2.3 砂土的三轴剪切试验特性

天然条件下的砂土层，在静荷载作用下具备充分的排水条件，建筑物荷载都是由土骨架承受的，不产生超孔隙水压力。因而室内试验也应使加在试样上的力全由土骨架承受，不产生超孔隙水压力。为此，在砂土的常规三轴剪切试验中施加各向均等压力 σ_3 时要打开排水阀门，使试样充分排水固结，施加偏应力 $(\sigma_1-\sigma_3)$ 时也要打开排水阀门，并控制试验剪切速率使试样能够充分排水（或吸水），不产生超孔隙水压力。这样测得的砂土的强度包线，其意义与砂土直剪试验一样，都表示剪破面上的法向有效应力与抗剪强度的关系。两种仪器的试验结果也大致相当。工程设计中，两种仪器测得的 φ 角可以互相代替。

8.6.2.4 孔隙水压力系数 *A*、*B* 的测定方法

与砂土不同，黏性土渗透系数很小，实际工程中黏性土的破坏大多是在不排水条件下发生的，土中产生孔隙水压力。研究在外荷载作用下土中孔隙水压力产生的规律不仅对分析土体的强度与变形具有重要意义，而且也有助于理解黏性土在三轴剪切试验中的性状。

在第6章中提及的 Skempton 公式为

$$\Delta u = B[\Delta\sigma_3 + A(\Delta\sigma_1 - \Delta\sigma_3)] \tag{8-6-10}$$

式中 Δu——受外荷载作用后试样孔隙水压力增量；

$\Delta\sigma_1$，$\Delta\sigma_3$——分别为对试样施加的轴向和水平向外荷载增量；

A，B——孔隙水压力系数，其中，孔隙水压力系数 B 反映土的饱和程度；孔隙水压力系数 A 反映真实土体在偏应力作用下的剪胀（剪缩）性质。当土体剪缩时，产生正的超孔隙水压力；当土体剪胀时，产生负的超孔隙水压力。

孔隙水压力系数 A、B 可用三轴剪切仪测定：把试样按三轴剪切试验的要求装好，关闭排水阀门，施加各向均等应力增量 $\Delta\sigma_3$，测得相应的孔隙水压力增量 Δu_B，于是得

$$B = \frac{\Delta u_B}{\Delta\sigma_3} \tag{8-6-11}$$

然后，打开排水阀门，使 Δu_B 消散为零。再关闭排水阀门，通过活塞施加偏应力增量（$\Delta\sigma_1 - \Delta\sigma_3$），测得相应的孔隙水压力增量 Δu_A，于是得

$$A = \frac{\Delta u_A}{B(\Delta\sigma_1 - \Delta\sigma_3)} \tag{8-6-12}$$

式中，B 值的大小由式（8-6-11）算出。

实测结果表明，完全饱和土的 B 值完全有理由视为1.0，在实验室常用 B 值量测试样的饱和程度。但 A 值并不是常数，而是随偏应力增量（$\Delta\sigma_1 - \Delta\sigma_3$）的大小而变化。

因砂土的渗透系数很大，在静荷载作用下，孔隙水极易排出，砂土中孔隙水压力几乎无增长，故孔隙水压力系数 A 和 B 主要对黏性土的变形和强度的研究具有意义。

A 值的大致范围如表8-6-1所示。

表8-6-1 A 值的大致范围

土　　类	A 值	土　　类	A 值
高灵敏度软黏土	0.75~1.5	一般超固结黏土	0.0~0.2
正常固结黏土	0.5~1.0	高度超固结黏土	-0.5~0.0
轻微超固结黏土	0.2~0.5		

在实际工程中，A、B 主要用于确定土体在荷载作用下所产生的初始超孔隙水压力，该值是固结计算的初始条件，对分析土体变形及强度增长具有重要意义。

8.6.2.5 黏性土的三种试验方法

在直剪试验中，对黏性土有快剪、固结快剪及慢剪三种试验方法，在三轴剪切试验

中，相应地也有不固结不排水剪、固结不排水剪及固结排水剪三种试验方法。

(1) 不固结不排水剪（记为UU)，简称不排水剪（U)。在试验过程中，施加各向均等压力 σ_3 时，关闭排水阀门（不固结)；施加偏应力（$\sigma_1-\sigma_3$）时，也关闭排水阀门（不排水)。这样测得的强度指标记为 c_u、φ_u。

(2) 固结不排水剪（记为CU)：试验过程中，施加各向均等压力 σ_3 时，打开排水阀门，使试样在 σ_3 作用下固结稳定；然后关闭排水阀门，在不排水条件下施加偏应力（$\sigma_1-\sigma_3$）直至剪破。这样测得的强度指标记为 c_{cu}、φ_{cu}。

(3) 固结排水剪（记为CD)，简称排水剪（D)。试验过程中，施加各向均等压力 σ_3 时，打开排水阀门，使试样在 σ_3 作用下固结稳定；在施加偏应力（$\sigma_1-\sigma_3$）的过程中，也要打开排水阀门，并且控制剪切速率缓慢施加偏应力（对低渗透性黏性土，需要几天才能剪坏)，使试样充分排水（或吸水)，完成剪缩（或剪胀）变形，不产生超孔隙水压力。这样测得的强度指标记为 c_d、φ_d。

下面具体介绍黏性土三种试验方法的三轴剪切试验结果的规律性。

A　不固结不排水剪切试验结果

由于三轴剪切仪能严格控制排水条件，饱和黏性土不固结不排水剪切试验可测得一条相当满意的水平强度包线，$\varphi_u=0$、$\tau_f=c_u$，如图8-6-16所示。与直剪快剪一样，如果试样为天然地层中的原状土，则 c_u 表示天然强度。因此可以看出，饱和黏性土的不固结不排水强度指标为定值。但值得注意的是，该值与取土深度密切相关。

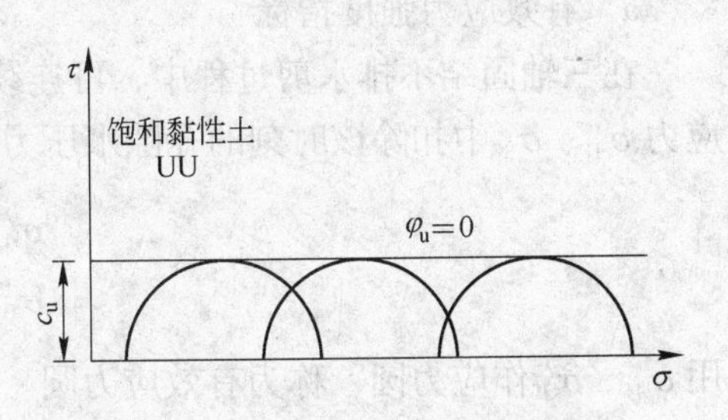

图8-6-16　饱和黏性土不固结不排水剪切试验强度包线

B　固结排水剪切试验结果

与直剪慢剪一样，三轴固结排水剪切过程中，施加给试样的荷载也完全由土骨架承担，不产生超孔隙水压力。所测得的强度包线也表示剪破时剪破面上的法向有效应力与抗剪强度的关系，如图8-6-17所示。所以工程中，直剪 c_s、φ_s 与三轴 c_d、φ_d 可互相代替。

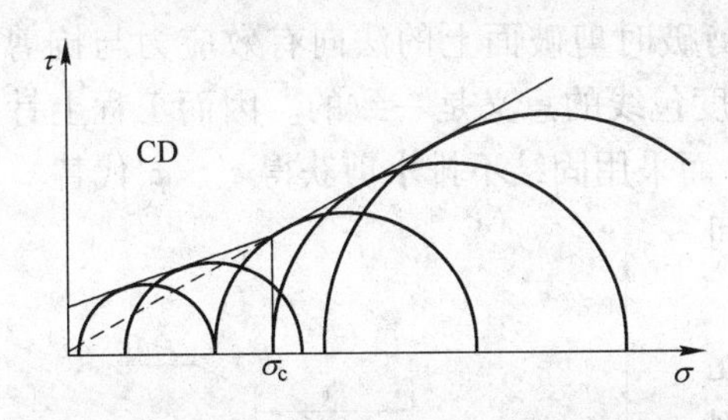

图8-6-17　排水剪切试验强度包线

图8-6-17中，σ_c 表示各试样在试验之前所受过的各向均等预固结压力。与直剪类似，强度包线在 σ_c 处转折，左侧为超固结段，右侧为正常固结段。图8-6-17中的第三个应力圆，虽然剪前 $\sigma_3<\sigma_c$，但剪破时，剪破面上的有效应力超过了 σ_c，所以仍处在正常固结段。

C　固结不排水剪切试验结果

与直剪固结快剪类似，进行三轴固结不排水剪切试验时，如果所施加的固结压力 σ_3 大于先期固结压力 p_c，则剪前试样相对于 σ_3 处在正常固结状态。如 $\sigma_3<p_c$，则处在超固结状态。连接正常固结各试样极限应力圆的公切线，可得到一条基本通过原点的强度包线，如图8-6-18中的实线。连接超固结各试样极限应力圆的公切线，其强度线不通过

原点，如图 8-6-19 中的实线。由于剪破时 σ_{1f}、σ_{3f} 是加在试样上的总应力，所以一般把图8-6-18、图 8-6-19 中的 c_{cu}、φ_{cu} 称为固结不排水剪的总应力强度指标。

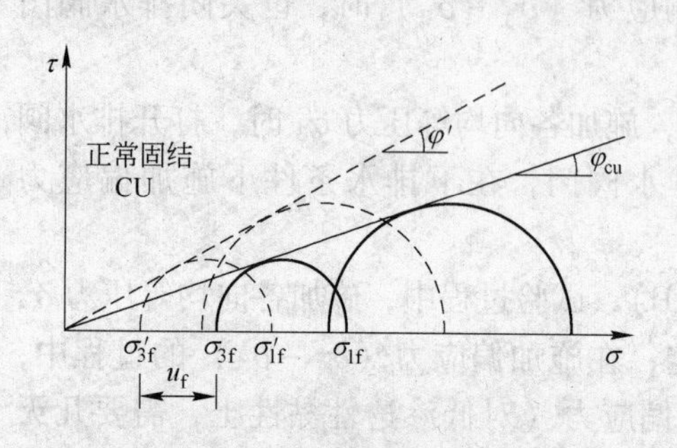

图 8-6-18 正常固结土固结不排水剪切强度包线

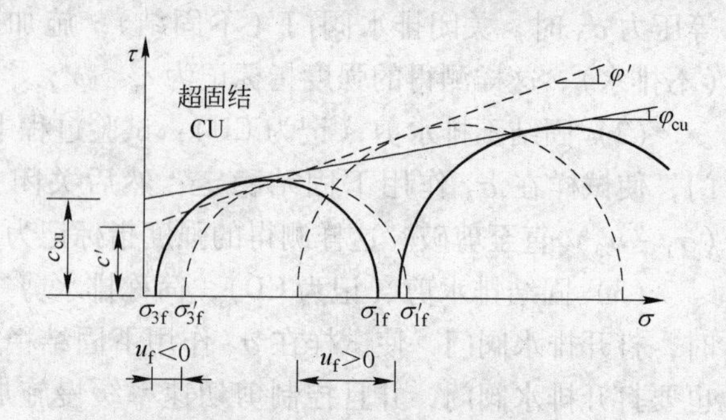

图 8-6-19 超固结土固结不排水剪切强度包线

a 有效应力强度指标

在三轴固结不排水剪过程中，可连续测得试样内的孔隙水压力。如果从剪破时的总主应力 σ_{1f}、σ_{3f} 中扣除该时刻的孔隙水压力值 u_f，便可得到剪破时的有效主应力 σ'_{1f}、σ'_{3f} 为

$$\left.\begin{aligned}\sigma'_{1f}=\sigma_{1f}-u_f\\ \sigma'_{3f}=\sigma_{3f}-u_f\end{aligned}\right\} \qquad (8-6-13)$$

用 σ'_{1f}、σ'_{3f} 作应力圆，称为有效应力圆。由式（8-6-13）知，$\sigma'_{1f}-\sigma'_{3f}=\sigma_{1f}-\sigma_{3f}$，即有效应力圆与原总应力圆大小相等，只是平移一个距离。当 $u_f>0$ 时，有效应力圆向左移，如图 8-6-18 所示；当 $u_f<0$ 时，比如高度超固结土，有效应力圆向右移，如图 8-6-19 所示。根据有效应力圆绘出的强度包线称为有效强度包线，对应的 c' 称为有效黏聚力，φ' 称为有效内摩擦角，合称有效应力强度指标，如图 8-6-18、图 8-6-19 中的虚线所示。

由有效应力圆所确定的有效强度包线表示“剪破时剪破面上的法向有效应力与抗剪强度的关系”。这与直剪慢剪、三轴固结排水剪强度包线的意义是一致的。因而工程上针对黏性土通常不做很费时间的慢剪、固结排水剪，而采用固结不排水剪获得 c'、φ' 代替。

b 直剪固结快剪指标与有效应力强度指标间的关系

三轴固结不排水剪切试验可求得 c'、φ'，由此可以联想到直剪固结快剪试验。假如在进行直剪固结快剪试验时，能测出试样内的孔隙水压力，那么在垂直荷载 p 中扣去剪破时的孔隙水压力 u_f，便可得到剪破时的法向有效应力 p'，如图 8-6-20 所示。把测得的抗剪强度 τ_f 对应的 p' 绘在 τ_f-p 坐标系上，得到点 B，把各试样的 B 点连起来，便得到有效强度包线及 c'、φ'。但实际上直剪试验无法量测孔隙水压力，因而无法通过直剪试验获得有效应力强度指标。

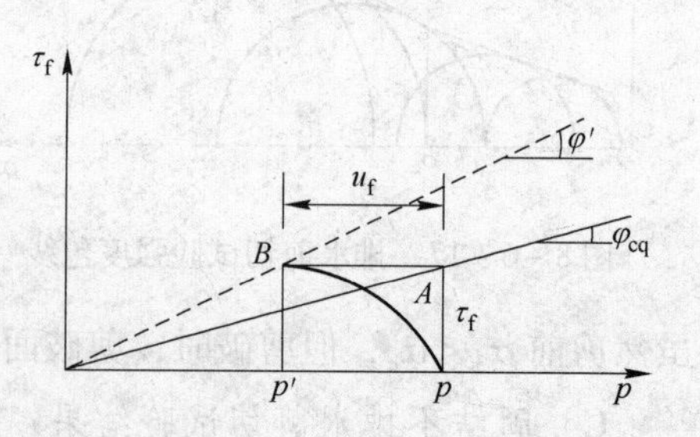

图 8-6-20 c_{cq}、φ_{cq} 与 c'、φ' 关系

8.6.3 无侧限压缩试验

对于饱和黏性土而言，三轴不固结不排水剪的结果为 $\varphi_u=0$、$\tau_f=c_u$，即各试样获得的极限应力圆大小相等。既然如此，只用一个试样便可求得 c_u。试验时，将切削好的土样直接裸露放在无侧限压缩仪上，在不施加侧向压力的情况下，只施加竖向压力快速将试样剪破。剪破时，试样的应力状态为 $\sigma_3=0$，$\sigma_{1f}=q_u$，如图 8－6－21（b）所示。q_u 称为无侧限抗压强度，为偏应力 q 与轴向应变 ε_a 关系曲线上的峰值，如图 8－6－21（a）所示。如无峰值，《土工试验方法标准》（GB/T 50123—1999）建议取 $\varepsilon_a=15\%$ 时的 q 值。取得 q_u 值后，由图 8－6－21（c）可知

$$c_u=\frac{1}{2}q_u \tag{8-6-14}$$

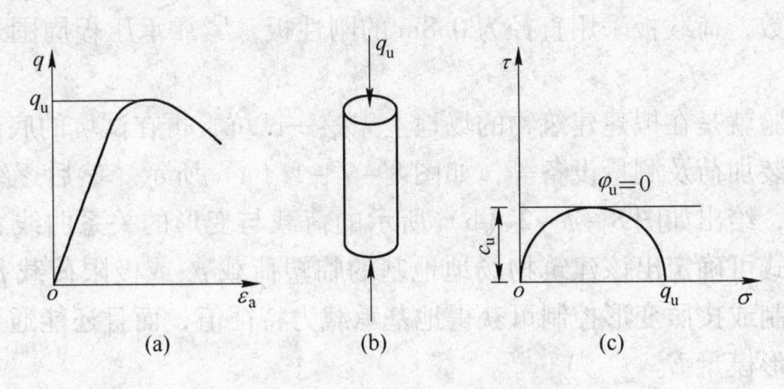

图 8－6－21 无侧限压缩试验原理

无侧限压缩试验，仪器轻便，操作简单，是测定饱和黏性土不排水剪切强度的常用试验方法。但由于土样直接裸露于空气中，不能密封，所以只适用于低渗透性饱和黏性土。一般常用无侧限压缩试验确定土体的灵敏度，采用原状试样获得的 q_u 除以同样密度和含水量的重塑试样获得的 q_u'，即可获得试样的灵敏度。

8.6.4 十字板剪切试验

十字板剪切试验主要用于现场测定 $\varphi_u=0$ 的饱和软黏土的不排水剪切强度。

十字板剪切仪的主要工作部分如图 8－6－22 所示。测试前把十字板测头插入待测的土层深度处。然后在地面上加扭转力矩于杆身，带动十字板旋转，使翼板转动范围内的圆柱形土体与周围不动的土体发生相对的剪切位移，发挥其抗剪强度。通过量力设备测出最大扭转力矩 M_{max}，据此算出土的抗剪强度：

$$\tau_f=c_u=\frac{M_{max}}{\frac{\pi D^2}{2}\left(H+\frac{D}{3}\right)} \tag{8-6-15}$$

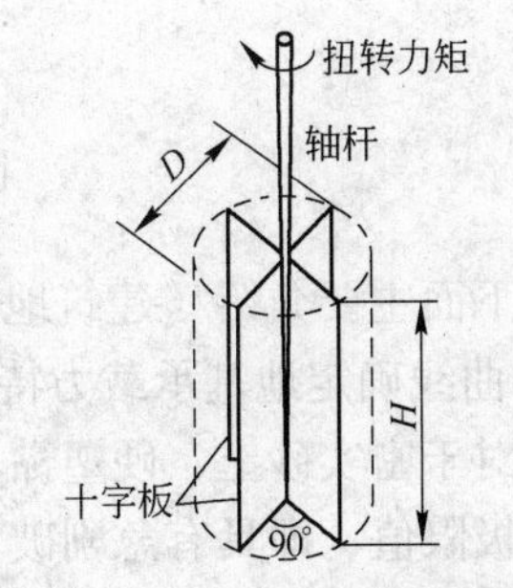

图 8－6－22 十字板剪切仪的主要工作部分

式中 c_u——土的抗剪强度；

D，H——十字板的宽度（即圆柱体直径）和高度。

现场十字板剪切试验的主要优点是避免了取土、运

输、切样等对土体的扰动，使土体基本保持其原有的应力状态和原状结构。它是目前用于饱和软黏土强度测试的常用方法，特别对均匀的饱和软黏土更适宜。通过在剪破的土层中再一次进行剪切能够获得重塑土的抗剪强度，原状土与重塑土的抗剪强度的比值也是土的灵敏度，是测量灵敏度的另一种方法。

8.7　现场平板载荷试验

在重要的建筑物设计中，要求必须采用现场载荷试验确定地基承载力。现场载荷试验分为浅层平板载荷试验和深层平板载荷试验。浅层平板载荷试验适用于确定浅部地基土层的荷载板下应力主要影响范围内的承载力和变形参数，荷载板面积不应小于0.25m^2，对于软土不应小于0.5m^2。深层平板载荷试验适用于确定深部地基土层及大直径桩桩端土层承载力及变形参数，荷载板采用直径为0.8m的刚性板，紧靠承压板周围外侧的土层高度不少于80cm。

平板载荷试验就是在拟建建筑物的场地上先挖一试坑，再在试坑的底部放上一块荷载板，并在其上安装加荷及测量设备等，如图8－7－1（a）所示。然后逐级施加荷载并测读相应的变形值，绘出如图8－7－2（b）所示的荷载与变形的关系曲线。根据荷载与变形关系曲线的形式可确定出该建筑物场地地基的临塑荷载p_{cr}或极限荷载p_u，根据地基土类别按照荷载控制或按照变形控制可获得地基承载力特征值，而且还能通过现场载荷试验确定地基土的变形模量E。

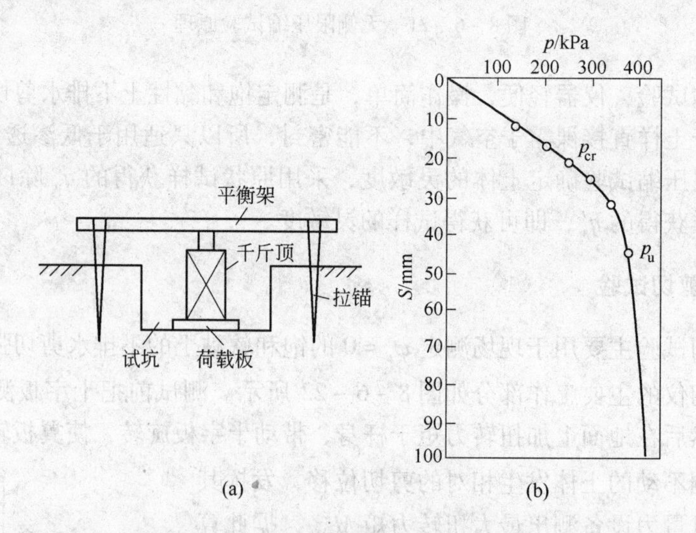

图8－7－1　平板载荷试验及结果示意图

下面主要介绍《建筑地基础设计规范》（GB 50007—2011）规定的利用载荷试验成果$p-S$曲线确定地基承载力特征值的具体方法。

对于密实砂土、硬塑黏土等低压缩性土，其$p-S$曲线通常具有比较明显的起始直线段和极限值，即具有急剧破坏的“陡降段”，如图8－7－2（a）所示，说明该类土发生的是整体剪切破坏。考虑到低压缩性土的承载力特征值通常由强度控制，故规范规定以直线段的终点比例界限荷载p_{cr}（即临塑荷载）作为地基承载力特征值。此时，地基的沉降量很小，能为一般建筑物所允许，强度安全储备也足够，且由 p_{cr}发展到 p_u 破坏，还存在较大的压力差值，可满足一般建筑要求。但是，当极限荷载小于对应比例界限的荷载值的 2 倍时，地基承载力特征值取极限荷载值的一半。

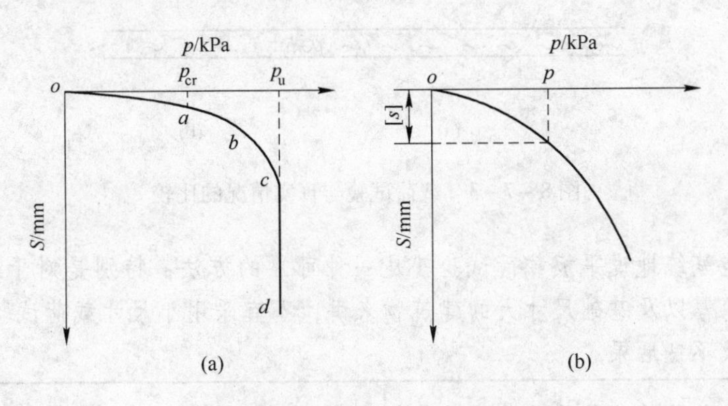

图 8－7－2　$p-S$ 曲线

（a）p_{cr}，p_u 值明显；（b）p_{cr}，p_u 值不明显

对于松砂、人工填土、较软的黏性土，其 $p-S$ 曲线往往无明显转折点，具有缓变渐进破坏特点，曲线属于“缓变型”，如图 8－7－2（b）所示，说明该类土发生的是局部剪切破坏或冲剪破坏。由于中、高压缩性土的沉降较大，故其承载力特征值一般受允许沉降量控制。因此，当荷载板面积为 0.25～0.5m^2 时，规范规定可取沉降 $S=(0.01\sim0.015)b$（b 为荷载板的宽度或直径）所对应的荷载作为承载力特征值，但其值不应大于最大加载量的一半。

对同一土层，宜选取 3 个以上的试验点，当各试验点所得的承载力特征值的极差（最大值与最小值之差）不超过其平均值的 30% 时，取其平均值作为该土层的地基承载力特征值。

载荷试验的优点是能较好地反映天然土体的压缩性和强度。对于成分或结构很不均匀的土层，如杂填土、裂隙土、风化岩等，因为难以取得原状土样，载荷试验则显示出其他方法难以替代的优越性。但其缺点是试验工作量和费用较大，时间较长，由于压力的影响深度仅为荷载板宽度的 1.5～2 倍，由于试验条件所限，荷载板宽度往往远小于实际设计的基础宽度，特别是当设计的基础宽度较大，基底土层又含有较厚的软弱土层时，可能试验结果无法反映深层地基的影响，还应配合其他方法确定地基承载力。

【问题讨论】

目前，工程上常用的荷载板的尺寸为 50cm×50cm、70cm×70cm、100cm×100cm。显然，按这样的小尺寸荷载板试验得到的承载力，是不能完全反映地基土的真实情况的。例如，图 8－7－3（a）表示建筑场地土层分布和建筑物基础尺寸的真实情况，而图 8－7－3（b）为载荷试验情况，从两图的比较就可以明显看出，平板载荷试验由于载荷板尺寸太小，不能反映软弱夹层对承载力的影响。

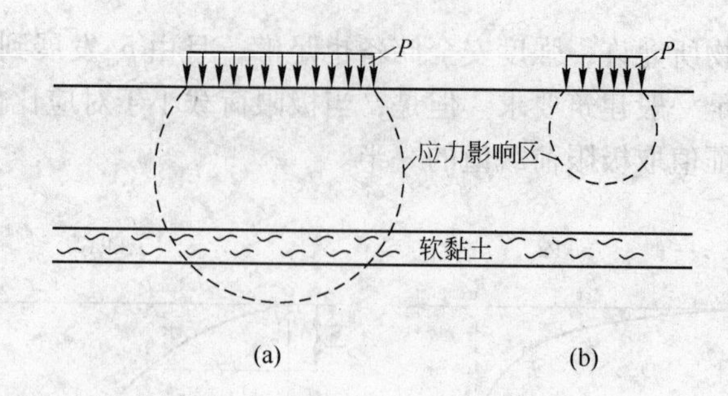

图 8-7-3 载荷试验与真实情况的比较

因此，不能笼统地说平板载荷试验就是一种可靠的方法，特别是对于地基情况复杂、软弱土层比较深厚以及基础尺寸大的建筑物来讲，不宜采用小尺寸载荷试验确定地基承载力，否则将导致不良后果。

思 考 题

1. 土的基本物理性质指标可分别采用何种试验方法测定？
2. 反映无黏性土密实状态的指标有哪些，哪些是试验测定，如何测定？
3. 黏性土的界限含水量如何通过试验测定？
4. 击实试验的目的是什么，如何应用？
5. 粗粒土和细粒土的分类定名需要进行哪些室内试验，获得哪些试验结果和指标？
6. 渗透试验的方法有哪些？
7. 侧限压缩试验的条件是什么，侧限压缩能够获得哪些试验结果？
8. 试说明快剪、固结快剪、慢剪的试验过程及所得强度指标的规律、相关关系。
9. 何为土的剪胀（剪缩）性？试说明剪应力产生超孔隙水压力的原因和条件。
10. 何为土的天然强度，如何用固结快剪指标表示天然强度？
11. 试述影响黏性土抗剪强度的主要因素。
12. 实验室中确定土体抗剪强度的三轴剪切试验方法有哪几种，其特点是什么？
13. 通常用哪一种试验方法测定土的有效强度指标 c'、φ'，用排水剪确定 c_d、φ_d 或慢剪确定 c_s、φ_s 代替 c'、φ'是否可以，是否完全一致？
14. 试比较直接剪切试验与三轴剪切试验的优缺点。
15. 单向压缩试验与三轴剪切试验所获得的应力-应变关系有何主要差异，它们的变形各有何特点？并分析产生差异的原因。
16. 载荷试验结果在任何条件下都是可靠的吗，为什么？

复 习 题

8-1 某饱和砂层天然密度 $\rho=2.01\text{g/cm}^3$，比重 $G_s=2.67$，试验测得该砂最松状态时装满 1000cm^3 容器需干砂 1550g，最紧状态时需干砂 1700g，求其相对密实度 D_r，并判断其松密状态。

8-2 某黏性土试样的击实试验结果如表 8-1 所示。该土土粒比重 $G_s=2.70$，试绘出该土的击实曲线及饱和曲线，确定其最优含水量 w_{op} 与最大干密度 ρ_{dmax}，并求出相应于击实曲线峰点的饱和度与孔隙比 e 各为多少。

表8-1　复习题8-2击实试验结果

含水量/%	14.7	16.5	18.4	21.8	23.7
干密度/$g \cdot cm^{-3}$	1.59	1.63	1.66	1.65	1.62

8-3　某黏土试样直剪固结快剪试验结果如表8-2所示。

表8-2　复习题8-3直剪固结快剪试验结果

p/kPa	50	100	200	300
τ_f/kPa	23.4	36.7	63.9	90.8

(1) 试用规范作图确定黏聚力 c_{cq} 和摩擦角 φ_{cq}；

(2) 如该土另一试样，用 $p=280$kPa 固结稳定，快速施加剪应力至 $\tau=80$kPa，试判断其是否会被剪破？

8-4　以一无黏性土的试样在法向应力为100kPa作用下进行直剪试验，当剪应力到达60kPa时试样破坏。

(1) 请根据已知条件求出 φ 值；

(2) 如法向应力为250kPa，问土破坏时的剪应力是多少？

8-5　某低渗透性饱和黏土，直剪慢剪试验结果如表8-3所示。

表8-3　复习题8-5直剪慢剪试验结果

p/kPa	100	200	300	400
τ_f/kPa	53.2	106.3	159.5	212.7

(1) 试用规范作图确定 c_s、φ_s；

(2) 若该土另一试样作固结快剪，当 $p=200$kPa，$\tau=65$kPa 时剪破，问剪破时试样内的孔隙水压力应为多少？

8-6　对砂土试样进行直剪试验，在法向应力250kPa作用下，测得剪破时的剪应力 $\tau_f=100$kPa，试用应力圆确定剪切面上一点的大、小主应力 σ_1、σ_3 数值，并在单元体上绘出相对剪破面 σ_1、σ_3 的作用方向。

8-7　以某一饱和黏土做三轴固结不排水剪试验，测得4个试样剪破时的最大主应力、最小主应力和孔隙水压力如表8-4所示。

表8-4　复习题8-7三轴固结不排水剪试验结果

试样编号	σ_1/kPa	σ_3/kPa	u/kPa
1	145	60	31
2	228	100	55
3	310	150	92
4	104	200	126

试用总应力绘图确定该试样的 φ_{cu}、c_{cu}，并用有效应力绘图确定其 φ'、c'。

8-8　已知饱和黏土层内一点的某一截面上的法向总应力 $\sigma=295$kPa，孔隙水压力 $u=120$kPa，该土的有效强度指标为 $c'=12$kPa，$\varphi'=30°$，试确定该平面上的抗剪强度。

8-9　已知某饱和黏土固结排水剪指标 $c_d=0$、$\varphi_d=29°$，现对同一饱和黏土作固结不排水剪试验，测得剪破时 $\sigma_3=132$kPa，$\sigma_1=228$kPa，试计算剪破时的孔隙水压力。

8-10　有一正常固结饱和黏土试样，已知其不排水剪强度 $c_u=100$kPa，有效应力强度指标 $c'=0$、$\varphi'=30°$。如果该试样在不排水条件下剪破，问破坏时的 σ_1、σ_3 各为多少？

9　挡土墙和土压力

9.1　概　　述

前面几章介绍了土的基本物理性质和力学性质以及地基的应力、变形计算，接下来本章介绍挡土墙和土压力的相关内容。

土在各种不同的建筑工程中所起的作用不同，可能作为建筑物地基，也可能作为土工建筑物的构筑材料，还可能作为挡土建筑物的周围介质。当土作为挡土结构的周围介质时，挡土结构的设计以及其上作用的主要荷载——土压力的确定是本章的主要内容。

本章首先介绍土压力产生的条件和类型，静止土压力的计算，然后介绍朗肯土压力理论和库仑土压力理论，各种类型挡土墙的特点，重力式挡土墙的设计方法。

静止土压力的计算、朗肯土压力理论、重力式挡土墙的设计方法是本章的重点内容。

9.2　挡土墙和土压力的概念

9.2.1　挡土墙

在各类土建工程中，广泛使用的挡土建筑物，可以是如图 9－2－1 所示的地下室外墙、桥台、船闸或水闸闸墙、挡土墙和重力式码头等，这些构筑物统称为挡土墙。

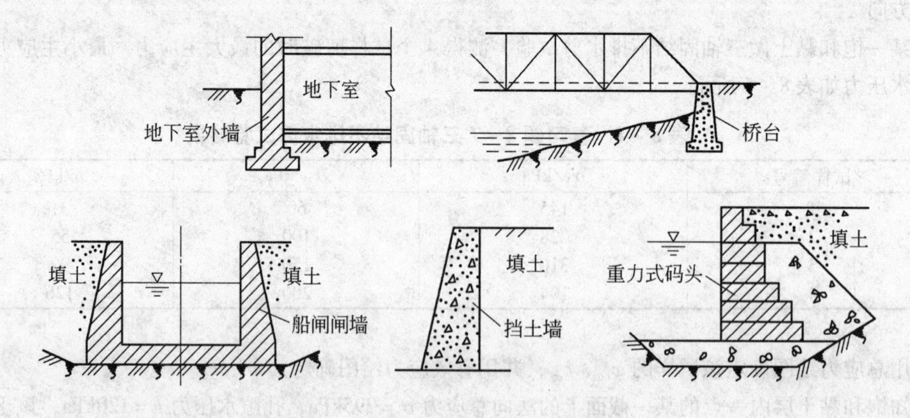

图 9－2－1　各种类型挡土建筑物

各类挡土建筑物虽然用途各异，但都起着支撑墙后回填土体和连接地面高差的作用。被支撑的土体作用于挡土墙墙背上的压力，称为土压力。土压力是作用于挡土墙上的主要荷载，设计挡土墙首先必须确定土压力的大小、方向和作用位置。

挡土墙按建筑材料分类可分为块石挡土墙、素混凝土挡土墙及钢筋混凝土挡土墙等。按结构形式分类可分为重力式、悬臂式、扶壁式、锚杆式、加筋土式、锚定板式、土钉式及板桩式等。挡土墙按刚度分类又可分为刚性挡土墙和柔性挡土墙，刚性挡土墙指由浆砌片（块）石或混凝土砌筑的墙，其设计的基本原理是以墙身自重来维持挡土墙在土压力作用下的稳定，故又称为重力式挡土墙。重力式挡土墙各部分的名称如图 9－2－2 所示。

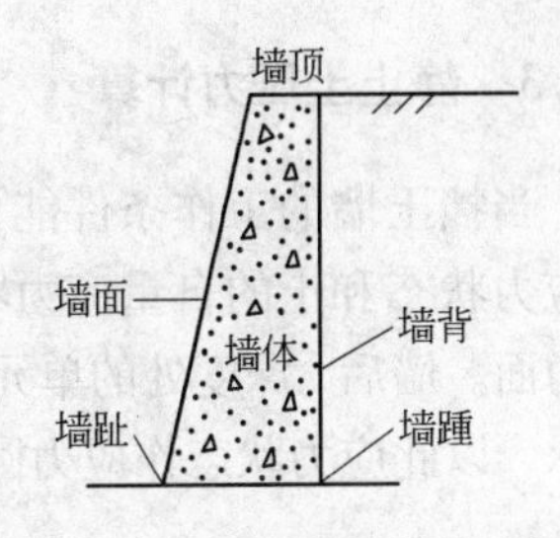

图 9－2－2　重力式挡土墙

9.2.2　土压力产生的条件和类型

试验发现，作用于挡土墙上的土压力，不仅取决于墙后填土的性质和墙的高度，而且与挡土墙本身位移的方向和大小有关。太沙基等人进行的挡土墙模型试验结果表明，在土压力随墙体位移而变化的过程中，存在三个特定的土压力值。图 9－2－3 为模型试验结果的示意图，模型试验的墙高 2.18m，墙后填的是中砂。

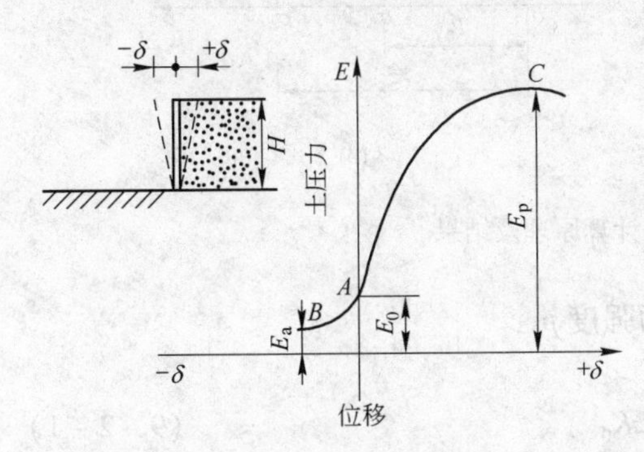

图 9－2－3　挡土墙位移与土压力的关系

（1）静止土压力。当挡土墙静止不动，墙后土体处于弹性平衡状态时，作用于墙背上的侧向土压力，称为静止土压力，合力以 E_0 表示。

（2）主动土压力。当挡土墙在土压力作用下离开填土向前移动（或转动）时，随位移的增加墙背侧压力逐渐减少，当墙后土体达到主动极限平衡状态时，作用于墙背上的土压力称为主动土压力，它是土压力中的最小值，合力以 E_a 表示。

（3）被动土压力。当挡土墙受外力作用挤向填土，随位移的增加墙背侧压力逐渐增加，当墙后土体达到被动极限平衡状态时，作用于墙背上的土压力称为被动土压力，它是土压力中的最大值，合力以 E_p 表示。

由图 9－2－3 可见，相同情况下，三种土压力之间存在如下关系：

$$E_a < E_0 < E_p$$

土体处于主动土压力状态时作用于挡土墙上的土压力最小，此时是挡土墙的最经济工作状态。另外，主、被动土压力都是特定条件下的土压力，仅当墙体产生足够位移或转角时才可能产生，一般工作状态下作用于墙体上的土压力应该介于主、被动土压力之间。试验表明，对于砂土产生主动土压力时的墙顶位移约为墙高的 0.1‰～0.3‰，此位移量一般挡土墙容易达到，故工程中对有前移可能的挡土墙通常按主动土压力计算；被动土压力发生在墙向填土方向移动（转动）量相当大的情况下，约为墙高的 2%～5%，一般工程不允许产生如此大的位移量。实际工程对有向填土方向移动可能的挡土墙采用折减被动土压力的办法计算，有时也忽略不计，作为安全储备。

9.2.3　静止土压力计算

当挡土墙的工作条件能保证墙体不产生位移时，若假定墙背垂直、光滑，则墙后土体的应力状态和土的自重应力状态相同，即处于侧限应力状态，此时竖直面和水平面都是主应力面。墙后 z 深度处的单元土体上作用着 $\sigma_z=\sigma_1=\gamma z$ 和 $\sigma_x=\sigma_3=\gamma z K_0$，如图9－2－4（a）所示，以此应力状态作应力圆，如图9－2－4（b）所示。

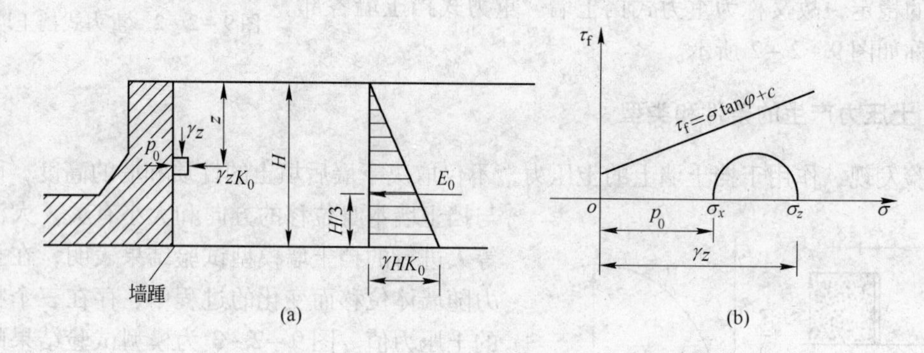

图9－2－4　静止土压力计算原理及结果

根据静止土压力的定义，σ_3 即为静止土压力强度 p_0：

$$p_0=\sigma_3=\gamma z K_0 \tag{9-2-1}$$

则 p_0 沿墙高呈三角形分布，如图9－2－4（a）所示，总静止土压力 E_0 大小为三角形分布图面积，即

$$E_0=\frac{1}{2}\gamma H^2 K_0 \tag{9-2-2}$$

式中　E_0——总静止土压力，kN/m；

γ——墙后填土的重度，kN/m³；

H——竖直墙背的高度，m；

K_0——静止侧压力系数，无量纲，由试验测定，正常固结土可按经验公式计算，即 $K_0\approx 1-\sin\varphi'$；

φ'——填土的有效内摩擦角。

总静止土压力的作用方向垂直指向墙背，其作用点位于距墙踵 $H/3$ 处，如图9－2－4所示。

【问题讨论】

对墙体嵌固情况，比如直接浇注在岩基上的挡土墙，墙体位移极小不足以达到主动破坏状态，可按静止土压力计算。但静止侧压力系数受填土施工方法影响较大，难以精确确定，设计中有时将主动土压力乘以一个大于1的系数作为此种情况的墙背土压力。

9.3 朗肯土压力理论

朗肯（W. J. M. Rankine）根据弹性半无限空间体的应力状态，结合土的极限平衡条件建立了朗肯土压力理论，用于计算主、被动土压力。

9.3.1 基本概念

图9－3－1（a）是具有水平表面的弹性半无限空间土体，在自重作用下，土体中的所有竖直面和水平面都是主应力面。在离地表 z 深度处取一单元土体 M，其水平面上的应力 $\sigma_z=\sigma_1=\gamma z$，竖直面上的应力 $\sigma_x=\sigma_3=\gamma zK_0$，此时土体处于弹性平衡状态，其应力圆为图9－3－1（d）中的Ⅰ圆，此时应力圆未与抗剪强度包线相切。

设想由于某种原因使土体在水平方向上均匀伸展，则 M 单元体上的 σ_z 不变，而 σ_x 逐渐减小，直至 σ_x 达到最低限值 $\sigma_x=\sigma_{3f}$，此时其应力圆即图9－3－1（d）中的Ⅱ圆，正好与抗剪强度包线相切，土体达到主动极限平衡状态。此时土体中将产生无数组对称的滑裂面，滑裂面与大主应力面（水平面）夹角为 $45°+\varphi/2$，如图9－3－1（b）所示。

反之，当土体侧向被外力挤压时，M 单元体上的 σ_x 逐渐增大，直至达到最高限值 $\sigma_z=\sigma_{1f}$，此时其应力圆即图9－3－1（d）中的Ⅲ圆，亦正好与强度包线相切，土体达到被动极限平衡状态。此时土体中出现的对称滑裂面与小主应力面（水平面）夹角为 $45°-\varphi/2$，如图9－3－1（c）所示。

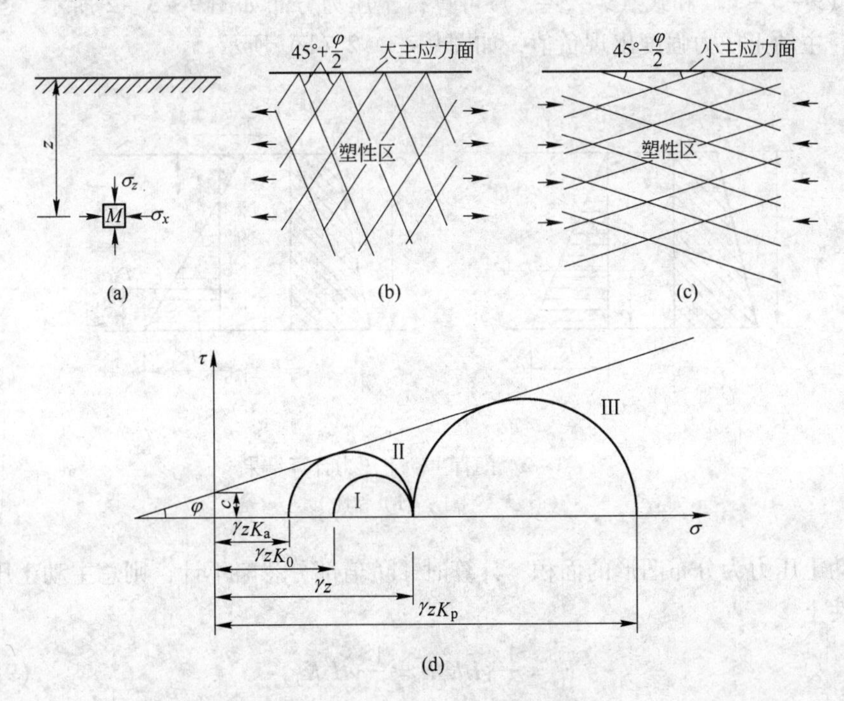

图9－3－1 朗肯土压力理论原理

朗肯将上述原理应用于挡土墙土压力计算中，用墙背直立的挡土墙代替半无限空间左侧的土体。若墙背光滑（即竖直面上的剪应力为零），且墙体位移使墙后土体达到主动或被动朗肯极限平衡状态，则墙后土体的应力状态与前面的讨论相同，即可推导出朗肯主、被动土压力计算公式。

9.3.2　主动土压力计算公式

由前述分析可知，当填土推墙使得墙体向离开填土方向移动，填土达到主动极限平衡状态时，所产生的墙背侧压力为主动土压力。根据一点的极限平衡条件，当 $\sigma_z = \sigma_1 = \gamma z$ 时，$\sigma_x = \sigma_{3f} = p_a$，则距墙顶 z 深度处的主动土压力强度可表示为

无黏性土

$$p_a = \sigma_{3f} = \sigma_1 \tan^2\left(45° - \frac{\varphi}{2}\right) = \gamma z K_a \tag{9-3-1}$$

黏性土

$$p_a = \sigma_{3f} = \sigma_1 \tan^2\left(45° - \frac{\varphi}{2}\right) - 2c\tan\left(45° - \frac{\varphi}{2}\right) = \gamma z K_a - 2c\sqrt{K_a} \tag{9-3-2}$$

式中　p_a——墙背某点主动土压力强度，kPa；

γ——填土的重度，kN/m³；

K_a——朗肯主动土压力系数，$K_a = \tan^2\left(45° - \frac{\varphi}{2}\right)$；

φ——填土内摩擦角，(°)；

c——填土黏聚力，kPa。

由式（9－3－1）和式（9－3－2）可算得土压力分布如图9－3－2所示，当填土为黏性土时，主动土压力强度出现负值，如图9－3－2（b）所示。

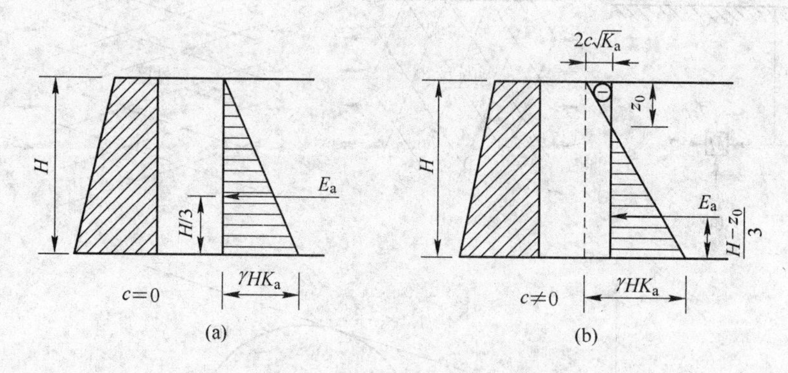

图9－3－2　朗肯主动土压力计算结果

（a）无黏性土；（b）黏性土

总主动土压力为分布图形的面积，计算时，负值部分忽略不计，则总主动土压力为

无黏性土

$$E_a = \frac{1}{2}\gamma H K_a H = \frac{1}{2}\gamma H^2 K_a \tag{9-3-3}$$

黏性土

$$E_a = \frac{1}{2}\left(\gamma H K_a - 2c\sqrt{K_a}\right)\left(H - z_0\right) = \frac{1}{2}\gamma H^2 K_a - 2cH\sqrt{K_a} + \frac{2c^2}{\gamma} \tag{9-3-4}$$

式中 E_a——总主动土压力，kN/m；

z_0——受拉区深度，m，由式（9-3-2），令 $p_a=\gamma z_0 K_a-2c\sqrt{K_a}=0$，求得

$$z_0=\frac{2c}{\gamma\sqrt{K_a}} \tag{9-3-5}$$

总主动土压力作用方向垂直指向墙背，作用点通过有效分布图的形心，如图9-3-2所示。

9.3.3 被动土压力计算公式

当挡土墙受外力作用挤向填土，填土达到被动极限平衡状态时，所产生的墙背侧压力为被动土压力，根据极限平衡条件，当 $\sigma_z=\sigma_3=\gamma z$，$\sigma_x=\sigma_{1f}=p_p$，则被动土压力强度为

无黏性土

$$p_p=\sigma_{1f}=\sigma_3\tan^2\left(45°+\frac{\varphi}{2}\right)=\gamma zK_p \tag{9-3-6}$$

黏性土

$$p_p=\sigma_{1f}=\sigma_3\tan^2\left(45°+\frac{\varphi}{2}\right)+2c\tan\left(45°+\frac{\varphi}{2}\right)=\gamma zK_p+2c\sqrt{K_p} \tag{9-3-7}$$

式中 p_p——被动土压力强度，kPa；

K_p——被动土压力系数，$K_p=\tan^2\left(45°+\frac{\varphi}{2}\right)$。

由式（9-3-6）和式（9-3-7）可知，无黏性土的被动土压力强度分布呈三角形，黏性土的被动土压力强度分布呈梯形，如图9-3-3所示。

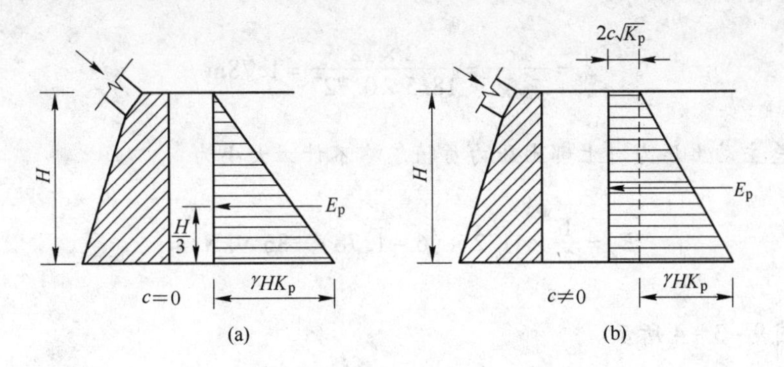

图9-3-3 朗肯被动土压力计算结果

（a）无黏性土；（b）黏性土

总被动土压力为土压力强度分布图的面积，即

无黏性土

$$E_p=\frac{1}{2}\gamma HK_pH=\frac{1}{2}\gamma H^2K_p \tag{9-3-8}$$

黏性土

$$E_p=H(2c\sqrt{K_p})+\frac{1}{2}(\gamma HK_p)H=\frac{1}{2}\gamma H^2K_p+2cH\sqrt{K_p} \tag{9-3-9}$$

式中 E_p——总被动土压力，kN/m，其方向垂直指向墙背，作用点通过三角形或梯形强度分布图的形心，如图9-3-3所示。

【例9-1】已知某挡土墙高$H=6\text{m}$，墙背垂直光滑，填土面水平，填土物理力学性质指标为$\gamma=18.5\text{kN/m}^3$，$c=12\text{kPa}$，$\varphi=18°$，试求主动土压力大小及合力方向、作用位置，并绘出土压力强度分布图。

【解】(1) 计算主动土压力系数：

$$K_a=\tan^2\left(45°-\frac{\varphi}{2}\right)=\tan^2\left(45°-\frac{18°}{2}\right)=0.528$$

$$\sqrt{K_a}=0.727$$

(2) 确定土压力强度分布：

A 处

$$z=0 \quad p_{aA}=-2c\sqrt{K_a}=-2\times12\times0.727=-17.4\text{kPa}$$

B 处

$$z=6\text{m} \quad p_{aB}=\gamma HK_a-2c\sqrt{K_a}=18.5\times6\times0.528-2\times12\times0.727=41.2\text{kPa}$$

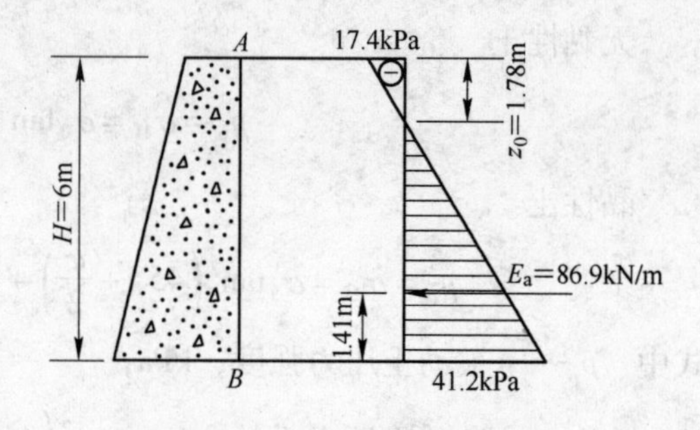

图9-3-4 例9-1图

绘出土压力强度分布图如图9-3-4所示，标出土压力强度值。

受拉区深度为

$$z_0=\frac{2c}{\gamma\sqrt{K_a}}=\frac{2\times12}{18.5\times0.727}=1.78\text{m}$$

(3) 求总主动土压力。上部土压力负值忽略不计，大小为

$$E_a=\frac{1}{2}\times41.2\times(6-1.78)=86.9\text{kN/m}$$

方向如图9-3-4所示。

作用点距墙踵 $$\frac{H-z_0}{3}=\frac{6-1.78}{3}=1.41\text{m}$$

土压力强度分布及合力大小、方向、位置如图9-3-4所示。

【问题讨论】

挡土墙后填土为黏性土（$c>0$）时，填土表面处的主动土压力强度为负值而不为零。在已确定主动土压力分布图的情况下，受拉区深度也可以通过两个相似三角形的几何关系确定。土压力的合力是设计挡土墙的重要依据，求土压力合力，则必须给出土压力合力的大小、方向和作用点三个要素。所获得的土压力结果均需要绘图明确示意。

9.3.4 几种常见情况下的主动土压力计算

9.3.4.1 水平填土表面作用均布荷载 q

图9－3－5所示为墙后填土表面水平并作用均布荷载 q 情况，此时深度 z 处微元体的水平面上受到的垂直应力为

$$\sigma_z = \gamma z + q \tag{9-3-10}$$

当填土为无黏性土时，作用于墙背上的主动土压力强度为

$$p_a = \sigma_z \tan^2\left(45° - \frac{\varphi}{2}\right) = (\gamma z + q) K_a = \gamma z K_a + qK_a \tag{9-3-11}$$

其分布图如图9－3－5所示。

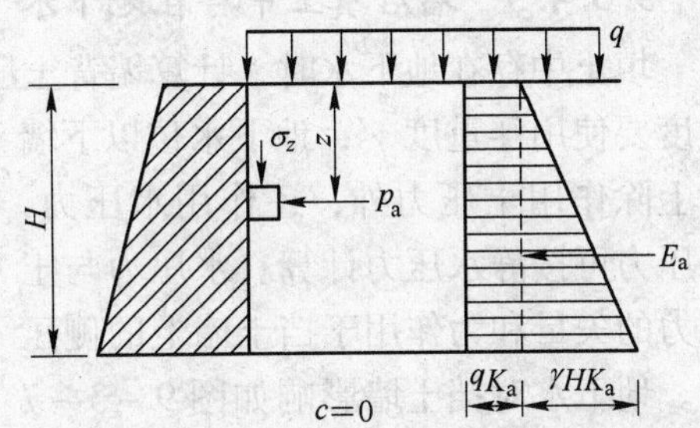

图9－3－5 水平填土表面作用均布荷载

总主动土压力为梯形分布图图形面积，即

$$E_a = \frac{1}{2}\gamma HK_a H + qK_a H = \frac{1}{2}\gamma H^2 K_a + qHK_a \tag{9-3-12}$$

式中 q——填土表面均布荷载，kPa。

总主动土压力方向如图9－3－5所示，作用点通过梯形的形心。

当填土为黏性土时，主动土压力强度为

$$\begin{aligned} p_a &= \sigma_z \tan^2\left(45° - \frac{\varphi}{2}\right) - 2c\tan\left(45° - \frac{\varphi}{2}\right) \\ &= (\gamma z + q) K_a - 2c\sqrt{K_a} = \gamma z K_a + qK_a - 2c\sqrt{K_a} \end{aligned} \tag{9-3-13}$$

若存在受拉区时，受拉区深度为

$$z_0 = \frac{2c}{\gamma\sqrt{K_a}} - \frac{q}{\gamma} \tag{9-3-14}$$

p_a 分布图形视 qK_a 与 $2c\sqrt{K_a}$ 的大小而定，呈三角形或梯形分布。略去负值，由有效分布图的面积计算总主动土压力大小，作用位置通过有效分布图的形心。

9.3.4.2 成层填土

如图9－3－6所示的挡土墙，墙后填土分层，各层土重度 γ 和强度指标 c、φ 不同，计算填土面以下深度 z 处土压力强度时，先在该处取微元体，求出水平面上的垂直应力 σ_z，再根据微元体所在层指标，用土压力公式求竖直面上的土压力强度，具体步骤如下：

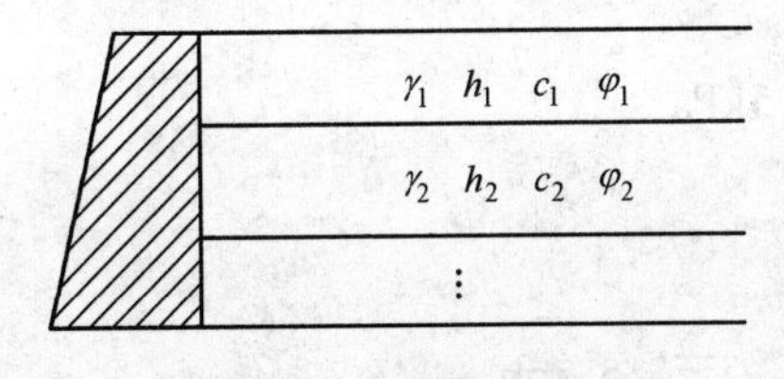

图9－3－6 成层填土

（1）计算出各土层交界面处的垂直有效应力 σ_z：

$$\sigma_z = \sum \gamma_i h_i$$

（2）计算每一分层面处上下土层的土压力强度：

$$p_{a上} = \sigma_z K_{a上} - 2c_上 \sqrt{K_{a上}} \tag{9-3-15}$$

$$p_{a下} = \sigma_z K_{a下} - 2c_下 \sqrt{K_{a下}} \tag{9-3-16}$$

式中 $c_上$，$K_{a上}$——分界面上层土的黏聚力和主动土压力系数；

$c_{下}$，$K_{a下}$——分界面下层土的黏聚力和主动土压力系数。

（3）绘制土压力强度分布图。

（4）略去负值，由有效分布图的面积求取总主动土压力大小；

（5）总主动土压力作用点过有效分布图的形心，方向垂直指向墙背。

9.3.4.3　墙后填土中存在地下水

填土中存在地下水时，计算墙背土压力可如同前述成层土一样处理，只是水下土层的重度要使用浮重度 γ'；地下水位以下墙背上除作用土压力外，还作用水压力，水压力可按静水压力计算。水压力与土压力的矢量和为作用于挡土墙上的侧压力。地下水对挡土墙影响如图 9－3－7 所示，由于地下水的存在，使挡土墙上的侧压力增加，对挡土墙稳定不利。因此，挡土墙设计中应该考虑必要的排水措施。

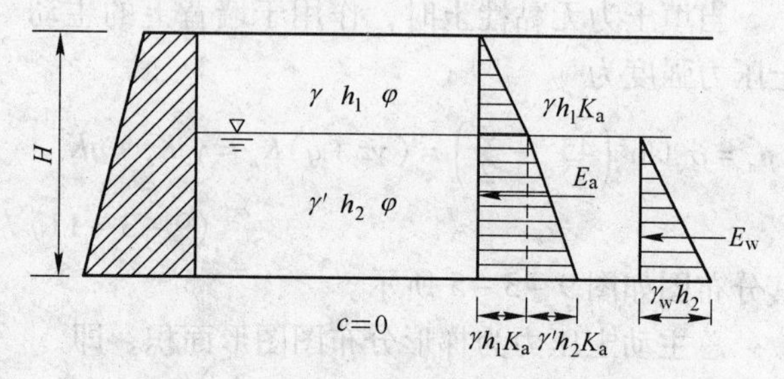

图 9－3－7　地下水对挡土墙的影响

【例 9－2】挡土墙高 $H=6$m，墙背垂直光滑，填土为成层土，各层土的指标如图 9－3－8 所示，求主动土压力 E_a。

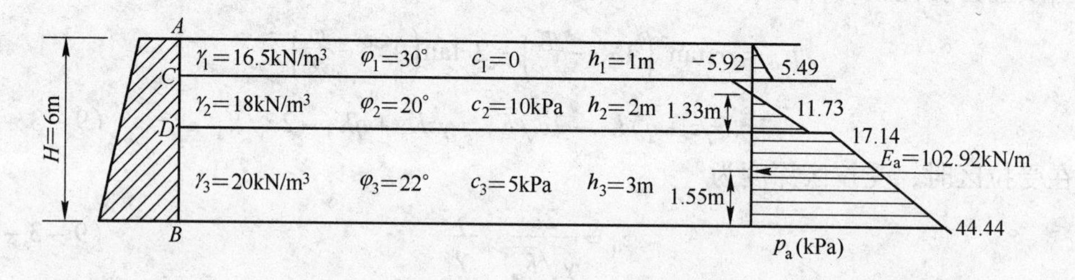

图 9－3－8　例 9－2 图

【解】（1）计算各分层面处的垂直压力 $\sigma_z=\sum\gamma_i h_i$。

A 处：$\sigma_{zA}=0$

C 处：$\sigma_{zC}=\gamma_1 h_1=16.5\times1=16.5\text{kPa}$

D 处：$\sigma_{zD}=\gamma_1 h_1+\gamma_2 h_2=16.5\times1+18\times2=52.5\text{kPa}$

B 处：$\sigma_{zB}=\gamma_1 h_1+\gamma_2 h_2+\gamma_3 h_3=52.5+20\times3=112.5\text{kPa}$

（2）计算各分层面处上下层土压力强度。

$$p_a=\sigma_z K_a-2c\sqrt{K_a}$$

$$K_{a1}=\tan^2\left(45°-\frac{30°}{2}\right)=0.333\qquad\sqrt{K_{a1}}=0.577$$

$$K_{a2}=\tan^2\left(45°-\frac{20°}{2}\right)=0.490\qquad\sqrt{K_{a2}}=0.700$$

$$K_{a3}=\tan^2\left(45°-\frac{22°}{2}\right)=0.455\qquad\sqrt{K_{a3}}=0.675$$

A 处：　$\sigma_z=0\quad c=0\quad p_{aA}=0$

C 处：$p_{aC上}=\sigma_{zC}K_{a1}-0=16.5\times0.333=5.49\text{kPa}$

$p_{aC下}=\sigma_{zC}K_{a2}-2c_2\sqrt{K_{a2}}=16.5\times0.49-2\times10\times0.7=-5.92\text{kPa}$

D 处：$p_{aD上}=\sigma_{zD}K_{a2}-2c_2\sqrt{K_{a2}}=52.5\times0.49-2\times10\times0.7=11.73\text{kPa}$

$p_{aD下}=\sigma_{zD}K_{a3}-2c_3\sqrt{K_{a3}}=52.5\times0.455-2\times5\times0.675=17.14\text{kPa}$

B 处：$p_{aB}=\sigma_{zB}K_{a3}-2c_3\sqrt{K_{a3}}=112.5\times0.455-2\times5\times0.675=44.44\text{kPa}$

(3) 绘制土压力强度分布图，标出土压力数值，如图9－3－8所示。

(4) 计算总主动土压力 E_a。总主动土压力为土压力强度分布图面积，由三角形比例关系可求得第二层土中正应力强度分布范围为

$$\frac{5.92}{11.73}=\frac{2-x}{x}\Rightarrow x=1.33\text{m}$$

总主动土压力大小为

$$E_a=\frac{1}{2}\times1\times5.49+\frac{1}{2}\times1.33\times11.73+3\times17.14+\frac{1}{2}\times3\times(44.44-17.14)$$

$$=2.75+7.80+51.42+40.95=102.92\text{kN/m}$$

合力作用点为

$$E_ax=2.75\times\left(5+\frac{1}{3}\right)+7.80\times\left(3+\frac{1.33}{3}\right)+51.42\times\frac{3}{2}+40.95\times\frac{3}{3}$$

即

$$102.92x=14.67+26.86+77.13+40.95$$

$$\Rightarrow x=159.61/102.92=1.55\text{m}$$

合力作用方向如图9－3－8所示。

【问题讨论】

墙后填土为成层填土时，主动土压力分布图在土层分界面处有突变，即在该界面上、下主动土压力强度数值不同，需分别计算。可见，采用朗肯土压力理论确定土压力时，土压力的强度分布是其中的关键环节。

9.4 库仑土压力理论

库仑（C. A. Coulomb）依据刚体极限平衡的概念，假定滑动面为平面，以墙后滑动楔体为脱离体并分析该楔体的静力平衡，提出一种主、被动土压力的计算方法，即库仑土压力理论。

9.4.1 主动土压力

图9－4－1为墙背倾斜的刚性挡土墙，墙背倾角为 α，填土表面与水平面夹角为 β，设墙背与填土之间的外摩擦角为 δ，当墙后填土为无黏性土时，$c=0$，墙向前移动或转动一定距离后，填土将沿墙背 AB 和填土内某一滑裂面 BC 向下滑动，假定此时 BC 和 AB 面上同时达到极限平衡状态。取滑动楔体 ABC 为脱离体，如图9－4－1（b）所示，设 ABC 为刚体，其上作用的外力有：

（1）楔体 ABC 的自重 W，ABC 固定的情况下，W 的大小、方向均已知。

（2）滑裂面 BC 上的反力 R，其大小未知，方向为 BC 面法线顺时针转 φ 角。

（3）墙背 AB 对楔体的反力 P，P 的大小未知，方向为墙背 AB 的法线逆时针转 δ 角指向楔体，达到主动极限平衡时，其反作用力即楔体作用在墙背上的土压力合力，如图 9－4－1（b）所示。土楔体 ABC 在 W、P、R 三个力的作用下处于静力平衡状态，组成封闭力三角形，如图 9－4－1（c）所示，图中的夹角可由各个力的方向确定。

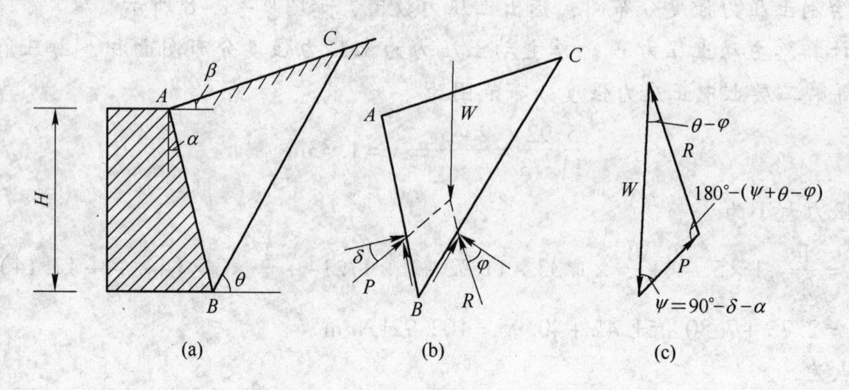

图 9－4－1　库仑主动土压力计算

由正弦定理

$$\frac{P}{\sin(\theta-\varphi)}=\frac{W}{\sin[180°-(\psi+\theta-\varphi)]}$$

求得

$$P=\frac{W\sin(\theta-\varphi)}{\sin(\psi+\theta-\varphi)}=f(\theta) \tag{9-4-1}$$

式中，$\psi=90°-\alpha-\delta$。

P 的大小随 θ 变化，当 $\theta\to\varphi$ 时，$R=W$，$P=0$；而当 $\theta=90°+\alpha$ 时，即两滑裂面重合，则 $W=0$，$P=0$。故 P 必有最大值，将式（9－4－1）对 θ 求导，并令其为零，得

$$\frac{\mathrm{d}P}{\mathrm{d}\theta}=0$$

求得 θ 并代回式（9－4－1），即可求出作用于墙背的总主动土压力的计算公式为

$$E_a=\frac{1}{2}\gamma H^2\frac{\cos^2(\varphi-\alpha)}{\cos^2\alpha\cos(\alpha+\delta)\left[1+\sqrt{\dfrac{\sin(\varphi+\delta)\sin(\varphi-\beta)}{\cos(\alpha+\delta)\cos(\alpha-\beta)}}\right]^2}=\frac{1}{2}\gamma H^2K_a \tag{9-4-2}$$

式中　E_a——总主动土压力，kN/m；

K_a——主动土压力系数，$K_a=f(\varphi、\alpha、\beta、\delta)$；

γ——填土的重度，kN/m^3；

φ——填土的内摩擦角，（°）；

α——墙背与竖直线夹角，（°），以竖直线为准，逆时针为正，如图 9－4－1（a）所示，称为俯斜墙背，顺时针为负，称为仰斜墙背；

β——填土表面与水平面夹角，（°），在水平面以上为正，如图 9－4－1（a）所示，在水平面以下为负；

δ——墙背与填土的外摩擦角，(°)，可由试验确定，也可参考表 9-4-1 取值。

表 9-4-1 墙背与填土的外摩擦角取值

墙背类型	仰斜的混凝土 或砌体墙背	阶梯形 墙背	竖直的混凝土 或砌体墙背	俯斜的混凝土 或砌体墙背
δ	$\left(\frac{1}{2}\sim\frac{2}{3}\right)\varphi$	$\frac{2}{3}\varphi$	$\left(\frac{1}{3}\sim\frac{1}{2}\right)\varphi$	$\frac{1}{3}\varphi$

由此，库仑土压力理论将滑动土楔体视为整体，导出作用于墙背上的总主动土压力，其作用点距墙踵为墙高的1/3，方向为墙背法线向上转 δ 角，如图 9-4-2 所示。

由式（9-4-2）知，E_a 的大小与墙高的平方成正比，故土压力强度分布一定为三角形，深度 z 处的土压力强度为

$$p_a = \frac{dE_a}{dz} = \frac{d}{dz}\left(\frac{1}{2}\gamma z^2 K_a\right) = \gamma z K_a \qquad (9-4-3)$$

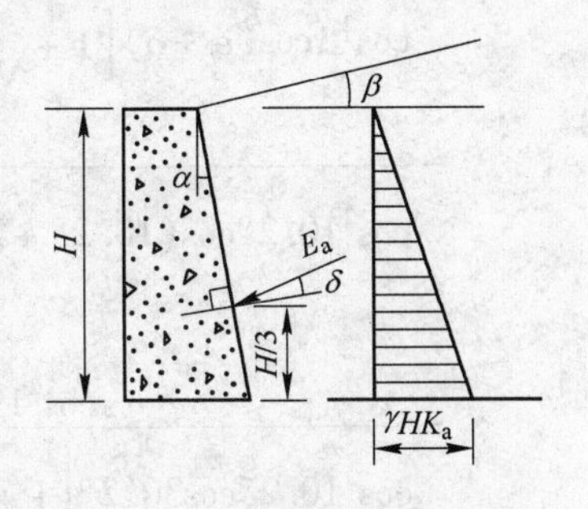

图 9-4-2 库仑主动土压力

其沿墙高分布图如图 9-4-2 所示。

9.4.2 被动土压力

当墙体受外力作用被推向填土，使之达到被动极限平衡状态时，滑动土楔将沿墙背和某一平面相对墙体向上滑动。此时滑动楔体重量 W，滑动面上反力 R 和墙背对滑动土楔的反力 P 三力静力平衡，只是这时沿滑裂面的切向反力与主动土压力时正好相反，所以 R、P 的方向不同于主动土压力情况。类似于求主动土压力的分析方法，可求得总被动土压力为

$$E_p = \frac{1}{2}\gamma H^2 \frac{\cos^2(\varphi+\alpha)}{\cos^2\alpha\cos(\alpha-\delta)\left[1-\sqrt{\frac{\sin(\varphi+\delta)\sin(\varphi+\beta)}{\cos(\alpha-\delta)\cos(\alpha-\beta)}}\right]^2} = \frac{1}{2}\gamma H^2 K_p \qquad (9-4-4)$$

式中 E_p——总被动土压力，kN/m；

K_p——被动土压力系数，$K_p = f(\varphi、\alpha、\delta、\beta)$；

其余符号意义同式（9-4-2）。

沿墙高的被动土压力强度分布如图 9-4-3 所示，总被动土压力作用点距墙踵为墙高的1/3，其方向为墙背法线向下转 δ 角，如图 9-4-3 所示。

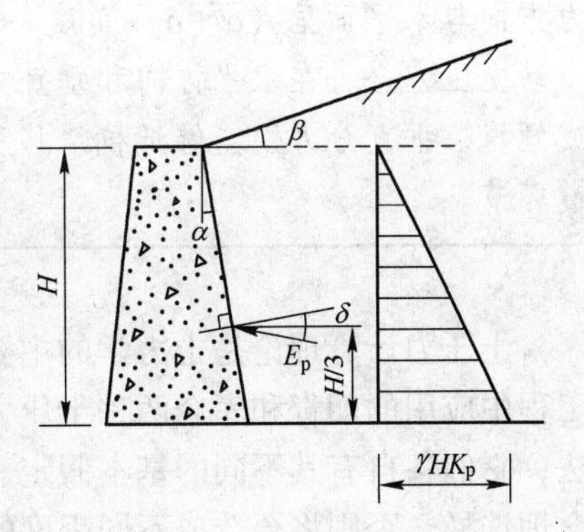

图 9-4-3 库仑被动土压力

【例 9-3】某挡土墙墙高 $H=5$m，顶宽 $b=1.6$m，底宽 $B=2.5$m，墙面垂直，如图 9-4-4 所示，墙背呈 α 角，填土面倾斜角 $\beta=15°$，墙与土的外摩擦角 $\delta=\frac{2}{3}\varphi$，墙后填土为中砂，$\gamma=18.4$kN/m³，$\varphi=30°$，求

作用在墙背上的主动土压力 E_a 及其水平分力和垂直分力。

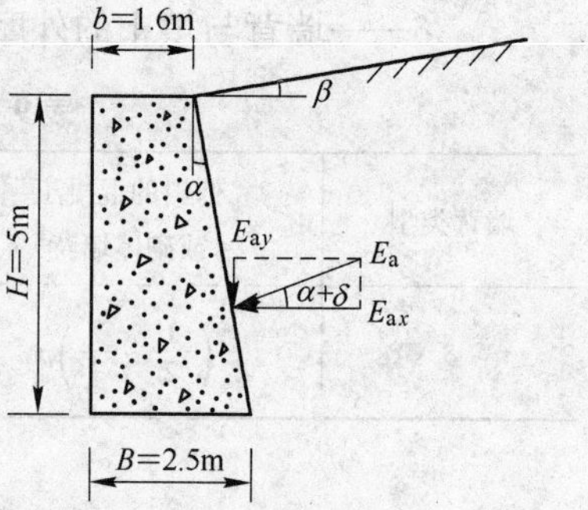

【解】（1）求总主动土压力 E_a：

$$\alpha = \arctan\frac{2.5-1.6}{5}=10.2°, \beta = 15°$$

$$\delta = \frac{2}{3}\varphi = \frac{2}{3}\times 30° = 20°, \varphi = 30°$$

图 9-4-4　例 9-3 图

则

$$K_a = \frac{\cos^2(\varphi-\alpha)}{\cos^2\alpha\cos(\alpha+\delta)\left[1+\sqrt{\dfrac{\sin(\varphi+\delta)\sin(\varphi-\beta)}{\cos(\alpha+\delta)\cos(\alpha-\beta)}}\right]^2}$$

$$= \frac{\cos^2(30°-10.2°)}{\cos^2 10.2°\cos(10.2°+20°)\left[1+\sqrt{\dfrac{\sin(30°+20°)\sin(30°-15°)}{\cos(10.2°+20°)\cos(10.2°-15°)}}\right]^2}$$

$$= \frac{\cos^2 19.8°}{\cos^2 10.2°\cos 30.2°\left[1+\sqrt{\dfrac{\sin 50°\sin 15°}{\cos 30.2°\cos 4.8°}}\right]^2} = 0.4829$$

$$E_a = \frac{1}{2}\gamma H^2 K_a = \frac{1}{2}\times 18.4\times 5^2\times 0.4829 = 111.07\text{kN/m}$$

作用点位置：$H/3 = 5/3 = 1.67\text{m}$

作用方向：由墙背法线逆时针转 $\delta = 20°$，与水平方向夹角（$\alpha+\delta$）$=30.2°$，如图 9-4-4 所示。

（2）水平分力 E_{ax}：

$$E_{ax} = E_a\times\cos(\alpha+\delta) = 111.07\times\cos 30.2° = 96.0\text{kN/m}$$

（3）垂直分力 E_{ay}：

$$E_{ax} = E_a\times\sin(\alpha+\delta) = 111.07\times\sin 30.2° = 55.87\text{kN/m}$$

【问题讨论】

与朗肯主动土压力合力作用方向水平、强度分布图变化较大有所不同，库仑主动土压力方向与水平面呈（$\alpha+\delta$）角度、强度分布一般呈三角形。因此，作用于墙背上的库仑主动土压力合力在水平方向和垂直方向均产生分力，其中水平分力可能使挡土墙发生滑移或倾覆，垂直分力则能够抵抗滑移和倾覆。因此库仑土压力的作用方向是土压力计算的关键环节。

土压力计算理论是土力学的主要课题之一。到目前为止，对土压力尚不能准确计算，工程中应用的朗肯和库仑两种土压力理论都是研究刚性挡土墙上土压力问题的一种简化方法，它们各自有其不同的基本假定、分析方法与适用条件，在应用时需注意针对实际情况合理选择，否则将会造成不同程度的误差。

朗肯和库仑土压力理论均属于极限状态土压力理论，都是在墙后填土达到极限平衡状态时求得的土压力，这是两种理论的共同点。但是两者在分析方法上存在较大的差别：朗肯理论是从土中各点均处于极限平衡状态的应力条件出发，直接求得作用在土中竖直面上的土压力强度及其分布，再计算作用于墙背的总土压力，因此属于极限应力法；库仑理论则是根据墙背与滑裂面处于极限平衡状态，其间的土楔处于整体的静力平衡条件，直接求出作用于墙背上的总土压力，需要时再计算出土压力强度分布，属于滑动楔体法。只有在最简单情况下，$\alpha=0$、$\beta=0$、$\delta=0$、$c=0$，两种理论的计算结果才一致。

9.5 挡土墙稳定性分析

挡土墙是用来承受土体侧压力的构造物，它应具有足够的强度和稳定性。挡土墙可能的破坏形式有滑移、倾覆、不均匀沉陷和墙身断裂等。因此，挡土墙的设计应保证在自身和外荷载作用下不会发生全墙的滑动和倾覆，并保证墙身截面有足够的强度、基底压力小于地基承载力，不均匀沉降满足要求。因此，在拟定墙身断面形式和尺寸之后，需对上述几个问题分别进行验算。这里仅介绍稳定性验算。

对于重力式挡土墙，墙的稳定性往往是设计中的控制因素。挡土墙的稳定性包括两种形式：一种是在墙背土压力作用下沿基底产生滑移，应验算抗滑移稳定性。另一种是在墙背土压力作用下绕墙趾向外倾覆，应验算抗倾覆稳定性。设置在软土地基及斜坡上的挡土墙，还应对包括挡土墙、地基及填土在内的整体稳定性进行验算，稳定安全系数不应小于规范规定的允许值。表层土下伏倾斜基岩上设置挡土墙，则应验算包括挡土墙、填土及山坡覆盖层岩面下滑的稳定性。

9.5.1 抗滑移稳定性验算

挡土墙的抗滑移稳定性是指在土压力和其他外荷载的作用下，基底摩阻力抵抗挡土墙滑移的能力，用抗滑稳定安全系数 K_c 表示，即作用于挡土墙的抗滑力与实际下滑力之比。如图 9－5－1 所示，抗滑移稳定安全系数按下式计算：

$$K_c=\frac{(G_n+E_{an})\mu}{E_{at}-G_t} \qquad (9-5-1)$$

$$G_n=G\cos\alpha_0$$

$$G_t=G\sin\alpha_0$$

$$E_{at}=E_a\sin(\alpha'-\alpha_0-\delta)$$

$$E_{an}=E_a\cos(\alpha'-\alpha_0-\delta)$$

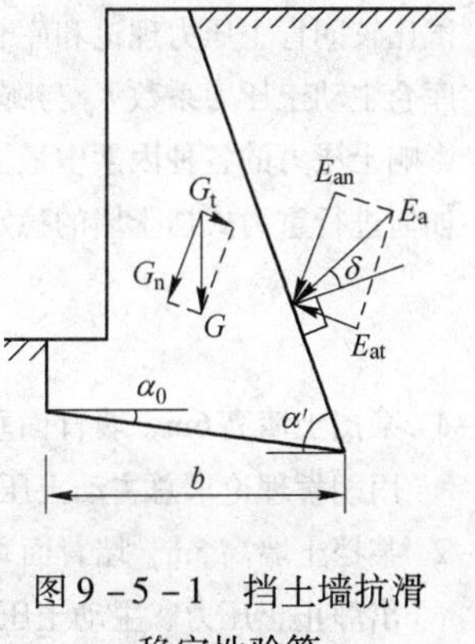

图 9－5－1　挡土墙抗滑稳定性验算

式中　G——挡土墙每延米自重；

α_0——挡土墙基底的倾角，如图 9－5－1 所示；

α'——挡土墙墙背的倾角；

δ——土对挡土墙墙背的摩擦角，按规范选取；

μ——土对挡土墙基底的摩擦系数，由试验确定或按规范选取。

抗滑移稳定安全系数应满足规范要求，《建筑地基基础设计规范》（GB 50007—2011）规定 K_c 应不小于 1.3。

9.5.2 抗倾覆稳定性验算

挡土墙的抗倾覆稳定性是指墙体抵抗墙身绕墙趾向外转动倾覆的能力，用抗倾覆稳定安全系数 K_0 表示，即对墙趾的稳定力矩之和与倾覆力矩之和的比值。如图 9－5－2 所示，抗倾覆稳定安全系数按下式计算

$$K_0=\frac{Gx_0+E_{az}x_f}{E_{ax}z_f} \qquad (9-5-2)$$

$$E_{ax}=E_a\sin(\alpha'-\delta)$$

$$E_{az}=E_a\cos(\alpha'-\delta)$$

$$x_f=b-z\cot\alpha$$

$$z_f=z-b\tan\alpha_0$$

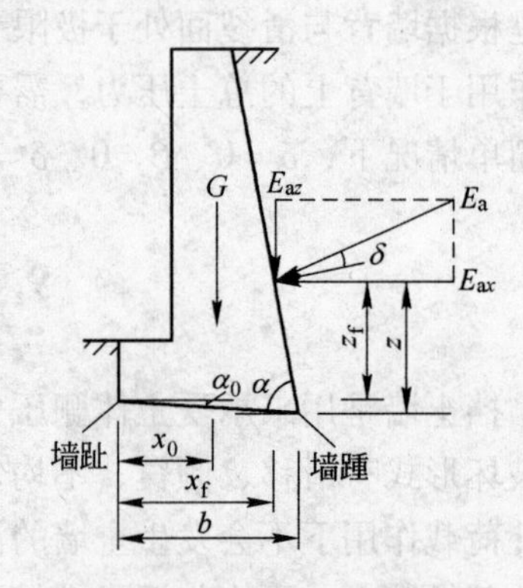

图 9－5－2 挡土墙抗倾覆稳定性验算

式中 z——土压力作用点距墙踵的高度，如图 9－5－2 所示；

x_0——挡土墙中心到墙趾的水平距离；

b——基底的水平投影宽度。

抗倾覆稳定安全系数应满足规范要求，《建筑地基基础设计规范》（GB 50007—2011）规定 K_0 应不小于 1.6。

思 考 题

1. 挡土墙墙背上作用的土压力有哪三种？说明每种土压力的定义和产生的条件。
2. 某挡土墙上的主动土压力 $E_a=24\text{kN/m}$，在墙型和墙后填土相同的情况下，有人认为，如墙高增大 1 倍，那么其主动土压力为 $E_a=48\text{kN/m}$（增大 1 倍），你认为对吗，为什么？
3. 试比较朗肯土压力理论和库仑土压力理论的基本假设、原理与分析方法。
4. 库仑主动土压力系数 K_a 与哪些因素有关，主、被动土压力合力方向与墙背法线有何关系？
5. 影响土压力的各种因素中最主要的因素是什么？
6. 如何进行重力式挡土墙的稳定性验算？

复 习 题

9－1 某挡土墙高 6m，墙背面垂直光滑，填土表面水平，填土 $\gamma=18.5\text{kN/m}^3$，$\varphi=22°$，$c=10\text{kPa}$，试用朗肯理论求总主动土压力的大小、作用点及作用方向，并绘出土压力强度分布图。

9－2 某挡土墙高 5m，墙背面垂直光滑，填土表面水平，填土 $\gamma=18\text{kN/m}^3$，$\varphi=36°$，$c=0$，试分别求出静止土压力、主动土压力、被动土压力的大小、作用点和作用方向，并绘出土压力强度分布图。（注：静止土压力系数可采用 $1-\sin\varphi$ 近似计算。）

9－3 某挡土墙高 5m，墙背面垂直光滑，填土表面水平，其上作用均布荷载 $q=10\text{kPa}$，墙后填土分为两层，上层土（墙顶下 2m 范围内）$\gamma_1=16\text{kN/m}^3$，$c_1=12\text{kPa}$，$\varphi_1=10°$；下层土 $\gamma_2=18\text{kN/m}^3$，$c_2=10\text{kPa}$，$\varphi_2=15°$，试求墙背上总主动土压力大小、作用点和作用方向，并绘出土压力强度分布图。

9－4 挡土墙如图 9－1 所示，地下水在地面以下 2m。试用朗肯理论求总主动土压力、总水压力及总侧压力，并绘出土压力强度分布图。

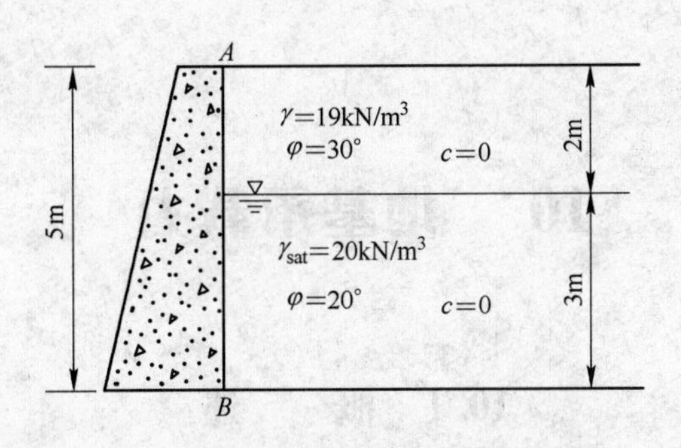

图 9－1　复习题 9－4 图

9－5　某挡土墙高 4m，墙背面倾角 $\alpha=10°$，填土表面与水平面夹角为 30°，墙背面与填土间外摩擦角 $\delta=15°$，填土重度 $\gamma=18\text{kN/m}^3$，$\varphi=32°$，试用库仑理论确定作用在墙背上的主动土压力和被动土压力，并绘出沿墙高主动土压力强度分布图。

9－6　如图 9－2 所示，图中 AB、BC 为挡土墙受到主动和被动土压力作用时的滑动面位置，取 ABC 滑动楔体为脱离体，试根据库仑理论在图中绘出：

（1）沿滑动面 BC 及墙背面 AB 作用的剪应力方向；

（2）作用在墙背上的总土压力方向。

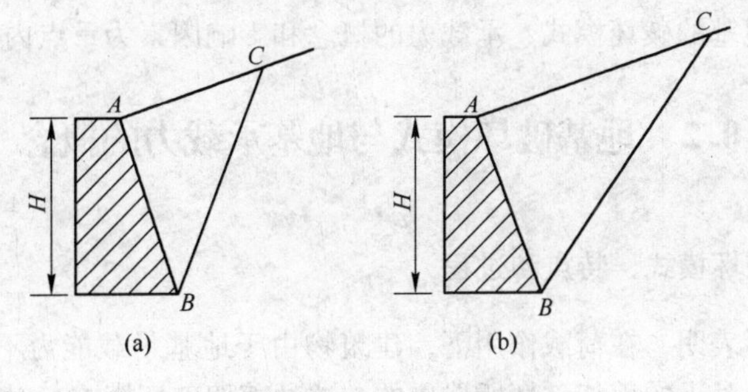

图 9－2　复习题 9－6 图

（a）主动状态；（b）被动状态

9－7　两挡土墙高均为 5m，如图 9－3 所示，试用库仑理论求作用在墙上的主动土压力。

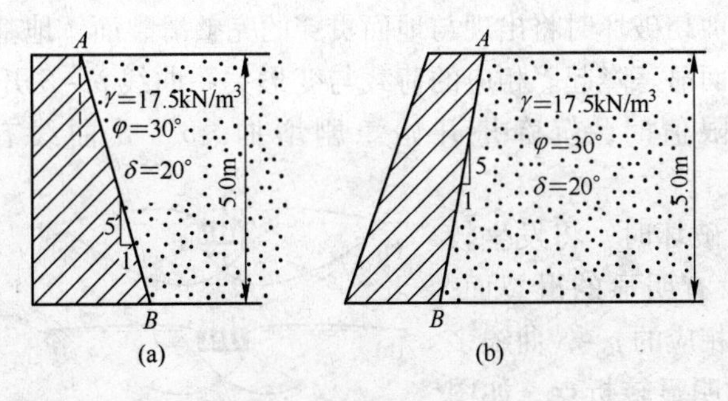

图 9－3　复习题 9－7 图

（a）俯斜；（b）仰斜

10　地基承载力

10.1　概　　述

地基承受基础以及上部建筑物的所有荷载，在此荷载作用下，地基中的应力状态必然发生改变。一方面附加应力引起地基内土体变形，导致建筑物沉降，影响正常使用，因此地基基础设计中大多数情况下需要验算地基变形；另一方面，当土中一点的某一面上的剪应力等于该点地基土的抗剪强度时，该点就达到极限平衡，发生剪切破坏；随着外荷载的增大，地基中剪切破坏的区域不断扩大，当破坏区域与地面连成连续的滑裂面时，整个地基发生失稳破坏，建筑物则有倾斜甚至倒塌的危险，因此地基基础设计中还必须要验算地基承载力。可见，地基承载力的确定成为地基基础设计中的关键问题。

本章主要介绍地基的破坏模式、地基承载力确定的基本概念、计算理论、确定方法以及影响因素，其中地基的破坏模式、承载力的概念和影响因素为重点内容。

10.2　地基破坏模式与地基承载力的概念

10.2.1　地基失稳破坏模式、特点和过程

工程经验与试验表明，在荷载作用下，建筑物由于地基承载能力不足而引起的破坏，通常是由于基础下地基土的剪切破坏所造成的。这种剪切破坏模式，对于浅基础，一般可分为整体剪切破坏、局部剪切破坏和冲剪（刺入）破坏 3 种，如图 10－2－1 所示。图中给出了基础受到逐渐增加的竖直向中心荷载作用时 3 种破坏模式的地基滑动情况及其相应的荷载与变形关系。

当地基发生整体剪切破坏时将出现与地面贯穿的完整滑裂面，地基土沿此滑裂面向两侧挤出，基础两侧地面显著隆起。相应的荷载与变形关系曲线 $p-S$ 开始段接近直线，当荷载增加至接近极限值时，沉降量开始急剧增加，$p-S$ 曲线有明显转折点，如图 10－2－1（a）所示。

当地基发生冲剪破坏时，将发生较大的压缩变形，但没有明显的滑裂面，基础两侧亦无隆起，相应的 $p-S$ 曲线多具有非线性关系，无明显转折点，如图 10－2－1（c）所示。

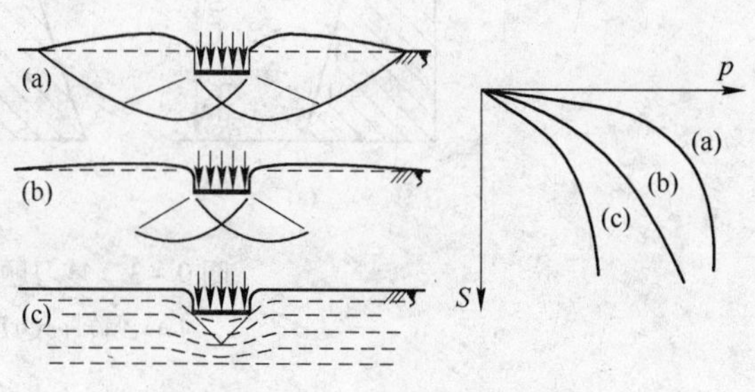

图 10－2－1　地基破坏模式

地基发生局部剪切破坏的特征介于前两者之间，滑裂面限制在地基中的局

部区域，基础两侧稍有隆起，其 $p-S$ 曲线开始即为非线性曲线，无明显转折点，如图 10-2-1（b）所示。

地基发生剪切破坏的模式主要取决于土的变形性质，一般地，坚硬或密实土地基多发生整体剪切破坏，松软土地基多出现局部剪切破坏或冲剪破坏。此外，破坏模式还与基础埋深、加荷速率等因素有关。目前使用的地基承载力公式大多在整体剪切破坏条件下得到，局部或冲剪破坏尚无理论计算公式，一般按整体剪切破坏的计算公式修正。下面仅就整体剪切破坏模式讨论地基的破坏过程。

地基土发生整体剪切破坏时，从加荷到破坏经历了三个变形发展的过程，据此前苏联学者提出了变形三阶段的概念。

第一阶段：直线变形阶段。当基础作用荷载较小时，$p-S$ 曲线近乎直线，如图 10-2-2（a）中的 oa 段，此时地基内各点的剪应力均小于地基土的抗剪强度，地基仅有微小压缩变形，如图 10-2-2（b）所示，此时地基土处于弹性变形阶段。

第二阶段：弹塑性变形阶段，或称局部塑性变形阶段。随着基础荷载增加并达到某一值时，首先在基础边缘的地基土开始出现剪切破坏（塑性破坏），如图 10-2-2（c）所示。随着荷载增加，剪切破坏区相应扩大，并逐渐向整体剪切破坏发展，这一阶段是地基土由第一阶段的稳定状态向第三阶段的不稳定状态发展的过渡阶段，$p-S$ 曲线呈弯曲状，即图 10-2-2（a）中的 abc 段。

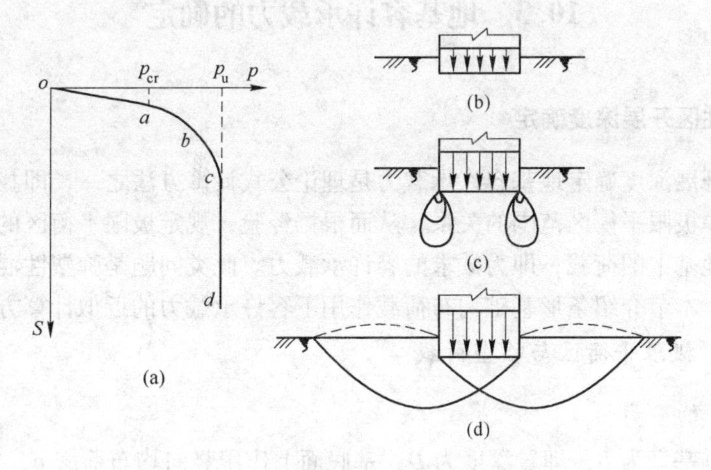

图 10-2-2　地基变形三阶段与 $p-S$ 曲线

（a）$p-S$ 关系曲线；（b）直线变形（压密）阶段；（c）局部塑性变形阶段；（d）破坏阶段

第三阶段：破坏阶段。当荷载继续增加至某一极限值时，地基中的剪切破坏区扩展到地面，如图 10-2-2（d）所示，此时地基变形突然增大，基础急剧下沉，基础两侧地面显著隆起，地基整体失稳，如图 10-2-2（a）中的 cd 段，此时为塑性破坏阶段。

10.2.2　地基承载力的概念及确定方法

地基承受荷载的能力称为地基承载力。通常区分为两种承载力，一种称为极限承载力，是指地基即将丧失稳定性时的承载力；另一种称为容许承载力，是指地基稳定有足够的安全度，并且变形控制在建筑物的容许变形范围之内的承载力。

在图 10－2－2（a）所示的整体剪切破坏过程中，图中出现的第一个拐点 a 点对应的荷载称为临塑荷载，以 p_{cr}表示，即基础边缘的地基土刚刚开始达到极限平衡时的基底压力，可作为地基的容许承载力；图中出现的第二个拐点 c 点对应的荷载即为极限荷载，可作为地基的极限承载力，以 p_u 表示。实践证明，地基受临塑荷载作用时，刚刚在基础边缘出现极限平衡区，尚有较大的安全储备。工程中常将极限平衡区开展深度达到基宽的 1/3 或 1/4 所对应的荷载 $p_{1/3}$、$p_{1/4}$作为地基的容许承载力，此时地基中虽然出现一定范围的极限平衡区，但地基中大部分土体是稳定的，地基稳定仍具有较大的安全度，称 $p_{1/3}$和 $p_{1/4}$为临界荷载或塑性荷载。

地基的容许承载力是地基基础设计中必须解决的一个非常重要的问题。地基容许承载力的确定方法一般可采用以下几种：

（1）根据土的抗剪强度指标以理论公式计算，该方法又可分为两大类：1）按塑性区开展深度确定；2）按极限承载力确定。

（2）按照原位试验确定。

（3）按照规范提供的承载力表确定。

应该指出，这些方法各有长短、互为补充，必要时可以按多种方法综合确定。本章介绍的方法仅适用于浅基础。

10.3　地基容许承载力的确定

10.3.1　按塑性区开展深度确定

按塑性区开展深度确定地基容许承载力是理论公式计算方法之一，即找出施加于地基的荷载和地基中极限平衡区范围的关系，从而根据经验，规定极限平衡区的允许发展范围来确定施加于地基上的荷载，即为欲求的容许承载力。此类问题是弹塑性混合课题，目前尚无精确解答，本节介绍条形基础均布荷载作用下容许承载力的近似计算方法。

10.3.1.1　极限平衡区与临塑荷载

A　地基中的应力

设条形基础基宽为 B，埋置深度为 D，基底面上作用竖向均布荷载 p，如图 10－3－1 所示。根据弹性理论，可求出地基中任一点 M 处由条形均布荷载（$p-\gamma D$）产生的附加大、小主应力为

$$\left.\begin{matrix}\sigma_1\\\sigma_3\end{matrix}\right\}=\frac{p-\gamma D}{\pi}(2\beta\pm\sin2\beta) \qquad (10-3-1)$$

式中　2β——M 点与基底两端连线之间的夹角，称为视角。

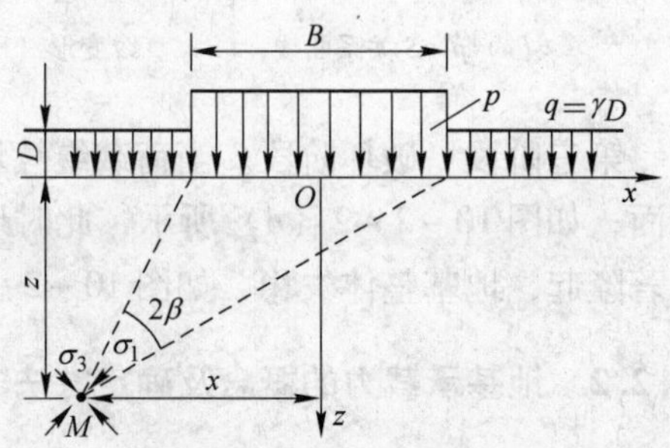

图 10－3－1　地基中的应力

在 M 点除了条形均布荷载产生的地基附加应力外，还有地基土本身的自重应力，显然地基附加应力和自重应力的大、小主应力方向是不一致的。为简化起见，假设在极限平衡区内的

静止侧压力系数 $K_0=1$，则地基中任一点的大、小主应力为

$$\left.\begin{matrix}\sigma_1\\ \sigma_3\end{matrix}\right\}=\frac{p-\gamma D}{\pi}(2\beta\pm\sin 2\beta)+\gamma(D+z) \tag{10-3-2}$$

B　塑性区边界方程

当 M 点达到极限平衡状态时，该点的大、小主应力应满足如下极限平衡条件：

$$\sigma_1=\sigma_3\tan^2\left(45°+\frac{\varphi}{2}\right)+2c\tan\left(45°+\frac{\varphi}{2}\right)$$

将式（10-3-2）中的大、小主应力代入上式并整理得

$$z=\frac{p-\gamma D}{\pi\gamma}\left(\frac{\sin 2\beta}{\sin\varphi}-2\beta\right)-\frac{c}{\gamma\tan\varphi}-D \tag{10-3-3}$$

式（10-3-3）即为塑性区的边界方程，表示塑性区边界上任一点 z 与 2β 间的关系。若 γ、D、c、φ、p 已知，则可根据该式绘出塑性区边界线如图 10-3-2 所示。

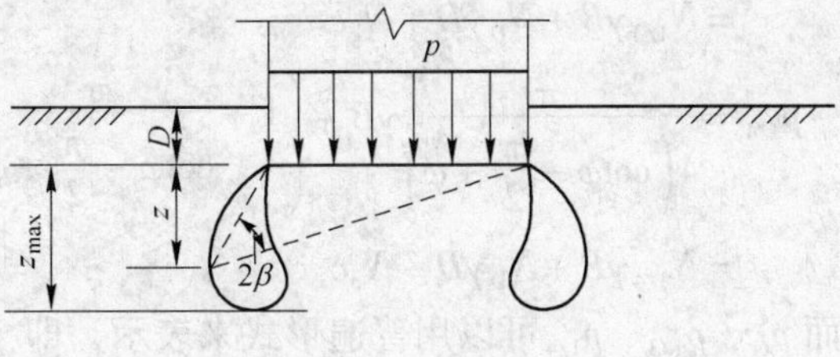

图 10-3-2　塑性区边界线

C　塑性区最大开展深度

实际应用中，并不需要画出对应均布荷载 p 的整个塑性区边界线，而只需知道塑性区的最大开展深度 z_{max}，可由 $dz/d\beta=0$ 获得

$$\frac{dz}{d\beta}=\frac{2(p-\gamma D)}{\pi\gamma}\left(\frac{\cos 2\beta}{\sin\varphi}-1\right)=0 \tag{10-3-4}$$

解上式得

$$\cos 2\beta=\sin\varphi$$

$$2\beta=\frac{\pi}{2}-\varphi \tag{10-3-5}$$

将式（10-3-5）代入式（10-3-3），即得 z_{max} 的表达式为

$$z_{max}=\frac{p-\gamma D}{\pi\gamma}\left(\cot\varphi-\frac{\pi}{2}+\varphi\right)-\frac{c}{\gamma\tan\varphi}-D \tag{10-3-6}$$

对应这一最大开展深度，地基上作用的荷载强度为

$$p=\frac{\pi(\gamma D+c\cot\varphi+\gamma z_{max})}{\cot\varphi-\dfrac{\pi}{2}+\varphi}+\gamma D \tag{10-3-7}$$

D　临塑荷载的解

由临塑荷载的定义可知，对应塑性区最大开展深度 $z_{max}=0$ 时的荷载即为临塑荷载，将 $z_{max}=0$ 代入式（10-3-7）可得

$$p_{cr}=\frac{\pi(\gamma D+c\cot\varphi)}{\cot\varphi-\dfrac{\pi}{2}+\varphi}+\gamma D=\left(1+\frac{\pi}{\cot\varphi-\dfrac{\pi}{2}+\varphi}\right)\gamma D+\frac{\pi\cot\varphi}{\cot\varphi-\dfrac{\pi}{2}+\varphi}c$$

$$=N_D\gamma D+N_c c=N_D q+N_c c \tag{10-3-8}$$

10.3.1.2 地基容许承载力的确定

可以取临塑荷载作为地基的容许承载力，但过于保守。由前述可知取临界荷载或塑性荷载作为地基的容许承载力仍是安全的，将 $z_{max}=B/3$ 或 $z_{max}=B/4$ 代入式（10-3-7），可得

$$p_{1/3}=\frac{\pi\left(\gamma D+\frac{1}{3}\gamma B+c\cot\varphi\right)}{\cot\varphi-\frac{\pi}{2}+\varphi}+\gamma D$$

$$=\frac{\pi}{3\left(\cot\varphi-\frac{\pi}{2}+\varphi\right)}\gamma B+\left(1+\frac{\pi}{\cot\varphi-\frac{\pi}{2}+\varphi}\right)\gamma D+\frac{\pi\cot\varphi}{\cot\varphi-\frac{\pi}{2}+\varphi}c$$

$$=N_{1/3}\gamma B+N_{D}\gamma D+N_{c}c \tag{10-3-9}$$

$$p_{1/4}=\frac{\pi}{4\left(\cot\varphi-\frac{\pi}{2}+\varphi\right)}\gamma B+\left(1+\frac{\pi}{\cot\varphi-\frac{\pi}{2}+\varphi}\right)\gamma D+\frac{\pi\cot\varphi}{\cot\varphi-\frac{\pi}{2}+\varphi}c$$

$$=N_{1/4}\gamma B+N_{D}\gamma D+N_{c}c \tag{10-3-10}$$

因而 p_{cr}、$p_{1/3}$、$p_{1/4}$ 可以用普遍形式来表示，即

$$[R]=\frac{1}{2}\gamma BN_{\gamma}+\gamma DN_{D}+cN_{c} \tag{10-3-11}$$

式中 $[R]$——地基容许承载力，kPa；

N_{γ}，N_{D}，N_{c}——承载力系数，仅与内摩擦角 φ 有关，可查表 10-3-1 取值。

其中

$$N_{c}=\frac{\pi\cot\varphi}{\cot\varphi-\frac{\pi}{2}+\varphi} \tag{10-3-12}$$

$$N_{D}=1+N_{c}\tan\varphi \tag{10-3-13}$$

对 p_{cr}

$$N_{\gamma}=0 \tag{10-3-14a}$$

对 $p_{1/4}$

$$N_{\gamma 1/4}=\frac{\pi}{2\left(\cot\varphi-\frac{\pi}{2}+\varphi\right)} \tag{10-3-14b}$$

对 $p_{1/3}$

$$N_{\gamma 1/3}=\frac{2\pi}{3\left(\cot\varphi-\frac{\pi}{2}+\varphi\right)} \tag{10-3-14c}$$

表 10-3-1 承载力系数 $N_{\gamma 1/4}$、$N_{\gamma 1/3}$、N_{D}、N_{c}

φ/(°)	$N_{\gamma 1/4}$	$N_{\gamma 1/3}$	N_{D}	N_{c}
0	0	0	1.0	3.14
2	0.06	0.08	1.12	3.32
4	0.12	0.16	1.25	3.51
6	0.20	0.27	1.40	3.71
8	0.28	0.37	1.55	3.93
10	0.36	0.48	1.73	4.17

续表 10-3-1

$\varphi/(^\circ)$	$N_{\gamma 1/4}$	$N_{\gamma 1/3}$	N_D	N_c
12	0.46	0.60	1.94	4.42
14	0.60	0.80	2.17	4.70
16	0.72	0.96	2.43	5.00
18	0.86	1.15	2.72	5.31
20	1.00	1.33	3.10	5.66
22	1.20	1.60	3.44	6.04
24	1.40	1.86	3.87	6.45
26	1.60	2.13	4.37	6.90
28	2.00	2.66	4.93	7.40
30	2.40	3.20	5.60	7.95
32	2.80	3.73	6.35	8.55
34	3.20	4.26	7.20	9.22
36	3.60	4.80	8.25	9.97
38	4.20	5.60	9.44	10.80
40	4.92	6.66	10.84	11.73
42	5.80	7.73	12.70	12.80
44	6.40	8.52	14.50	14.00
45	7.40	9.86	15.60	14.60

【问题讨论】

应该指出，上述推导采用了弹性力学的解答，对于求解塑性变形问题，尚不够严格，且假定 $K_0=1$ 与实际不符。此外，上述解答是在均布条形荷载条件下推导得出，对于矩形和圆形基础也可用上述公式，结果偏于安全。

10.3.2 按地基极限承载力确定

极限承载力除以安全系数，是确定地基容许承载力的常用方法之一。确定地基极限承载力的方法，按计算地基极限承载力公式的推导方法，可归纳为两大类：一类为散体极限平衡法；另一类为假定地基土滑动面求解极限承载力的方法。

10.3.2.1 散体极限平衡法

所谓散体极限平衡法，就是在土体中任取一微元体，根据微元体的静力平衡条件和极限平衡条件建立微分方程，求解该方程得到地基整体达到极限平衡时的应力分布和滑裂线网，从而计算地基承载力。

根据静力平衡条件和极限平衡条件建立微分方程。对于平面问题，土中一点的静力平衡条件为

$$\frac{\partial \sigma_z}{\partial z}+\frac{\partial \tau_{xz}}{\partial x}+Z=0 \tag{10-3-15a}$$

$$\frac{\partial \sigma_x}{\partial x}+\frac{\partial \tau_{zx}}{\partial z}+X=0 \tag{10-3-15b}$$

式中　σ_z，σ_x，τ_{xz}——微元体的法向应力和剪应力；

Z，X——作用在微元体 z 轴方向和 x 轴方向的体力。

当土体处于极限平衡状态时，作用在土体上的应力应该满足极限平衡条件

$$\sin\varphi = \frac{\sigma_1 - \sigma_3}{\sigma_1 + \sigma_3 + 2c\cot\varphi} \tag{10-3-16}$$

由于影响地基极限承载力的因素很多，如土的重度、强度和边载等，因而要求微分方程的一般解析解非常困难。为此在求解中往往先分开考虑各个因素对地基承载力的影响，再对其进行叠加，尽管会带来一定的误差，但研究表明结果是偏于安全的。

普朗特尔（L. Prandtl）、瑞斯纳（H. Reissner）通过假定：

（1）基础底面与地基土之间无摩擦。

（2）基础底面以下地基土无重量（$\gamma=0$）。

（3）基底平面为地基表面，基底以上两侧土重作为边载 $q=\gamma D$。

针对浅基础解得无重土情况下的地基极限承载力为

$$\begin{aligned} p_u &= q\tan^2\left(45° + \frac{\varphi}{2}\right)e^{\pi\tan\varphi} + c\cot\varphi\left[\tan^2\left(45° + \frac{\varphi}{2}\right)e^{\pi\tan\varphi} - 1\right] \\ &= qN_q + cN_c \end{aligned} \tag{10-3-17}$$

式中　N_q，N_c——承载力系数，是土的内摩擦角 φ 的函数。

当 $\varphi=0$ 时，式（10-3-17）变为

$$p_u = q + 5.14c \tag{10-3-18}$$

式（10-3-18）即为普朗特尔的极限承载力的精确解答。

普朗特尔还给出了滑裂线网。当荷载达到极限荷载 p_u 时，地基内出现连续的滑裂面。滑裂土体分成三个区域，如图10-3-3所示，其中Ⅰ区为朗肯主动区，Ⅲ区为朗肯被动区，Ⅱ区为过渡区。朗肯主动区的两条滑裂线与水平面呈 $45°+\varphi/2$ 的夹角，朗肯被动区的两条滑裂线则与水平面呈 $45°-\varphi/2$ 的夹角。过渡区的两组滑裂线，一组为由基础边缘 a 点和 a' 点引出的射线，另一组为连接Ⅰ区和Ⅱ区滑裂线的对数螺旋线，对数螺旋线方程为

$$r = r_0 e^{\psi\tan\varphi} \tag{10-3-19}$$

式中　r_0——Ⅱ区的起始半径，即为 ab 或 $a'b$ 的长度；

　　ψ——任意射线 r 与 r_0 的夹角。

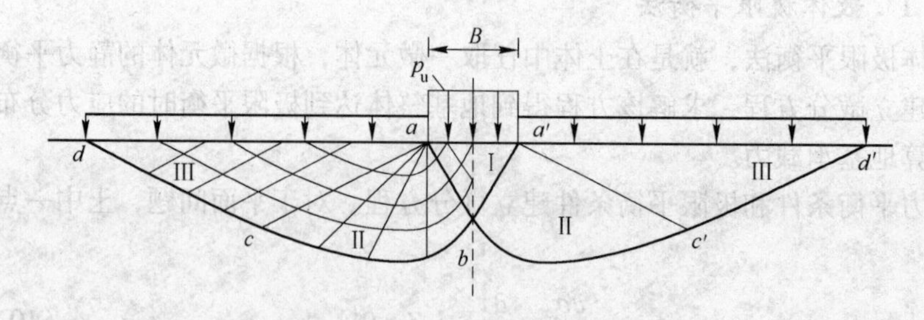

图10-3-3　无重介质地基的滑裂线网

10.3.2.2　极限承载力的一般计算公式

实际上，地基土并非无重量，但考虑地基土的重量后，极限承载力的理论解很难求

得。索科洛夫斯基（B. B. Соколовский）把地基土当成理想散粒体（$c=0$、$\varphi\neq0$、$\gamma\neq0$）和无重的纯黏性土（$c\neq0$、$\gamma=0$、$\varphi=0$）两种介质的总和，分别按其求地基的极限承载力，然后叠加，得到实际地基平均极限承载力公式为

$$p_{uv}=\frac{1}{2}\gamma BN_{\gamma}+qN_{q}+cN_{c} \tag{10-3-20}$$

式（10-3-20）是地基承载力的最为通用的表达式。各种不同的极限承载力的分析方法，最终表达式均采用式（10-3-20）的形式，但承载力系数各不相同。

10.3.2.3　太沙基极限承载力公式

太沙基极限承载力公式的推导，则是针对均质地基上的条形浅基础受到竖直中心荷载作用情况，参考普朗特尔求得的滑裂面形状，先假定滑裂面的形式，然后假定整个滑裂面上土体达到极限平衡，取滑裂面所包围的土体为脱离体，用静力平衡条件求解极限荷载，属于一种半理论半经验方法。

假定：（1）基底完全粗糙；（2）滑裂面形式如图10-3-4所示，刚性核 a_1ba 代替普朗特尔解的朗肯主动区（即Ⅰ区）为弹性区，在地基破坏时始终处于弹性平衡状态，如同基础的一部分，在地基变形过程中随地基一起下沉，于是地基滑裂面的形状只由两个极限平衡区即朗肯被动区和对数螺旋线过渡区所构成。

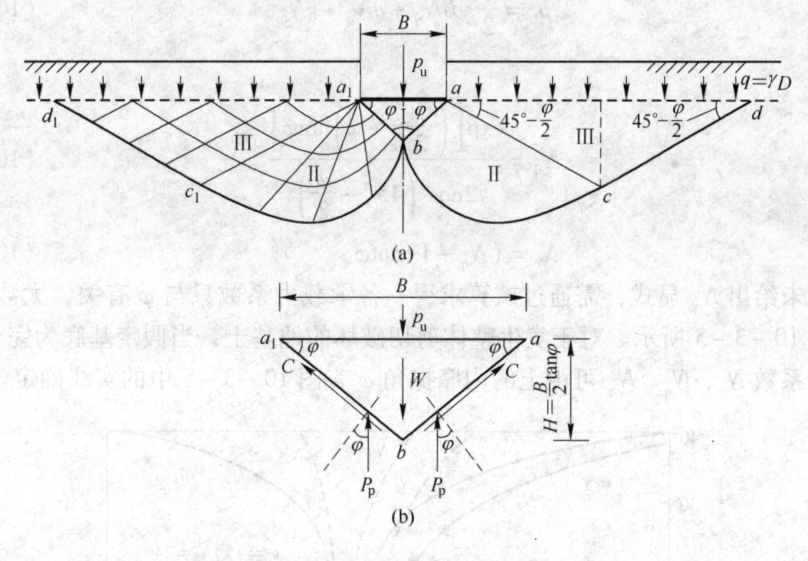

图10-3-4　太沙基极限承载力计算图

根据上述假定，现以弹性核 a_1ba 为脱离体并分析其受力状态，如图10-3-4（b）所示。弹性核上的受力有：

（1）弹性核的自重，竖直向下，其值为

$$W=\frac{1}{2}\gamma HB=\frac{1}{4}\gamma B^{2}\tan\varphi$$

（2）a_1a 面（即基底面）上的极限承载力，竖直向下，其合力等于地基的极限承载力 p_u 与基础宽度的乘积，即

$$P_u=p_uB$$

（3）弹性核两斜面 ab 和 a_1b 上总的黏聚力 C，与斜面平行，方向向上，它等于土的黏聚力 c 与 $\overline{ab}$ 的乘积，即

$$C = c\,\overline{ab} = c\,\frac{B}{2\cos\varphi}$$

（4）作用在弹性核两斜面 ab 和 a_1b 上的被动土压力 E_p，它与 ab 和 a_1b 面的法线成 φ 角，即竖直向上。

将上述各力在竖直方向建立平衡方程，经整理得地基的极限承载力为

$$p_u = \frac{2E_p}{B} + c\tan\varphi - \frac{1}{4}\gamma B\tan\varphi \tag{10-3-21}$$

其中，被动土压力 E_p 由土的黏聚力 c、超载 q 和重度 γ 三部分所引起，为了简化，太沙基把弹性核边界 ab 和 a_1b 视为倾斜的刚性挡土墙，分三步求 E_p，即

1）令 $\gamma = c = 0$，求出仅由超载 q 引起的反力 E_{pq}。

2）令 $\gamma = q = 0$，求出仅由黏聚力 c 引起的反力 E_{pc}。

3）令 $c = q = 0$，求出仅由土重度 γ 所引起的反力 $E_{p\gamma}$。

然后利用叠加原理求得全部反力 $E_p = E_{pq} + E_{pc} + E_{p\gamma}$，代入式（10-3-21）经整理即可得到

$$p_u = \frac{1}{2}\gamma B N_\gamma + qN_q + cN_c \tag{10-3-22}$$

其中

$$N_q = \frac{\exp\left[\left(\frac{3}{2}\pi - \varphi\right)\tan\varphi\right]}{2\cos^2\left(45° + \frac{\varphi}{2}\right)} \tag{10-3-23}$$

$$N_c = (N_q - 1)\cot\varphi \tag{10-3-24}$$

太沙基未给出 N_γ 显式，需通过试算求得。各承载力系数只与 φ 有关，太沙基将其制成图，如图 10-3-5 所示。对于发生整体剪切破坏的地基土，当假定基底为完全粗糙时，地基承载力系数 N_c、N_q、N_γ 可由土的内摩擦角 φ 查图 10-3-5 中的实线确定。

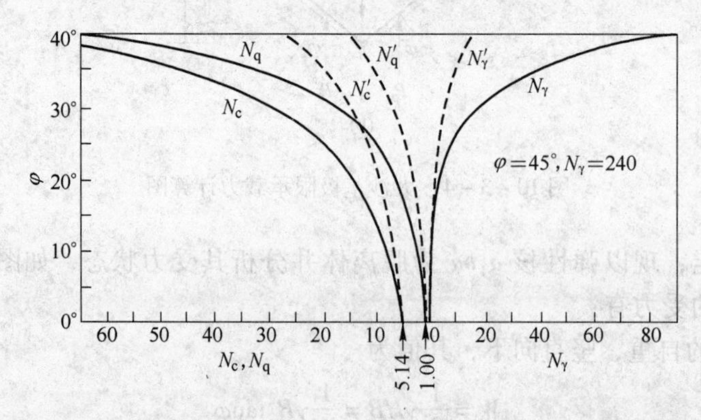

图 10-3-5 太沙基承载力系数 N_c、N_q、N_γ 与 φ 的关系

上述公式是在整体剪切破坏的条件下得到的，对于局部剪切破坏，太沙基建议把土的 c、φ 值均降低 1/3，即

$$c^* = \frac{2}{3}c \tag{10-3-25}$$

$$\varphi^* = \arctan\left(\frac{2}{3}\tan\varphi\right) \tag{10-3-26}$$

再以修正后的 c^*、φ^* 代入式（10-3-22）中，得局部剪切破坏时的极限承载力公式为

$$p_u = \frac{1}{2}\gamma BN'_\gamma + qN'_q + c^* N'_c \tag{10-3-27}$$

式中 N'_γ，N'_q，N'_c——修正后的承载力系数，由 φ^* 查图 10-3-5 中的实线或由修正前的 φ 查图 10-3-5 中的虚线。

式（10-3-22）和式（10-3-27）仅适用于条形浅基础，对于方形或圆形浅基础，太沙基建议按下列修正公式计算地基极限承载力：

圆形基础

$$p_{ur} = 0.6\gamma RN_\gamma + qN_q + 1.2cN_c \quad （整体剪切破坏） \tag{10-3-28a}$$

$$p_{ur} = 0.6\gamma RN'_\gamma + qN'_q + 1.2c^* N'_c \quad （局部剪切破坏） \tag{10-3-28b}$$

方形基础

$$p_{us} = 0.4\gamma BN_\gamma + qN_q + 1.2cN_c \quad （整体剪切破坏） \tag{10-3-29a}$$

$$p_{us} = 0.4\gamma BN'_\gamma + qN'_q + 1.2c^* N'_c \quad （局部剪切破坏） \tag{10-3-29b}$$

式中 R——圆形基础的半径。

将上述各公式求得的极限承载力 p_u，除以安全系数 F_s，即可得地基的容许承载力 $[R]$

$$[R] = \frac{p_u}{F_s} \tag{10-3-30}$$

F_s 一般取 2~3。在地基基础设计时，基底压力 p 应满足 $p < [R]$。

10.3.3 按原位试验确定

上述地基容许承载力的确定，都必须先测定地基原状土的物理或力学性质指标。取原状土样都要经过钻探取样、运输、制备等过程。在这些过程中不可避免地会对土样造成不同程度的扰动，对于饱和软黏土或砂、砾等粗粒土，取得原状土样就更加困难。为避免取原状土样，地基容许承载力的另一种确定方法就是原位试验。确定地基承载力的常用原位试验有现场平板载荷试验、标准贯入试验和静力触探试验等，其中平板载荷试验方法详见第 8 章，标准贯入试验和静力触探试验都是一种间接方法，由标准贯入试验获得的锤击数和静力触探试验获得的贯入阻力，利用经验公式和表格获得地基容许承载力，但是所使用的经验公式或表格必须依据地区经验获得，不能随意使用。

10.3.4 按规范表确定

一般专业规范常列出承载力表，规范表值是根据大量工程实践经验、现场原位测试及室内试验数据，对相应的地基承载力进行统计、分析而制定的，在一般中小型工程中应用最广且简便易行。应该指出，使用规范表时必须注意各专业规范表列承载力值及规范表的

用法各不相同，使用时要符合专业。例如《公路桥涵地基与基础设计规范》（JTG D 63—2007）和《港口工程地基规范》（JTS 147－1—2010）给出了承载力确定的规范表。两个规范表值均是针对基宽和埋深在一定范围内给出的，当基宽及埋深不在此范围内时，需要对表中查得的地基承载力值进行修正，各规范中都给出了各自的修正公式，这样就可以确定地基容许承载力。

原《建筑地基基础设计规范》（GBJ 7—89）也给出了类似的承载力表。但是，修订的《建筑地基基础设计规范》（GB 50007—2002）和（GB 50007—2011）考虑到我国幅员广大，土质各异，用几张表格很难概括全国的规律，用查表法确定地基承载力，在大多数地区可能基本适合或偏保守，但也不排除个别地区可能不安全。随着设计水平的提高和对工程质量要求的趋于严格，变形控制已是地基设计的重要原则，该规范作为国家标准，如仍沿用承载力表，显然已不适应当前的要求，故修订时取消了有关承载力表的条文和附录，勘察单位需根据试验和地区经验确定地基承载力等设计参数。建议采用载荷试验或其他原位测试、公式计算，并结合工程实际经验等方法综合确定。

10.4 影响地基承载力的因素

前面介绍了确定地基承载力的各种方法。从理论公式（10－3－11）、式（10－3－20）和式（10－3－22）等可知，地基承载力的公式具有相同的形式，均由三项组成，以式（10－3－11）为例：

$$[R]=\frac{1}{2}\gamma BN_{\gamma}+\gamma DN_{D}+cN_{c} \qquad (10-4-1)$$

从式（10－4－1）可以看出，影响地基承载力的因素主要有土的物理、力学性质 γ、c、φ 以及基础的宽度 B 和埋置深度 D 等方面。下面分别讨论各种因素对地基承载力的影响。

10.4.1 地下水位

地下水位的位置对浅基础的地基承载力的影响很大。地下水位以下的土体，不仅土的重度会因水的浮力而减小，而且土浸水会导致黏聚力等强度指标的降低。目前黏聚力降低值难以确定，而由于水的浮力作用引起承载力降低，可以采用如下方法考虑：在公式（10－4－1）中，第一项重度为基础底面以下滑裂面范围以内的土体重度，第二项重度为基础埋深范围内的土体重度，一般情况下，当土体处于水下时均要取浮重度。可见水位的提高对承载力的影响是比较显著的，尤其对于 $c=0$ 的无黏性土更为明显。

10.4.2 基础的宽度

地基承载力不仅取决于土的性质，而且与基础的尺寸和形状有关。由地基承载力公式可知，基础的宽度 B 越大，承载力越高，因此，工程上常采用加大基础宽度的方法来提高地基承载力，借以增加地基的稳定性。但是，根据一些研究表明，当基础的宽度达到某一数值后，地基承载力不再随着宽度的增加而增加。因此，不能无限制地采取加大基础宽度的办法来提高地基承载力。有的规范，即使按承载力公式计算时，也规定了基宽的上限。另外，应该指出，对于黏性土地基，宽度增加，虽然基底压力可减小，但应力影响深度相应增加，有可能使基础的沉降加大。对于地层中存在软弱土层的情况，变形问题可能成为控制因素，因而更不能盲目增大基础宽度。

10.4.3 基础的埋置深度

增加基础埋深同样可以提高地基承载力。而且由于埋置深度增加，基底附加压力将减小，相应地可以减少基础的沉降。因此，增加埋深对提高软黏土地基的稳定性和减少沉降均有明显效果，常被采用。但基础埋深愈大，基坑开挖也愈困难。

另外，土的强度指标对地基承载力影响较大，因而土的强度指标的选用，应该结合土的性质、排水条件、施工速率、荷载的组合以及安全系数的选择等多种因素，并参照当地的经验来确定。

思 考 题

1. 发生整体剪切破坏的地基，从加荷到破坏经历了哪几个变形阶段，各有何特点？
2. p_{cr}、$p_{1/3}$、$p_{1/4}$及p_u分别是何种意义的荷载，哪个最大，哪个最小，如何应用它们进行地基基础设计？
3. 地基承载力有哪几种确定方法？
4. 在垂直均布荷载作用下，浅基础地基的失稳有哪几种形式，各有何特点？
5. 影响地基承载力的因素有哪些？

复 习 题

10-1 某条形基础宽12m，埋深2m，基土为均质黏性土，$c=15\text{kPa}$，$\varphi=15°$，地下水与基底面同高，该面以上土的湿重度为18kN/m^3，该面以下土的饱和重度为19kN/m^3，试计算其在受到均布荷载作用时的p_{cr}、$p_{1/3}$、$p_{1/4}$。

10-2 某基础长60m，宽10m，设置在均质地基上，基础的埋深为3m，地下水位距地面很深，基土的湿重度为18kN/m^3，土粒比重$G_s=2.70$，$w=31\%$，$\varphi=16°$，$c=20\text{kPa}$，该地基的载荷试验曲线如图10-2-1中的曲线（a）所示。试按太沙基公式计算承受铅直中心荷载（$F_s=2.5$）时地基的容许承载力。如地下水上升至基础底面高程时，地基的承载力又是多少？（设c、φ不变化）

11 土坡稳定分析

11.1 概　述

土坡一般是指具有倾斜坡面的土体，通常可分为天然土坡和人工土坡。在自然条件下由于地质作用形成的土坡称为天然土坡，如山坡、江河的边坡或岸坡等；经人工填筑或开挖而形成的土坡称为人工土坡，如基坑、路堤、渠道、土坝等的边坡。水平地基也可以认为是特殊坡度（0°坡角）的边坡。

土坡整体或其部分土体在自然或人为因素的影响下沿某一曲面发生剪切破坏而出现滑动的现象称为滑坡或土坡失稳。在高速公路、铁路、城市地铁、高层建筑的深基坑开挖，露天采矿和土（石）坝等土工工程建设中都会涉及土坡的稳定性问题。如果在工程中土坡失去稳定，轻者影响工程进度，重者将会危及生命和财产安全，造成工程事故，带来巨大的经济损失。因此，土坡的稳定分析是岩土工程的重要课题，稳定分析的基本原理和方法是岩土工作者必须掌握的本领。

土坡稳定分析最常用的方法是条分法，有简单条分法、毕肖普法、简布法、陈祖煜－摩根斯坦法、王复来法、不平衡推力法等十余种方法。它们都属于极限平衡法，建立在土体刚塑性假定的基础上。随着有限元数值计算方法在岩土工程中的广泛应用，又逐步发展起来基于有限元应力应变分析的土坡稳定评价方法，代表性的有有限元强度折减法和有限元极限平衡分析法。

本章简要介绍条分法中的简单条分法和简化毕肖普法；简单介绍有限元强度折减法，详细介绍有限元极限平衡法。

学完本章内容，需要理解稳定安全系数的物理意义，熟练掌握土坡稳定安全系数的公式及推导过程；能用简单条分法和简化毕肖普法进行简单的土坡稳定分析；理解和把握有限元极限平衡法的基本思想，并且能够在学会使用已有的有限元程序进行土工数值计算后，利用该方法进行一般土坡的稳定分析。

11.2 安全系数的定义

在荷载作用下，土体有出现剪切破坏和滑动失稳的可能性。土体结构中所有可能的滑动面都叫做潜在滑动面，其中最不利的滑动面叫做最危险滑动面。潜在滑动面也简称为滑动面，一般是土体中的连续光滑曲面。

对于正常工作的土体结构，在其任意一个曲面上土体都不会达到极限平衡状态。因此，稳定性评价有两种途径：一是增加荷载使土体沿某一曲面整体达到极限平衡状态，此时的荷载值可以称为极限荷载（如地基极限承载力），极限荷载与原有设计荷载或实际作用荷载的比值称为超载系数；二是计算土体沿最危险潜在滑动面整体达到极限平衡状态时的强度折减系数，也可以称为强度储备系数或稳定安全系数（见本节后面的讨论）。

在土的抗剪强度理论一章中，曾经讲过土体沿曲面的极限平衡条件，应用此条件，可以定义土体的滑动稳定安全系数。说明如下：

稳定的土坡，如果折减土体的抗剪强度，则有可能达到极限平衡状态。假设 $R_{(l)}$ 为沿曲面 l 使土体各点均达到极限平衡状态的强度折减系数函数，那么土体沿曲面 l 整体达到极限平衡的充要条件为：

$$\int_l \frac{\tau_\mathrm{f}}{R_{(l)}}\mathrm{d}l = \int_l \tau \mathrm{d}l \tag{11-2-1}$$

应用积分中值定理，令

$$\frac{1}{K}\int_l \tau_\mathrm{f}\mathrm{d}l = \int_l \frac{\tau_\mathrm{f}}{R_{(l)}}\mathrm{d}l \tag{11-2-2}$$

则有

$$K = \frac{\int_l \tau_\mathrm{f}\mathrm{d}l}{\int_l \tau \mathrm{d}l} \tag{11-2-3}$$

K 是使土体沿曲面整体达到极限平衡的强度折减系数（函数）的中值。如果式(11-2-1）成立，则有式（11-2-3）成立；反之，如果式（11-2-3）成立，则必有一函数 $R_{(l)}$ 使之满足式（11-2-2），进而使式（11-2-1）成立。因此，式（11-2-3）是在整体平均（中值）意义上土体沿曲面 l 达到极限平衡的充分必要条件。

定义 K 为土体结构的滑动稳定安全系数。因为 $R(l)$ 是沿曲面 l 使土体各点均达到极限平衡状态的强度折减系数，也可以理解为土体各点极限抗剪强度与实际发挥强度的比值，所以 K 的物理意义是沿曲面土体整体达到极限平衡时的平均强度折减系数，或称为强度储备系数。K 的定义与传统的极限平衡分析方法，如后面要讲到的简单条分法、毕肖普法等安全系数的定义是一致的，具有相同的物理意义。该安全系数的定义在本质上也可以理解为一种强度折减法，其土体沿滑动面破坏的判别标准是土体沿滑动面整体达到极限平衡，因此，它与强度折减法在物理本质上也是相同的。

对土体的抗剪强度进行折减是一个假定。如果我们真的对土体的强度进行折减，一方面，土体结构的应力分布可能会发生变化，这反过来会影响土体结构的稳定性；另一方面，如果土的抗剪强度参数发生变化，则土的应力应变本构模型参数也会发生变化，这势必会影响土的内力分布，进而影响到土体结构的稳定性。即便如此，这种估计仍然是合理和适用的，因为在计算土体的应力分布时，实际上并没有折减土体的抗剪强度。

如果滑动面的切向剪应力都沿着同一个方向，上面安全系数的定义没有任何问题，但若切向剪应力改变方向（即有正负）时（实际的土体结构会有这样的情况出现），此时不能应用中值定理，若仍用上面的公式定义安全系数便是不合适的。此时可以用分段法，即剔除剪切力逆滑出方向的部分，只考虑剪切力顺滑出方向的一段。计算这一段的安全系数 K'，并近似地以此估计边坡的稳定性。

可能有人会注意到：滑动力和阻滑力都是矢量，上面安全系数的定义式中分子和分母的积分式分别相当于滑动力和阻滑力的代数和。如果从矢量代数和之比的角度去理解上面安全系数的定义，难免要质疑它的物理意义。但是，如前所述，如果从强度折减和滑动面整体极限平衡条件的角度去理解，就不会再有质疑。此时安全系数的物理本质是土体沿曲面整体达到极限平衡时的平均强度折减系数，或者说是对土体沿滑动面整体达到极限平衡状态的平均强度折减系数的估计。

其实，毕肖普在1955年曾提出类似的安全系数的定义：

$$K=\frac{\tau_f}{\tau} \tag{11-2-4}$$

只是上式是对土体一点而言的。但是，由上式可以有 $\tau=\frac{\tau_f}{K}$，如果假设土体每一点的 K 都相等，则可以得到沿整个滑动面安全系数的定义，其与式（11-2-3）相同。这使安全系数的物理意义更加明确，并且为条分法用于非圆弧滑动分析及土条分界面上条间力的各种考虑方式提供了条件。

从前面的讨论可以知道，安全系数定义为抗剪强度沿滑动面的积分与剪应力沿滑动面的积分之比，也就是沿滑动面阻滑力和滑动力的代数和之比，其物理意义是土体沿滑动面整体达到极限平衡状态时的平均强度折减系数，或称为平均强度储备系数。

安全系数的定义并不只适用于土坡，也并不要求滑动面必须为圆弧。事实上，对于任意形状滑动面，K 都具有同样的物理意义，也就是说，对于任意形状的滑动面，都可以用式（11-2-3）的定义计算稳定安全系数。这也意味着传统的条分法也适用于任意形状的滑动面。

11.3 条分法的基本概念

有了安全系数的定义，要想计算土体结构的稳定安全系数，首先必须计算土坡的应力。从理论上说，应用前面各章节讲到的平衡方程、本构关系方程、位移（连续）方程，在有渗流的情况下还有渗流方程，根据边界条件和初始条件都可以求解得到土坡的应力和应变（变形）。但是实际上，寻求理论解几乎是不可能的，因而必需应用数值解法。最常用和最有效的数值解法是有限元法。

如果不用有限元法，要估算土坡的应力，必须做出一些假定和一些简化处理，其中最常用的是条分法。其做法简单地说就是，将滑动面上的土体划分成若干条垂直的土条，对土条间的内力做出一些假定和简化处理，然后对土条进行受力平衡分析得到土条在滑动面上的正应力和剪应力。累积各土条的剪应力和抗剪强度，可以计算出沿该滑动面的安全系数。对土条间受力的假定及内力计算方法不同，就形成了不同的稳定分析的条分法。

先假定若干可能的剪切面——滑动面；然后将滑动面以上土体分成若干垂直土条，对作用于各土条上的力进行力与力矩的平衡分析得到内力，由此计算出土体沿该滑动面的稳定安全系数；再通过一定数量的试算，找出最危险滑动面位置及相应的（最小）安全系数。

条分法假定土坡稳定问题是个平面应变问题，滑动面是个圆柱面，计算中不考虑土条之间的作用力，土坡稳定的安全系数是用滑动面上全部抗滑力矩与滑动力矩之比来定义的。20世纪40年代以后，随着土力学学科的不断发展，也有不少学者致力于条分法的改进，大致有两个方面：其一是着重探索最危险滑弧位置的规律，制作图表、曲线，以减少计算工作量；其二是对基本假定做些修改和补充，提出新的计算方法，使之更加符合实际情况。

如图 11－3－1 所示一简单土坡，在垂直纸面方向取单位长度，按平面问题计算。假设可能的滑动面是一圆弧，圆心为 O，半径为 R。将滑动面以上的土体分成许多一定宽度的竖向土条。任一土条 i 上的作用力有：土条重量 W_i；土条底部滑动面上的法向反力 N_i 及切向反力 T_i；土条左、右侧面上的条间作用力 P_i、H_i、P_{i+1}、H_{i+1}。因为土条宽度较小，可假定 W_i 作用在土条的中线上，N_i、T_i 作用在土条底部滑动面中点上。各外力除 W_i 外都是未知量。如用 l_i 表示土条底部滑弧长度，则 $N_i=\sigma_i l_i$、$T_i=\tau_i l_i$，σ_i、τ_i分别为滑弧面上的法向应力与剪应力。

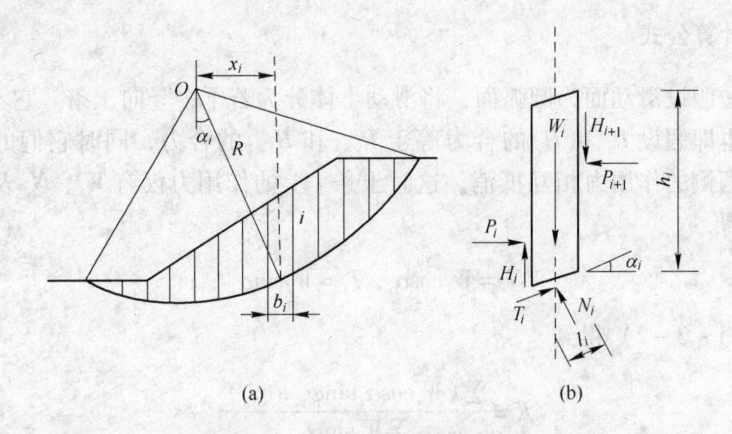

图 11－3－1　条分法计算图示

由整个滑动土体对圆心 O 点的力矩平衡，可有

$$\sum W_i x_i = \sum T_i R \qquad (11-3-1)$$

由几何关系可得 $x_i = R\sin\alpha_i$。再引入式（11－2－4）安全系数的定义，可得 $T_i = \tau_i l_i = \frac{\tau_{fi} l_i}{K}$。将上述关系代入式（11－3－1），有

$$R\sum W_i \sin\alpha_i = \frac{R}{K}\sum \tau_{fi} l_i$$

解出 K，并注意到 $\tau_{fi} l_i = (\sigma_i \tan\varphi_i + c_i) l_i = N_i \tan\varphi_i + c_i l_i$，于是有

$$K = \frac{\sum N_i \tan\varphi_i + c_i l_i}{\sum W_i \sin\alpha_i} \qquad (11-3-2)$$

这就是圆弧滑动面条分法安全系数的表达式。从上面的分析中可得出任一土条 i 上的作用力有：

（1）土条的重力 W_i，其大小、作用点位置及方向均为已知。

（2）条形底部滑动面上的法向反力 N_i 及切向反力 T_i，假定 N_i 及 T_i 作用在滑动面的中点，它们的大小均未知。

（3）土条两侧的法向力 P_i、P_{i+1}及竖向剪切力 H_i、H_{i+1}。

由此可见，作用在土条 i 上的作用力中有 5 个未知数，但只能建立 3 个平衡方程，故

为静不定问题。为了求得 N_i 和 T_i 值，必须对土条两侧作用力的大小和位置做适当的假定。接下来将要介绍的简单条分法和简化毕肖普法就是其中的两种方法，其实质性的区别就在于确定 N_i 和 T_i 值时引入的假定不同。

11.4 简单条分法

简单条分法是条分法中最简单最古老的一种，由瑞典的贺尔汀（H. Hultin）和彼得森（Petterson）于1916年首先提出，也称瑞典条分法。后经费伦纽斯（W. Fellenius）等人不断改进而在工程上得到了广泛应用。《建筑地基基础设计规范》（GB 50007—2011）推荐用该法进行地基稳定性分析。

11.4.1 一般计算公式

简单条分法假设滑动面为圆弧面，将滑动土体分为若干个竖向土条。它不考虑土条两侧的作用力，也即假设 P_i 和 H_i 的合力等于 P_{i+1} 和 H_{i+1} 的合力，同时它们的作用线也重合，因此土条两侧的作用力相互抵消。这时土条 i 上的作用力仅有 W_i、N_i 及 T_i，根据静力平衡条件可得

$$N_i = W_i\cos\alpha_i,\ T_i = W_i\sin\alpha_i \tag{11-4-1}$$

代入式（11-3-2）得到

$$K = \frac{\sum(W_i\cos\alpha_i\tan\varphi_i + c_i l_i)}{\sum W_i\sin\alpha_i} \tag{11-4-2}$$

这就是简单条分法安全系数的计算公式，在圆弧滑动面的假定下，用阻滑力矩和滑动力矩之比可以得到相同的表达式。

简单条分法计算简便，有长时间的使用经验。只是由于忽略了条间力对 N_i 值的影响，使得它有可能低估安全系数。

式（11-4-2）中，如为均质土，则 $W_i = \gamma b_i h_i$；如为分层土，则把组成该条的各层土重相加，即 $W_i = b_i\sum\gamma_j h_j$。

上述式中 c_i，φ_i——i 土条底部滑动面所在土层的强度指标；

l_i——i 土条滑弧长度，$l_i = b_i/\cos\alpha_i$；

α_i——i 土条滑弧倾角，有下滑趋势的一侧土条 $\alpha_i>0$，有阻滑趋势的一侧土条 $\alpha_i<0$，如图11-4-1所示；

γ_j——i 土条第 j 层土层重度；

h_j——i 土条第 j 层土层厚度。

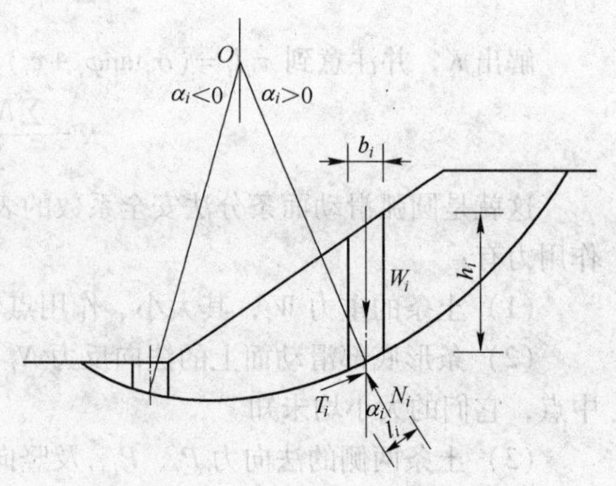

图11-4-1 简单条分法图示

如为均质土，且各土条宽度相同，则式（11-4-2）可简化为

$$K = \frac{cL + \gamma b \tan\varphi \sum h_i \cos\alpha_i}{\gamma b \sum h_i \sin\alpha_i} \tag{11-4-3}$$

式中　L——滑弧全长。

11.4.2　有孔隙水压力作用时土坡稳定分析

当已知第 i 个土条在滑动面上的孔隙水压力为 u_i 时，要用有效指标 c_i' 及 φ_i' 代替原来的 c_i 和 φ_i。考虑土的抗剪强度，根据莫尔－库仑强度理论，有

$$\tau_{fi} = c_i' + (\sigma_i - u_i)\tan\varphi_i'$$

则

$$\begin{aligned} T_i &= \tau_i l_i = \frac{\tau_{fi}}{K} l_i = \frac{c_i' + (\sigma_i - u_i)\tan\varphi_i'}{K} l_i \\ &= \frac{c_i' l_i}{K} + \frac{(\sigma_i l_i - u_i l_i)\tan\varphi_i'}{K} \\ &= \frac{c_i' l_i}{K} + \frac{(N_i - u_i l_i)\tan\varphi_i'}{K} \end{aligned} \tag{11-4-4}$$

根据静力平衡条件得 $N_i = W_i \cos\alpha_i$，由几何关系得 $x_i = R\sin\alpha_i$，并将式（11－4－4）代入式（11－3－1），可得

$$K = \frac{\sum[(W_i \cos\alpha_i - u_i l_i)\tan\varphi_i' + c_i' l_i]}{\sum W_i \sin\alpha_i} \tag{11-4-5}$$

式（11－4－5）就是用有效应力方法表示的简单条分法计算 K 的公式。

经过多年工程实践，应用简单条分法已积累了大量的经验。用该法计算的安全系数一般比其他较严格的方法低 10%～20%；在滑动面圆弧半径较大并且孔隙水压力较大时，安全系数计算值可能会比其他比较严格的方法小一半。因此，这种方法是偏于安全的。

11.4.3　简单土坡最危险滑动面的确定方法

简单土坡指的是土坡坡面单一、无变坡、土质均匀、无分层的土坡。如图 11－4－2 所示，这种土坡最危险滑动面可用以下方法快速求出。

（1）根据土坡坡度或坡角 β，由表 11－4－1 查出相应 α_1、α_2 的数值。

（2）根据 α_1 角，由坡脚 A 点作线段 AE，使 $\angle EAB = \alpha_1$；根据 α_2 角，由坡脚 B 点作线段 BE，使该线段与水平线夹角为 α_2。

（3）线段 AE 与线段 BE 的交点为 E，这一点是 $\varphi=0$ 的黏性土土坡最危险的滑动面的圆心。

（4）由坡脚 A 点竖直向下取坡高 H，然后向右沿水平方向线上取 4.5H，并定义该点为 D 点。连接线段 DE 并向外延伸，在延长线上靠近 E 点附近，为

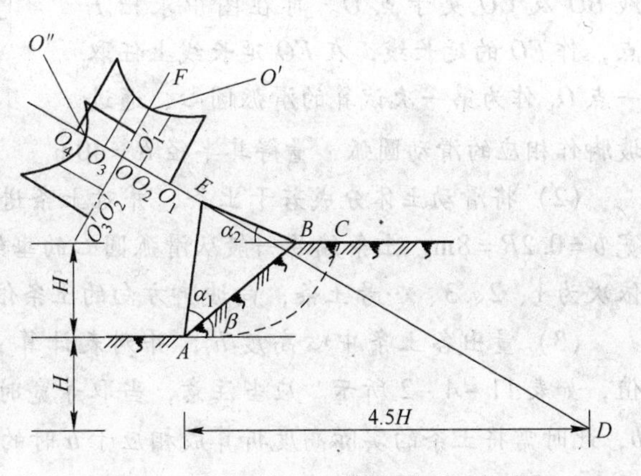

图 11－4－2　黏性土最危险滑动面的确定

$\varphi>0$ 的黏性土土坡最危险的滑动面的圆心位置。

(5) 在 DE 的延长线上选 3 ~ 5 个点作为圆心 O_1、O_2、O_3、…，计算各自的土坡稳定安全系数 K_1、K_2、K_3、…，而后按一定的比例尺，将 K_i 的数值画在过圆心 O_i 与 DE 正交的线上，并连成曲线（由于 K_1、K_2、K_3、…数值一般不等）。取曲线下凹处的最低点 O'，过 O'作直线 $O'F$ 与 DE 正交于 O 点。

(6) 同理，在 $O'F$ 直线上，在靠近 O 点附近再选 3 ~ 5 个点，作为圆心 O'_1、O'_2、O'_3、…，计算各自的土坡稳定安全系数 K'_1、K'_2、K'_3、…，而后按相同的比例尺，将 K'_i 的数值画在通过各圆心 O'_i 并与 $O'F$ 正交的直线上，并连成曲线（因为 K'_1、K'_2、K'_3、…数值一般不等）。取曲线下凹处的最低点 O''点，该点即为所求最危险滑动面的圆心位置。

表 11-4-1　α_1、α_2 角的数值

土坡坡度	坡角 β	α_1 角	α_2 角
1 : 0.58	60°	29°	40°
1 : 1.0	45°	28°	37°
1 : 1.5	33°41′	26°	35°
1 : 2.0	26°34′	25°	35°
1 : 3.0	18°26′	25°	35°
1 : 4.0	14°03′	25°	36°

【例 11-1】一均质黏性土坡，高 20m，坡度为 1 : 2，填土黏聚力 $c=10\text{kPa}$，内摩擦角 $\varphi=20°$，重度 $\gamma=18\text{kN/m}^3$。试用简单条分法计算土坡的稳定安全系数。

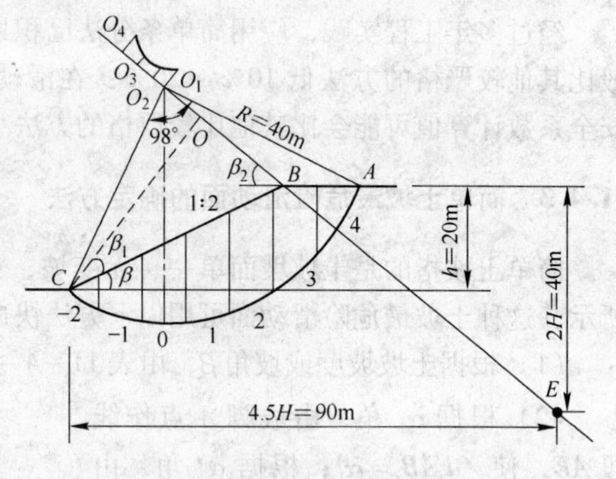

图 11-4-3　例 11-1 图

【解】(1) 选择滑弧圆心，作出相应的滑动圆弧。按一定比例画出土坡剖面，如图 11-4-3 所示。因为是均质土坡，可由表 11-4-1 查出 $\alpha_1=25°$、$\alpha_2=35°$，作线 BO 及 CO 交于点 O。再在图中求出 E 点，作 EO 的延长线，在 EO 延长线上任取一点 O_1 作为第一次试算的滑弧圆心，通过坡脚作相应的滑动圆弧，量得其半径 $R=40\text{m}$。

(2) 将滑动土体分成若干土条，并对土条进行编号。为了计算方便，土条宽度取等宽 $b=0.2R=8\text{m}$。土条编号一般从滑弧圆心的垂线开始作为 0 号土条，向坡顶方向的土条依次为 1、2、3、…号土条，向坡脚方向的土条依次为 -1、-2、-3、…号土条。

(3) 量出各土条中心高度 h_i，并列表计算 $\sin\alpha_i$、$\cos\alpha_i$ 以及 $\sum h_i\sin\alpha_i$、$\sum h_i\cos\alpha_i$ 等值，如表 11-4-2 所示。应当注意，当取等宽时，土体两端土条的宽度不一定恰好等于 b，此时需将土条的实际高度折算成相应于 b 时的高度，对 $\sin\alpha_i$ 应按实际宽度计算，见表 11-4-2 备注栏。

表 11-4-2 简单条分法计算表（圆心编号：O_1，滑弧半径：40m，土条宽：8m）

土条编号	h_i/m	$\sin\alpha_i$	$\cos\alpha_i$	$h_i\sin\alpha_i$	$h_i\cos\alpha_i$	备 注
-2	3.3	-0.383	0.924	-1.26	3.05	1. 从图上量出“-2”号土条的实际宽度为6.6m，实际高为4.0m，折算后的“-2”号土条高为$4.0\times\frac{6.6}{8}=3.3$m； 2. $\sin\alpha_{-2}=\frac{1.5b+0.5b_{-2}}{R}=-\frac{1.5\times8+0.5\times6.6}{40}=-0.383$
-1	9.5	-0.2	0.980	-1.90	9.31	
0	14.6	0	1	0	14.60	
1	17.5	0.2	0.980	3.50	17.15	
2	19.0	0.4	0.916	7.60	17.40	
3	17.0	0.6	0.800	10.20	13.60	
4	9.0	0.8	0.600	7.20	5.40	
Σ				25.34	80.51	

（4）量出滑动圆弧的中心角 $\theta=98°$，计算滑弧弧长。

$$L=\frac{\pi}{180}\theta R=\frac{\pi}{180}\times98\times40=68.4\text{m}$$

（5）计算安全系数，得

$$K=\frac{cL+\gamma b\tan\varphi\sum h_i\cos\alpha_i}{\gamma b\sum h_i\sin\alpha_i}$$

$$=\frac{10\times68.4+18\times8\times0.346\times80.51}{18\times8\times25.34}$$

$$=1.34$$

（6）在 EO 延长线上重新选择滑弧圆心 O_2、O_3、…，重复上述计算，从而求得最小的安全系数，即为该土坡的稳定安全系数。

11.5 简化毕肖普法

毕肖普（A. W. Bishop）于1955年提出了一种考虑土条侧面作用力的土坡稳定分析方法，他假定滑动面为圆弧面，各土条底部滑动面上的抗滑安全系数均相同，且等于整个滑动面的平均安全系数，取单位长度土坡按平面问题计算，如图 11-5-1 所示，滑动面圆心为 O，半径为 R，任取一土条 i，其上的作用力有土条自重 W_i，作用于土条底面的抗剪

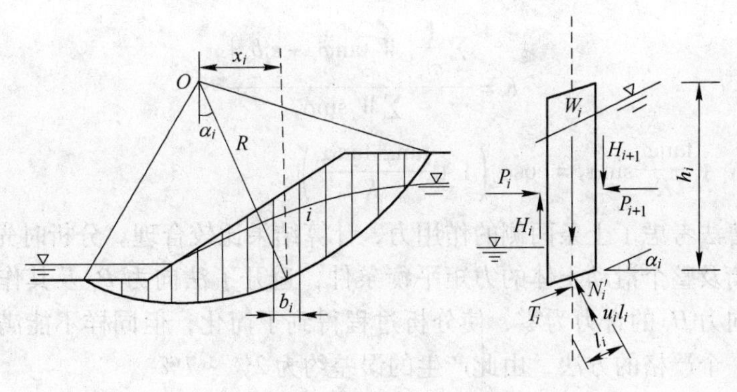

图 11-5-1 毕肖普法计算图示

力 T_i，有效法向反力 N_i' 及孔隙水压力 $u_i l_i$，并假定这些力的作用点都在土条底面中点。除此之外，在土条两侧还分别作用有法向力 P_i 和 P_{i+1} 及切向力 H_i 和 H_{i+1}。简化毕肖普法则忽略了条件切向力对 N_i' 的影响，即 H_i 和 H_{i+1} 的合力为零。由竖向力平衡条件可得

$$W_i = N_i'\cos\alpha_i + u_i l_i \cos\alpha_i + T_i \sin\alpha_i \tag{11-5-1}$$

式中有 N_i' 和 T_i 两个未知量。

当土坡尚未破坏时，土条滑动面上的抗剪强度只发挥了一部分，若以有效应力表示，土条滑动面上的抗剪力为

$$T_i = \tau_i l_i = \frac{\tau_{fi} l_i}{K} = \frac{c_i' l_i}{K} + \frac{N_i' \tan\varphi_i'}{K} \tag{11-5-2}$$

将式（11-5-2）代入式（11-5-1）中可以解出 N_i'，得

$$N_i' = \frac{W_i - u_i l_i \cos\alpha_i - \dfrac{c_i' l_i}{K}\sin\alpha_i}{\cos\alpha_i + \dfrac{\tan\varphi_i' \sin\alpha_i}{K}} \tag{11-5-3}$$

然后就整个滑动土体对圆心 O 求力矩平衡，此时相邻土条之间侧壁作用力的力矩将相互抵消，而各土条的 N_i' 及 $u_i l_i$ 的作用线均通过圆心，故有

$$\sum W_i x_i = \sum T_i R \tag{11-5-4}$$

将式（11-5-2）、式（11-5-3）、式（11-5-4）联立，并由几何关系 $x_i = R\sin\alpha_i$，可整理得到

$$K = \frac{\sum \dfrac{1}{m_i}\left[(W_i - u_i b_i)\tan\varphi_i' + c_i' b_i\right]}{\sum W_i \sin\alpha_i} \tag{11-5-5}$$

式中，$m_i = \cos\alpha_i + \dfrac{\tan\varphi_i'}{K}\sin\alpha_i = \cos\alpha_i\left(1 + \dfrac{\tan\varphi_i' \tan\alpha_i}{K}\right)$。

这就是国内外使用的相当普遍的简化毕肖普公式。因为等号左右两边都有 K，所以仍要进行试算。在试算时可先假定 K 等于1，算出等号左边的 K，如不等，将算出的值代入右侧，如此反复迭代，直至代入值与算出值相差甚小即为所求。通常只要迭代3~4次就可满足工程精度要求，而且迭代通常是收敛的。

毕肖普法同样可用于总应力分析，此时略去孔隙水压力 u_i，强度指标用总应力强度指标 c、φ，m_i 也应按 $\tan\varphi$ 求出。计算公式为

$$K = \frac{\sum \dfrac{1}{m_i}\left[W_i \tan\varphi_i + c_i b_i\right]}{\sum W_i \sin\alpha_i} \tag{11-5-6}$$

式中，$m_i = \cos\alpha_i + \dfrac{\tan\varphi_i}{K}\sin\alpha_i = \cos\alpha_i\left(1 + \dfrac{\tan\varphi_i \tan\alpha_i}{K}\right)$。

简化毕肖普法考虑了土条两侧的作用力，计算结果比较合理。分析时先后利用每一土条竖向力的平衡及整个滑动土体的力矩平衡条件，避开了法向力 P_i 及其作用点位置的计算，并假定切向力 H_i 的合力为零，使分析过程得到了简化，但同样不能满足所有的平衡条件，还不是一个严格的方法，由此产生的误差约为2%~7%。

与简单条分法相比，简化的毕肖普法忽略了土条间的切向力，在此条件下满足力多边

形的闭合条件。也就是说，这种方法虽然在最终计算 K 的表达式中未出现水平力，但实际上考虑了土条之间的水平相互作用力。总之，简化的毕肖普法具有以下特点：

(1) 假设圆弧形滑动面。

(2) 满足整体力矩平衡条件。

(3) 假设土条之间只有法向力而无切向力。

(4) 在 (2) 和 (3) 两个条件下，满足各个土条的力多边形闭合条件，而不满足各个土条的力矩平衡条件。

(5) 从计算结果上分析，由于考虑了土条间的水平作用力，它的安全系数比瑞典条分法略高一些。

(6) 简化的毕肖普法虽然不是严格（严格指满足全部静力平衡条件）的极限平衡分析法，但它的计算结果却与严格的方法很接近。这一点已为大量的工程计算所证实。由于其计算不是很复杂，精度较高；所以它是目前工程上的常用方法。使用者可根据具体工程和土性参数情况选用适当形式（有效应力或总应力）的公式。

11.6 有限元极限平衡法

条分法分析土坡稳定性的基本思路都是把滑动土体视为刚体并分成有限宽度的土条，然后根据滑动土体的静力平衡条件和极限平衡条件，求得滑动面上力的分布，从而可以计算出土坡稳定的安全系数。但实际上滑动土体是可变形体，并非刚体，所以采用分析刚体的办法来分析变形体，并不满足变形协调条件，因而计算出的滑动面上的应力不可能很准确。有限元法分析土坡稳定的基本思路为：首先将土坡视为可变形体，根据土的应力应变特性，用有限元法计算出土坡内的应力应变分布，然后根据土坡的应力或应变判定边坡的整体滑动稳定性。

随着计算机和有限元计算技术的发展，有限元边坡稳定分析方法越来越得到重视，并逐渐发展成为以下两种类型：第一类是将极限平衡原理与有限元计算结果相结合，称为有限元极限平衡法；另一类是逐次折减土体抗剪强度，通过迭代计算判断边坡稳定性，称为有限元强度折减法。

11.6.1 有限元极限平衡法的基本概念

在定义了滑动稳定安全系数后，土体结构的滑动稳定分析问题可以表述为：在已知应力分布的土体内寻找曲面 l 使安全系数 K 达到最小。这是一个数学规划问题，目标函数是安全系数 K，待求解变量是曲线 l，约束条件是曲线 l 在计算给定的土体区域 S 内。因为待求解变量是一条曲线，具有无穷多自由度，所以可以视为带有约束条件的广义数学规划问题，可以表示为

$$\begin{cases} \min K = \dfrac{\int_l (\sigma_n \tan\varphi + c)\mathrm{d}l}{\int_l \tau \mathrm{d}l} \\ \text{s.t.} \quad l \in S \end{cases} \tag{11-6-1}$$

为求解方便，将应力场拓展到整个平面，即令

$$\sigma_{ij}(x,y)=\begin{cases}\sigma_{ij}^0(x,y) & (x,y)\in S\\ 0 & (x,y)\notin S\end{cases} \tag{11-6-2}$$

式中　σ_n，τ——滑动面上任意微元体的法向应力和沿滑动方向的切向剪应力；

σ_{ij}——坐标为（x，y）处的应力，σ_{ij}^0对应坡体真实应力场。

这样，约束条件可以消除，上述稳定分析问题化成无约束的广义数学规划问题。

用有限数目的坐标节点（x_i，y_i）和曲线单元将 l 离散，如图 11-6-1 所示。在离散的曲线单元内构造适当的坐标插值函数，当所取的坐标节点足够密时，曲线 l 完全可以由坐标点（x_i，y_i）（$i=1$，2，…，m）近似确定。这样如果求得了各点的坐标值，便可以认为求得了曲线 l。进一步分析可以知道，由于坐标点可以任意取定，如果事先给定节点（x_i，y_i）的 x_i 值，那么曲线 l 的变化就表现为 y_i 的变化。这就是说，求解得到了节点坐标 y_i，也就等于求解得到了曲线 l。

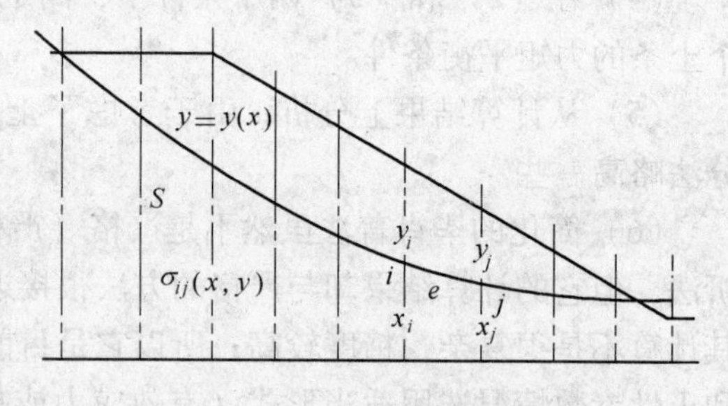

图 11-6-1　滑动面的离散

于是，土体结构的滑动稳定分析问题可以进一步表述为：在已知的应力场内，根据给定的一组节点横坐标 $x_i(i=1,2,\cdots,m)$，求解确定节点的纵坐标 $y_i(i=1,2,\cdots,m)$，这组节点坐标规定的曲线 l 使安全系数 K 达到最小。此时，目标函数是 K，待求变量是节点的纵坐标 $y_i(i=1,2,\cdots,m)$。其数学表达式为

$$\min K(y_1,y_2,\cdots,y_m) \tag{11-6-3}$$

求解时，如果考虑约束条件，则约束条件是待求的坐标节点在 S 域内。

一般情况下，土体的抗剪强度可以用莫尔-库仑公式计算，即

$$\tau_f=\sigma_n\tan\varphi+c \tag{11-6-4}$$

此时，土体结构沿曲面（线）l 的滑动稳定安全系数可以写成

$$K=\frac{\int_l(\sigma_n\tan\varphi+c)\mathrm{d}l}{\int_l\tau\mathrm{d}l} \tag{11-6-5}$$

式中　τ_f——抗剪强度；

σ_n——曲线上一点土体的法向应力；

φ——土体的内摩擦角；

c——黏聚力；

τ——沿曲线 l 任意一点的剪应力。

要计算土体结构沿某一滑动面的安全系数，首先需要已知其应力分布。由于土体结构的应力分布是作为已知量输入的，故本书中不讨论土体结构的应力应变计算问题。

就给定的滑动面求解安全系数，就是按照式(11-6-5)计算 K 值，计算方法此处从略。

11.6.2　最危险滑动面搜索

使安全系数 K 达到最小的曲面 l 就是最危险滑动面，求解上面所述的数学规划问题，也就是搜索最危险滑动面。因为目标函数比较复杂，并且难以对其求导数，所以选择直接

搜索方法。一般情况下，在可能的滑动区域内会有若干个局部最危险滑动面（即局部极值），要得到整个区域内的最危险滑动面，需要进行全区域的搜索。

直接搜索法一般需要给定初始滑动面，在全区域内指定若干条初始滑动面，对应于每一条初始滑动面得到最危险滑动面及相应的稳定安全系数。比较对每个初始滑动面搜索得到的稳定安全系数，其中最小安全系数对应的滑动面即为全区域的最危险滑动面，即全局最危险滑动面。

11.6.3 其他有限元稳定分析方法简介

除了上面讲到的有限元极限平衡法之外，其他常用的分析土坡稳定的有限元法包括：应力水平法、滑面应力法、搜索滑面法和强度折减法等。下面简要介绍一下有限元强度折减法，其他方法可参考相关方面的资料和专著，这里不再展开介绍。

边坡稳定分析的有限元强度折减法是通过不断降低边坡土体抗剪强度参数直至达到极限破坏状态为止，程序自动根据弹塑性有限元计算结果得到滑动破坏面，同时得到边坡的强度储备安全系数。由于这种方法十分贴近工程设计，因而它必将使边坡稳定分析进入到一个新的时代。

对于莫尔－库仑材料，强度折减安全系数 ω 可表示为

$$\tau = \frac{c + \sigma \tan\varphi}{\omega} = \frac{c}{\omega} + \sigma \frac{\tan\varphi}{\omega} = c' + \sigma \tan\varphi' \tag{11-6-6}$$

所以有

$$c' = \frac{c}{\omega},\ \tan\varphi' = \frac{\tan\varphi}{\omega} \tag{11-6-7}$$

这种强度折减安全系数的定义与边坡稳定分析的极限平衡条分法安全系数定义是一致的，都属于强度储备安全系数。但对实际的边坡工程，它们都表示的是整个滑面的安全系数，也就是滑面的平均安全系数，而不是某个应力点的安全系数。

20 世纪 70 年代末，英国科学家 Zienkiewicz 就已经提出在有限元中采用增加外荷载或降低岩土强度的方法来计算岩土工程的安全系数，实质上它就是极限分析有限元法，当采用降低强度的方法时，就是有限元强度折减法。但由于当时计算力学处于刚刚起步阶段，缺少严密可靠的大型商业软件，对边坡破坏的力学机理也不清楚，所以没有得到广泛的认可与应用。近年来，以中国工程院郑颖人院士等为代表的国内外学者在有限元强度折减法的应用与推广方面做了大量工作。确立了滑动破坏的判定标准，提高了该方法的计算精度，扩大了该方法的应用范围。

应用有限元强度折减法分析边坡稳定性需要满足的条件：

（1）要有一个成熟可靠和功能强大的有限元程序。

（2）计算范围、边界条件、网格划分等要满足有限元计算精度要求。

（3）可供实用的岩土材料本构模型和强度准则。

关于本构模型的选择，由于土材料具有复杂的本构特性，而边坡的稳定分析主要关心的是力和强度问题，而不是位移和变形问题，因而对于本构关系的选择不必十分严格，因此可在有限元强度折减法中采用理想弹塑性本构模型，但必须选择合适的强度准则。以往该法计算精度不高，多数是由于强度准则选择不当所致。

11.6.4 简单问题的应用举例

11.6.4.1 自重作用下边坡的稳定分析

图 11－6－2 所示的均质边坡，坡高 $H=20\text{m}$，内摩擦角 $\varphi=17°$，土体重度 $\gamma=20\text{kN/m}^3$，黏聚力 $c=42\text{kPa}$，土体弹性模量 $E=10\text{MPa}$，泊松比 $\mu=0.3$，坡角 β 分别取为 30°，35°，40°，45°，50°。

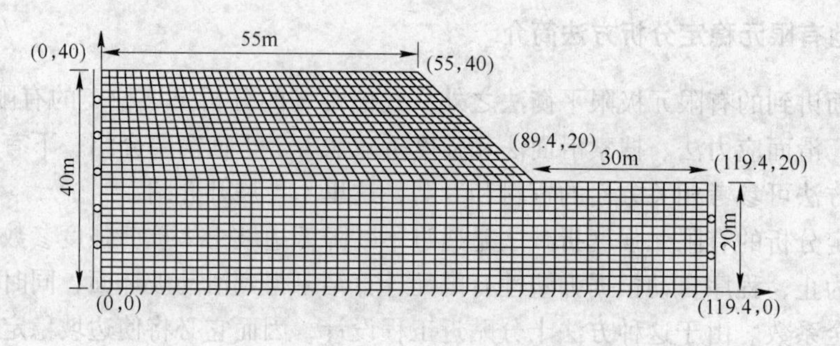

图 11－6－2 均质边坡有限元计算模型（$\beta=30°$）

利用大型有限元商业软件 ANSYS，本构模型选用理想弹塑性模型，屈服准则选用莫尔－库仑匹配准则，采用非相关联流动法则。按照平面应变问题建立有限元模型得到坡体内应力分布，边界条件坡底为固定约束，左右为水平简支约束。

由表 11－6－1 可知，有限元极限平衡法与其他分析方法得到的安全系数十分接近。图 11－6－3 给出了基于上述稳定分析方法得到的坡角为 30°时的最危险滑动面形状，图中黑实线是有限元极限平衡法得到的最危险滑动面，有限元强度折减法则通过位移突变、大主应变及等效塑性应变等值云图表现临界滑动面形状。

表 11－6－1 稳定安全系数计算结果

方法	$\gamma=20\text{kN/m}^3$，不同坡角下的安全系数				
	30°	35°	40°	45°	50°
有限元极限平衡法	1.565	1.425	1.322	1.214	1.125
有限元强度折减法	1.560	1.420	1.310	1.210	1.120
简化 Bishop 法	1.557	1.416	1.302	1.204	1.118
Spencer 法	1.556	1.413	1.300	1.204	1.120

注：关于 Spencer 法的介绍，可参见《土质边坡稳定分析——原理、方法、程序》。

11.6.4.2 重力式挡土墙的稳定分析

某浆砌块石挡土墙，砌体重度 22kN/m^3，墙顶宽 0.5m，底宽 1.5m，填土高度 $H=4\text{m}$，重度 $\gamma=18\text{kN/m}^3$，挡土墙基底摩擦系数 0.45，填土与墙背摩擦角 13°，墙底和墙背设置接触单元，其法向刚度和切向刚度采用系统默认值，其他各组成部分的物理参数指标如表 11－6－2 所示。有限元计算模型如图 11－6－4 所示。

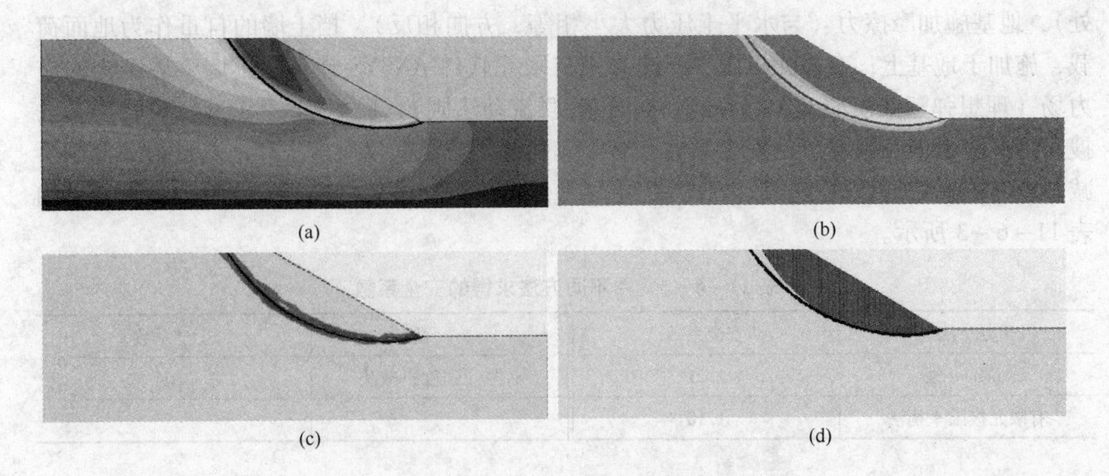

图 11-6-3 坡角 30°下最危险滑动面形状

(a) 位移突变表示的最危险滑动面；(b) 大主应变表示的最危险滑动面；

(c) 等效塑性应变表示的最危险滑动面；(d) Spencer 法得到的最危险滑动面 (SLOPE/W)

表 11-6-2 材料物理力学特性参数

材料名称	重度 /kN·m^{-3}	弹性模量 /MPa	泊松比	黏聚力 /kPa	内摩擦角 /(°)
填土	18	20	0.3	2	26
地基	17	40	0.3	10	20
墙体	22	5650	0.25	线弹性材料	

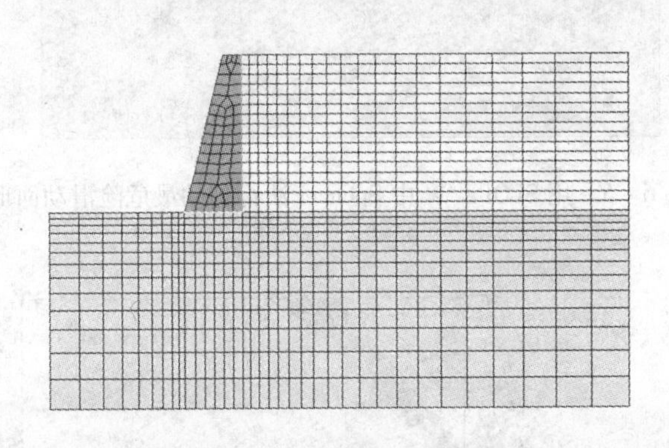

图 11-6-4 有限元计算模型

采用有限元极限平衡法和有限元强度折减法，在平面应变条件下，基于莫尔-库仑强度屈服准则对挡土墙结构进行深层抗滑稳定分析，并与刚体极限平衡法计算结果进行比较。

圆弧滑动面法采用 GEO-SLPOE 的边坡稳定分析软件 SLPOE/W，利用 Spencer 法对结构进行整体稳定分析，在该方法中仅对墙后土体进行条分，主动土压力采用集中力的方式施加（已求得水平土压力为 40.7kN/m，竖向土压力为 9.4kN/m，作用点取在 1/3 墙高处)，地基施加摩擦力（与水平土压力大小相等，方向相反），挡土墙的自重作为地面荷载，施加于地基上；有限元极限平衡法采用有限元软件 ANSYS 计算挡土墙整体结构的应力场（理想弹塑性模型，D－P 准则和非相关联流动法则），以 Hooke－Jeeves 模式搜索法搜索最危险滑面及其对应的安全系数；有限元强度折减法，仅对填土和地基进行等比例折减，以有限元数值计算是否收敛作为挡土墙整体结构失稳破坏标准，安全系数计算结果如表 11－6－3 所示。

表 11－6－3　用不同方法求得的安全系数

方　法	安全系数	方　法	安全系数
Spencer 法	1.21	有限元强度折减法	1.04
有限元极限平衡法	1.10		

由表 11－6－3 可知，两类有限元方法得到的安全系数较为一致，均稍大于 1.0，Spencer 法计算得到的安全系数为 1.21，大于 1.2。

图 11－6－5 和图 11－6－6 给出三种方法得到的最危险滑动面形状，结果表明有限元极限平衡法与强度折减法得到的滑动面形状保持一致，且位于墙后土体内的滑动面形状均近似直线滑动面。

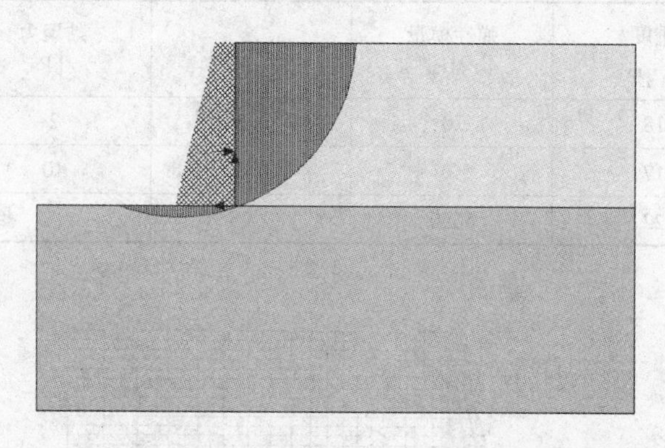

图 11－6－5　用 SLOPE/W 中 Spencer 法得到的最危险滑动面形状

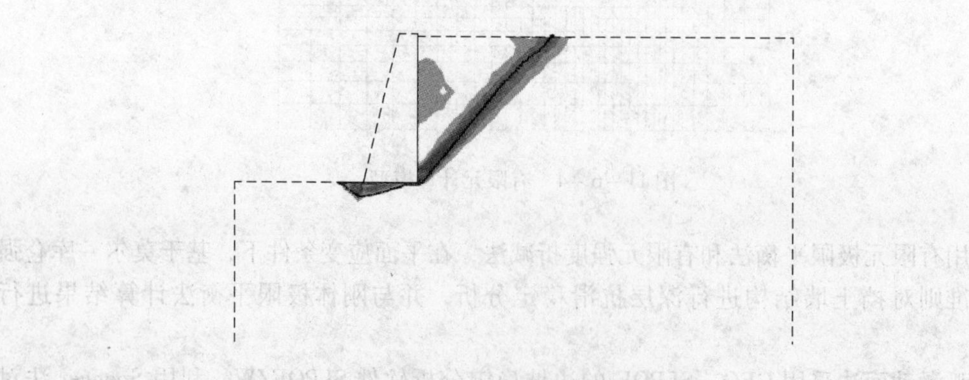

图 11－6－6　最危险滑动面形状比较

两类基于有限元分析的稳定分析方法得到的计算结果较为一致，而与刚体极限平衡法——圆弧法差异较大，对于非黏性填土材料，墙后滑动面为直线形状更为合理，而工程上采用的圆弧法在此处则并不合适。

采用 GEO – SLPOE 的边坡稳定分析软件 SLPOE/W 提供的 Fully Specified（指定滑弧位置和形状）搜索模式，利用 Spencer 法对结构整体稳定进行重新分析，搜索得到最危险滑动面如图 11 – 6 – 7 所示，对应安全系数为 1.08。

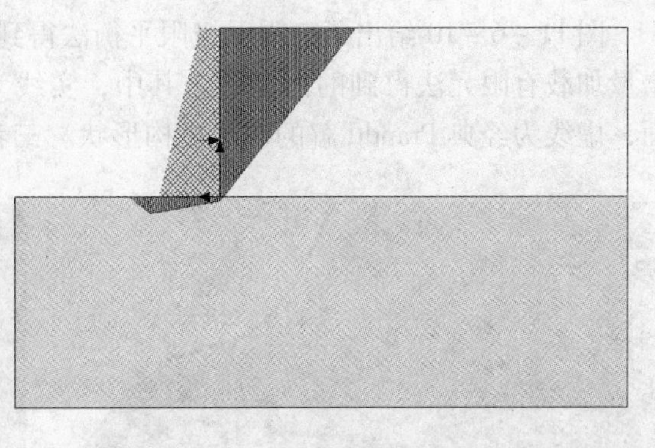

图 11 – 6 – 7　用 SLOPE/W 中 Spencer 法得到的非圆弧滑动面

由此，三种方法得到的最危险滑动面基本一致，墙后土体内的滑动面形状均呈直线形式，且破裂角相等，对应的最小安全系数也非常接近 1.0。

11.6.4.3　极限承载力作用下边坡和地基的稳定分析

土体结构的极限承载力是土体结构破坏失稳时所能承受的极限荷载。

如图 11 – 6 – 8 和图 11 – 6 – 9 所示的边坡和地基，取 $c = 10\text{kPa}$，$\varphi = 25°$，弹性模量 $E = 30\text{MPa}$，泊松比 $\mu = 0.3$。采用 ANSYS 软件计算在极限承载力作用下的应力场分布，再应用有限元极限平衡法确定最危险滑动面和稳定安全系数。表 11 – 6 – 4 是滑动稳定安全系数计算结果。

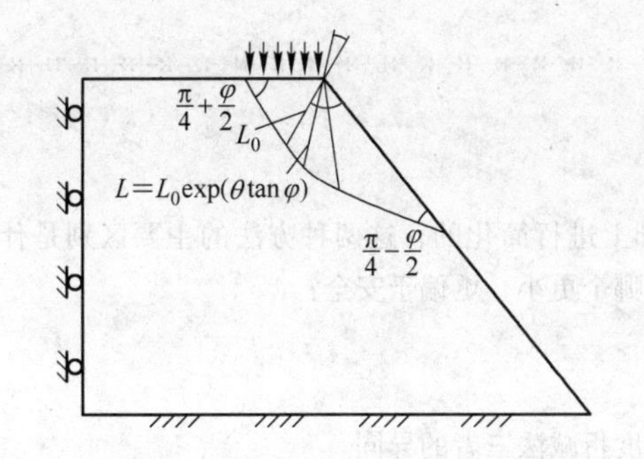

图 11 – 6 – 8　Prandtl 边坡破坏机构

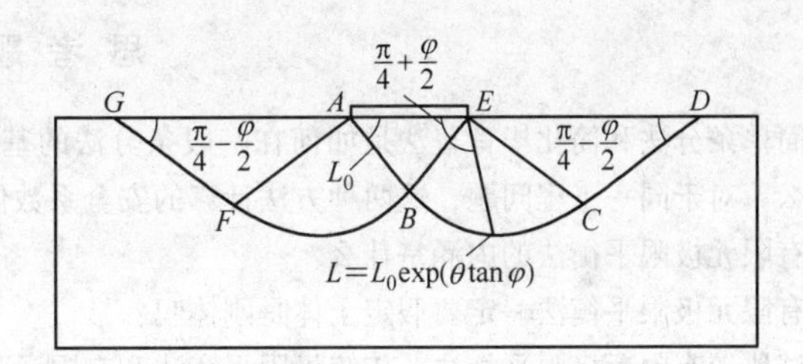

图 11 – 6 – 9　Prandtl 地基破坏机构

表 11 – 6 – 4　极限承载力作用下边坡稳定安全系数计算结果

坡角/（°）	Prandtl	Mohr – Coulomb 匹配圆	Mohr – Coulomb 内切圆
		有限元极限平衡法 F_s	有限元极限平衡法 F_s
0	207.2	1.038	1.015
30	118.7	1.060	1.011
35	107.9	1.066	1.010
40	97.8	1.058	1.006
45	88.5	1.058	1.006
50	79.9	1.047	1.003

注：1. 极限承载力单位为 kPa。

2. Prandtl 极限承载力理论解可参考《土力学理论》等书籍。

图11-6-10给出了有限元极限平衡法得到的临界滑动面、Prandtl解下的破坏机构和增量加载有限元法得到的滑动带。其中，实线为有限元极限平衡法搜索得到的临界滑动面，虚线为经典Prandtl解的破坏机构形状。三者具有较好的一致性。

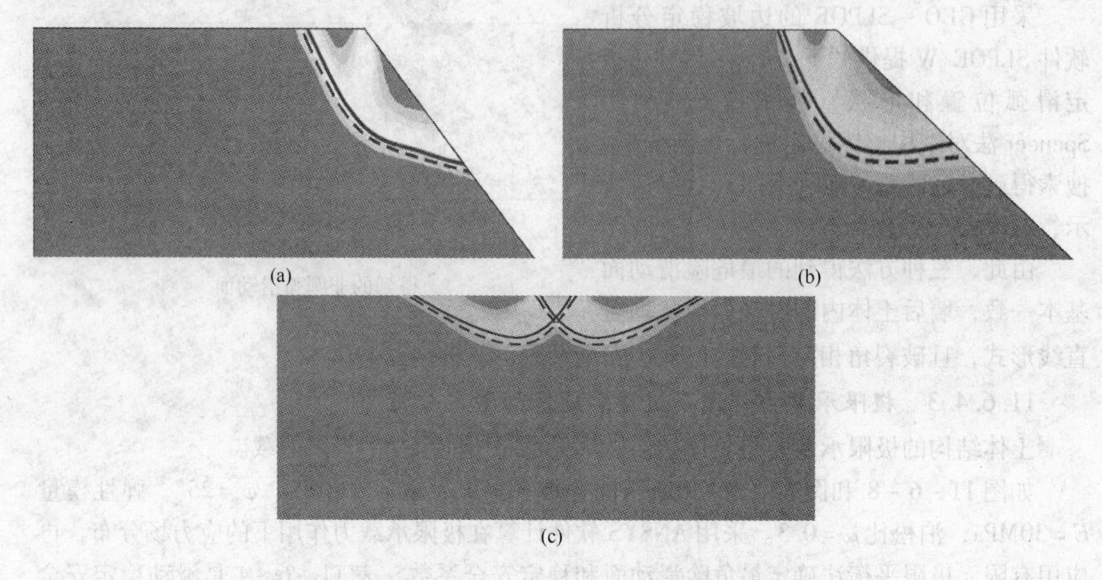

图11-6-10　极限承载力状态下各种方法得到的滑动面形状比较

(a) $\beta=45°$；(b) $\beta=30°$；(c) $\beta=0°$

思考题

1. 简单条分法和简化毕肖普法是如何在一般条分法的基础上进行简化的，这两种方法的主要区别是什么，对于同一工程问题，这两种方法计算的安全系数值哪个更小、更偏于安全？
2. 有限元极限平衡法的内涵是什么？
3. 有限元极限平衡法一定要假定土体是刚体吗？
4. 试比较有限元极限平衡法、传统极限平衡法和有限元强度折减法三者的异同。

复习题

11-1　一均质无黏性土坡，其饱和重度 $\gamma_{sat}=19.5\text{kN/m}^3$，内摩擦角 $\varphi=30°$，若要求这个土坡的稳定安全系数为1.25，试问在干坡或完全浸水情况下以及坡面有顺坡渗流时其坡角应各为多少度？

11-2　一均质土坡，坡度1:2，如图11-1所示，土的重度 $\gamma=18.0\text{kN/m}^3$，黏聚力 $c=10\text{kPa}$。内摩擦角 $\varphi=15°$，试用简单条分法计算土坡的稳定安全系数。

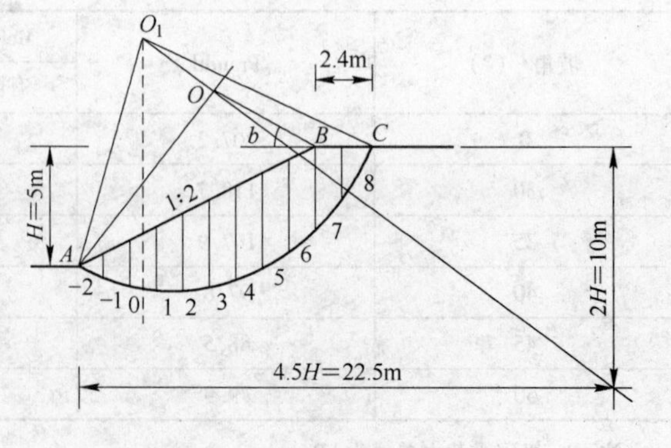

图11-1　复习题11-2图

复习题答案

第1章

1-1　级配良好

1-2　如下表所示：

A、B、C三种土的颗粒级配曲线计算结果表

土样编号	颗粒组成/%				d_{10}	d_{30}	d_{60}	C_u	C_c	级配情况
	10～2mm	2～0.075mm	0.075～0.005mm	<0.005mm						
A	0	96	4	0	0.110	0.150	0.170	1.55	1.20	不良（均匀）
B	0	53	43	4	0.013	0.045	0.115	8.80	1.47	良好（平滑）
C	44	56	0	0	0.130	0.270	3.00	23.1	0.19	不良（不连续）

第2章

2-1　$e=0.864$，$n=0.464$，$S_r=90.3\%$，$\gamma_d=14.43\text{kN/m}^3$

2-2　$W=1727\text{kN}$，$W_W=447.7\text{kN}$；$V_s=0.474$，$V_w=0.447$，$V_a=0.079$

2-3　$\gamma=17.5\text{kN/m}^3$，$w=23.5\%$，$\gamma_d=14.2\text{kN/m}^3$，$e=0.884$，$S_r=69\%$

2-4　$\gamma=19.05\text{kN/m}^3$，$\gamma_d=15\text{kN/m}^3$，$\gamma_{sat}=19.38\text{kN/m}^3$，$\gamma'=9.38\text{kN/m}^3$，$w=27\%$，$e=0.78$，$n=0.438$，$S_r=92.4\%$，各重度之间的大小关系为$\gamma_{sat}>\gamma>\gamma_d>\gamma'$

2-5　$D_r=0.595$，中密

2-6　1.5kN

2-7　$I_p=11.7$，$I_L=0.162$，硬塑；GBJ 145—90：低液限黏土；GB 50007—2011：粉质黏土

2-8　细砂

第3章

3-1　$e=1.08$；53.2kPa

第4章

4-1　0.74

4-2　（1）8.0kN/m^3；（2）不会发生流砂现象；（3）最小水头差为24.4cm

4-3　$8.84\times10^{-4}\text{m/s}$

4-4　（1）$q=2.60\text{m}^3/(\text{d}\cdot\text{m})$；（2）$v_{AB}=0.66\times10^{-3}\text{cm/s}$；（3）$u_A=25.3\text{kPa}$，$u_B=42.4\text{kPa}$

第5章

5-1　$\gamma'Z$

5-2　72kPa

5-3　a点：0kPa；b点：38kPa；c点：68kPa；d点：96.4kPa

5-4　$\bar{p}=125\text{kPa}$；$p_{max}=169.63\text{kPa}$；$p_{min}=80.37\text{kPa}$

5－5　$e=0.67\text{m}$，基底不会出现拉应力；当 $p_{\min}=0$ 时，最大压应力为200kPa

5－6　当地下水位在基底处：$p_0=73\text{kPa}$；当地下水位在地表处：$p_0=88\text{kPa}$

5－7　16.2kPa

第6章

6－1　$a_{1-2}=1.02\text{MPa}^{-1}$

6－2　$E_s=1.592\text{MPa}$

6－3　柱基础中点最终沉降量 $s=46.5\text{mm}$

6－4　$s=46.5\text{mm}$

6－5　194.4d

6－6　半年后的沉降为 $s=14.62\text{mm}$；黏土层达到50%固结度所需的时间 $t=80.2\text{d}$

第7章

7－1　未剪破

7－2　$\sigma_1=397.7\text{kPa}$

第8章

8－1　中密

8－2　$\rho_{\text{dmax}}=1.66\text{g/cm}^3$，$e=0.62$

8－3　不会剪破

8－4　30.96°，150kPa

8－5　28°

8－6　$\sigma_1=397.7\text{kPa}$

8－7　18°，15kPa；31.5°，7kPa

8－8　113.04kPa

8－9　81kPa

8－10　300kPa

第9章

9－1　$E_a=81.4\text{kN/m}$

9－2　$E_0=80.3\text{kN/m}$，$E_a=48.8\text{kN/m}$，$E_p=1034.8\text{kN/m}$

9－3　$x=1.35\text{m}$

9－4　$E_a=90.6\text{kN/m}$

9－5　$E_p=3866.4\text{kN/m}$

9－6　略

9－7　85.1kN/m

第10章

10－1　$p_{1/3}=203.1\text{kPa}$

10－2　312.8kPa

第11章

11－1　干坡或完全浸水时坡角为24.8°；坡面有顺坡渗流时坡角为12.9°

11－2　1.518

参考文献

[1] 赵成刚，白冰，王运霞．土力学原理［M］．北京：清华大学出版社，北京交通大学出版社，2004.

[2] 刘干斌，刘红军．土质学与土力学［M］．北京：科学出版社，2009.

[3] 高大钊，袁聚云．土质学与土力学［M］．3 版．北京：人民交通出版社，2001.

[4] 郭莹，郭承侃，陆尚谟．土力学［M］．2 版．大连：大连理工大学出版社，2003.

[5] 殷宗泽，等．土工原理［M］．北京：中国水利水电出版社，2007.

[6] 钱家欢，殷宗泽．土工原理与计算［M］．2 版．北京：中国水利水电出版社，1996.

[7] Mitchell J K. 岩土工程土性分析原理［M］．高国瑞，韩选江，张新华，译．南京：南京工学院出版社，1988.

[8] 东南大学，浙江大学，湖南大学，等．土力学［M］．2 版．北京：中国建筑工业出版社，1994.

[9] 赵树德，廖红建．土力学［M］．2 版．北京：高等教育出版社，2010.

[10] 邵龙潭．土力学研究与探索［M］．北京：科学出版社，2011.

[11] 中华人民共和国住房和城乡建设部．GB 50007—2011 建筑地基基础设计规范［S］．北京：中国建筑工业出版社，2012.

[12] 中华人民共和国水利部．GB/T 50145—2007 土的工程分类标准［S］．北京：中国计划出版社，2008.

[13] 中华人民共和国建设部．GB 50021—2001 岩土工程勘察规范［S］．北京：中国建筑工业出版社，2009.

[14] 中华人民共和国建设部．TB 10077—2001 铁路工程岩土分类标准［S］．北京：中国铁道出版社，2001.

[15] Herle I，Gudehus G. Determination of parameters of a hypoplastic constitutive model from properties of grain assemblies［J］．Submitted to Mechanics of Cohesive - Frictional Materials，1999，4（5）：461 ~ 486.

[16] Biot M A，Willis D G. The elastic coefficients of the theory of consolidation［J］．J. appl. Mech.，1957，24（4）：594 ~ 601.

[17] Terzaghi K. Theoretical soil mechanics［M］．London：Chapman and Hall Limited，1948.

[18] Bishop A W. The use of the slip circle in the stability analysis of slopes［J］．Geotechnique，1955，5（1）：7 ~ 17.

[19] 赵成刚，张雪东．非饱和土中功的表述以及有效应力与相分离原理的讨论［J］．中国科学：E 辑，2008，38（9）：1453 ~ 1463.

[20] 赵成刚，白冰．土力学原理［M］．修订版．北京：清华大学出版社，北京交通大学出版社，2009.

[21] 雷志栋，杨诗秀，谢森传．土壤水动力学［M］．北京：清华大学出版社，1988.

[22] 张孟喜．土力学原理［M］．武汉：华中科技大学出版社，2007.

[23] 钱德玲．土力学［M］．北京：中国建筑工业出版社，2009.

[24] 李广信．高等土力学［M］．北京：清华大学出版社，2004.

[25] 张向东．土力学［M］．2 版．北京：人民交通出版社，2011.

[26] 邵龙潭．孔隙介质力学分析方法及其在土力学中的应用［D］．大连：大连理工大学，1996.

[27] 谢康和．双层地基一维固结理论与应用［J］．岩土工程学报，1994，16（5）：24 ~ 35.

[28] 栾茂田，钱令希．层状饱和土体一维固结分析［J］．岩土力学，1992，13（4）：45 ~ 56.

[29] 天津大学．土力学与地基［M］．北京：人民交通出版社，1980.

[30] 中华人民共和国建设部．GB 50007—2002 建筑地基基础设计规范［S］．北京：中国建筑工业出版社，2002.

[31] 中交公路规划设计院有限公司．JTGD 63—2007 公路桥涵地基与基础设计规范［S］．北京：人民交

通出版社，2007.
[32] 郭莹，唐洪祥，张金利，等．土力学和地基基础工程［M］．大连：大连理工大学出版社，2009.
[33] 南京水利科学研究院．GB/T 50123—1999 土工试验方法标准［S］．北京：中国计划出版社，1999.
[34] 南京水利科学研究院．SL 237—1999 土工试验规程［S］．北京：中国建筑工业出版社，1999.
[35] 中交天津港湾工程研究院有限公司．JTS 147—1—2010 港口工程地基规范［S］．北京：中国建筑工业出版社，2009.
[36] 钱家欢，殷宗泽．土工原理与计算［M］．北京：中国水利水电出版社，1993.
[37] 邵龙潭，唐洪祥，韩国城．有限元边坡稳定分析方法及其应用［J］．计算力学学报，2001，18（1）：81～87.
[38] 赵杰．边坡稳定有限元分析方法中若干应用问题研究［D］．大连：大连理工大学，2006.
[39] 邵龙潭．土坝边坡及混凝土重力坝地基滑动稳定分析的广义数学规划法［D］．大连：大连理工大学，1989.
[40] Giffiths D V, Lane P A. Slope stability analysis by finite element［J］. Geotechnique, 1999, 49（3）：387～403.
[41] Geo－slope. User's guide for SLOPE/W, version 5［M］. Canada Geo－slope International Ltd., 2002.
[42] Geo－slope. User's guide for SIGMA/W, version 5［M］. Canada Geo－slope International Ltd., 2002.
[43] 胡晓军．黏性土主动土压力库仑精确解的改进［J］．岩土工程学报，2006，28（8）：1049～1052.
[44] 邹广电，蒋婉莹．复杂地基极限承载力的数值模拟［J］．工程力学，2005，22（2）：224～231.
[45] 刘士乙．基于有限元滑面应力法的重力式挡土墙结构抗滑稳定性分析［D］．大连：大连理工大学，2009.
[46] 唐洪祥，邵龙潭．地震动力作用下有限元土石坝边坡稳定性分析［J］．岩石力学与工程学报，2004，23（8）：1318～1324.
[47] 邵龙潭，韩国城．堆石坝边坡稳定分析的一种方法［J］．大连理工大学学报，1994，34（3）：365～369.
[48] 吴再光，韩国城，林皋．随机土动力学概论［M］．大连：大连理工大学出版社，1992.
[49] 大崎顺彦．地震动的谱分析入门［M］．吕敏申，谢礼立，译．北京：地震出版社，1980.
[50] 冯树仁，丰定祥，葛修润，等．边坡稳定性的三维极限平衡分析方法及应用［J］．岩土工程学报，1999，21（6）：657～661.
[51] Hungr O, Salgado F M, Byrne P M. Evaluation of a three－dimensional method of slope stability analysis［J］. Can. Geotech. J., 1989（26）：679～686.
[52] Cheng Y M, Yip C. Three－dimensional asymmetrical slope stability analysis－Extension of Bishop's, Janbu's and Morgenstern－Price's techniques［J］. J. Geotech. Geoenviron. Eng., 2007, 133（12）：1544～1555.
[53] Huang C C, Tsai C C. General method for three－dimensional slope stability Analysis［J］. J. Geotech. Geoenviron. Eng., 2002, 128（10）：836～848.
[54] Huang C C, Tsai C C. New method for 3D and asymmetrical slope stability analysis［J］. J. Geotech. Geoenviron. Eng., 2000, 126（10）：917～927.
[55] 邵龙潭，刘士乙．基于极限平衡条件的土体结构局部破坏稳定分析［J］．西北地震学报，2011，33（3）：209～212.
[56] 邵龙潭，李红军．土工结构稳定分析——有限元极限平衡法及其应用［M］．北京：科学出版社，2011.
[57] 陈祖煜．土质边坡稳定分析——原理、方法、程序［M］．北京：中国水利水电出版社，2005.

冶金工业出版社部分图书推荐

书　名	作　者	定价(元)
冶金建设工程	李慧民　主编	35.00
建筑工程经济与项目管理	李慧民　主编	28.00
建筑施工技术（第2版）（国规教材）	王士川　主编	42.00
现代建筑设备工程（第2版）（本科教材）	郑庆红　等编	59.00
高层建筑结构设计（本科教材）	谭文辉　主编	39.00
土木工程材料（本科教材）	廖国胜　主编	40.00
混凝土及砌体结构（本科教材）	王社良　主编	41.00
岩土工程测试技术（本科教材）	沈　扬　主编	33.00
工程地质学（本科教材）	张　荫　主编	32.00
工程造价管理（本科教材）	虞晓芬　主编	39.00
土力学地基基础（本科教材）	韩晓雷　主编	36.00
建筑安装工程造价（本科教材）	肖作义　主编	45.00
土木工程施工组织（本科教材）	蒋红妍　主编	26.00
施工企业会计（第2版）（国规教材）	朱宾梅　主编	46.00
工程荷载与可靠度设计原理（本科教材）	郝圣旺　主编	28.00
流体力学及输配管网（本科教材）	马庆元　主编	49.00
土木工程概论（第2版）（本科教材）	胡长明　主编	32.00
土力学与基础工程（本科教材）	冯志焱　主编	28.00
建筑装饰工程概预算（本科教材）	卢成江　主编	32.00
建筑施工实训指南（本科教材）	韩玉文　主编	28.00
支挡结构设计（本科教材）	汪班桥　主编	30.00
建筑概论（本科教材）	张　亮　主编	35.00
居住建筑设计（本科教材）	赵小龙　主编	29.00
Soil Mechanics（土力学）（本科教材）	缪林昌　主编	25.00
SAP2000 结构工程案例分析	陈昌宏　主编	25.00
建筑结构振动计算与抗振措施	张荣山　著	55.00
理论力学（本科教材）	刘俊卿　主编	35.00
岩石力学（高职高专教材）	杨建中　主编	26.00
建筑设备（高职高专教材）	郑敏丽　主编	25.00
岩土材料的环境效应	陈四利　等编著	26.00
混凝土断裂与损伤	沈新普　等著	15.00
建设工程台阶爆破	郑炳旭　等编	29.00
计算机辅助建筑设计	刘声远　编著	25.00
建筑施工企业安全评价操作实务	张　超　主编	56.00
现行冶金工程施工标准汇编（上册）		248.00
现行冶金工程施工标准汇编（下册）		248.00